U0351098

中国科学院科学出版基金资助出版

地球探测技术及仪器系列专著

分布式无缆遥测地震勘探系统的设计与应用

林　君等　著

科 学 出 版 社

北　京

内 容 简 介

本书全面介绍了分布式无缆遥测地震勘探系统的设计与应用，包括野外地震数据记录单元、野外现场地震数据质量监测装置、数据快速回收装置、多种震源兼容触发装置、车载移动数据采集控制中心、多模式数据无线通信、野外现场数据质量的监控管理、陆地用可控震源、地震检波器、无缆遥测地震数据采集野外工作方法、无缆遥测地震采集数据特色处理、无缆遥测地震仪与法国428XL的野外对比实验以及无缆遥测地震仪在深部探测、反射地震、大道距折射地震、油气田压裂监测和微地震等领域的应用实例。

本书可作为深部探测、油气勘探、工程勘察、地球物理及相关领域的科技工作者和大学师生阅读，也可作为仪器科学与技术、电子与通信等专业的研究生参考教材。

图书在版编目(CIP)数据

分布式无缆遥测地震勘探系统的设计与应用／林君等著．—北京：科学出版社，2016

（地球探测技术及仪器系列专著）

ISBN 978-7-03-050766-2

Ⅰ.①分…　Ⅱ.①林…　Ⅲ.①地震勘探-分布式遥测系统-系统设计　Ⅳ.①P631.4

中国版本图书馆CIP数据核字（2016）第278621号

责任编辑：韦　沁／责任校对：陈玉凤

责任印制：肖　兴／封面设计：北京东方人华科技有限公司

科学出版社 出版

北京东黄城根北街16号

邮政编码:100717

http://www.sciencep.com

北京利丰雅高长城印刷有限公司 印刷

科学出版社发行　各地新华书店经销

*

2016年11月第　一　版　开本：787×1092　1/16

2016年11月第一次印刷　印张：15 1/4

字数：362 000

定价：189.00元

（如有印装质量问题，我社负责调换）

前 言

能源、资源与环境问题是制约我国经济快速、可持续发展的重要因素，解决问题的有效途径是自主研发地球深部矿产、油气资源的探测仪器装备和地质灾害监测预警设备。现代制造技术、电子技术、传感技术、信息技术、通信技术等相关领域的长足进步，使得地球物理探测新技术向多功能化、智能化、网络化、多道化、遥测遥控化发展，仪器的主要性能指标诸如测量精度、分辨率、灵敏度、探测深度、抗干扰性能、可移动性能、野外数据采集效率、数据质量等都发生了质的飞跃。地震勘探是地球深部探测和油气勘探最有效的技术方法，高效高性能的地震勘探仪器装备是地震探测获取高质量数据的关键。但是，我国的大型地震勘探仪器装备和用于地球深部探测的地震仪器系统一直依赖于从国外引进，垄断性价格特别昂贵且难以适应我国的国情！我国幅员辽阔，地质、地球物理条件十分复杂，急需自主研发适合我国国情的地震勘探仪器装备。

分布式无缆地震勘探仪器系统是近年来快速发展起来的一种基于无线网络通信技术的新型地震勘探仪器装备，用于高山、丛林、穿越铁路和河流等有缆地震仪难以施工的场合，适用于复杂地质环境，具有广阔的发展前景。在国家“十一五”、863 计划重点项目“金属矿地震勘探系统研制”资助下，我们率先开展了存储式无缆地震仪的研制，并在金属矿地震勘探中得以应用。在此项目研究的基础上，持续得到国家公益性行业专项“深部探测与实验研究”（SinoProbe）资助，承担了 SinoProbe 第九项“深部探测关键仪器装备研制与实验”的第四课题“无缆自定位地震勘探仪器研制”（SinoProbe-09-04），其主要目标是面向深部探测需求，自主研发无缆自定位地震勘探仪器系统，为地球深部探测提供技术支撑。

经过“十一五”和“十二五”两个五年计划十多年的艰苦努力，课题组成功研发分布式无缆遥测地震勘探系统，包括野外地震数据记录单元、野外现场地震数据质量监测装置、数据快速回收装置、多种震源兼容触发装置、车载移动数据采集控制中心等，经与法国生产的 428XL 有缆遥测地震仪在辽宁兴城地质走廊带同线比对测试、大道距折射测试、金属矿区三分量采集实验、微地震以及油气田压裂应用示范，表明自主研制的分布式无缆遥测地震勘探系统采集的原始数据可信、信噪比高、现场剖面和叠加剖面的吻合度较好，系统稳定可靠，能用于生产性野外地震勘探。SinoProbe-09-04 课题于 2015 年 1 月 20 日在北京通过了中国地质调查局组织的专家验收，获得了较高的评价。

本书是“无缆自定位地震勘探系统研制”课题组在总结多年来研制与应用分布式无缆遥测地震勘探系统的经验基础上，结合最新研究成果撰写的，希望能够为我国的地球物理探测仪器自主研发和技术创新提供有价值的参考。参加本专著撰写的有林君、杨泓渊、王俊秋、龙云、郑凡、孙锋、张林行，作者的研究生张晓普、高宁、吕世学、赵金龙、田入运、宾康成、朱金宝等也为本书的出版做了大量的工作，在此谨向他们表示衷心的感谢。

限于作者的学术水平，加之撰写时间仓促，书中不妥和错误之处在所难免，敬请读者批评指正。

作　者

2016. 6

目　　录

第1章 绪　　论

地震勘探是地球深部探测和油气勘探最重要的技术方法。高性能的地震勘探仪器装备是地震探测获取高质量数据的关键。随着科学技术的进步，特别是电子技术、计算机技术以及网络传输技术的发展，各种高新技术也适时地应用于地震仪器的研发中，地震勘探仪器也在不断地更新换代。经历了如下的发展历程，即第一代的模拟光点记录地震仪、到第二代的模拟磁带记录地震仪，再到第三代的数字地震仪以及迅速发展的第四代遥测数字地震仪。

遥测数字地震仪以法国产的SN368和美国产的SYSTEM-I为代表，这类仪器的特点是采用了采集站技术，把前置放大器和模数转换器做到了采集站里面，主机系统通过控制分布在排列上的采集站来采集地震信号，简化了主机结构并甩掉了笨重的模拟电缆，实现了以数字信号的形式在电缆上串行传输地震信号，这也初步形成了地震仪器网络传输的雏形。系统的采集能力得到了提高，一般2ms采样时可达1000道左右的实时采集能力。

随着三维勘探的普及，勘探精度要求越来越高，对地下地质构造做更精细的描述，对复杂地质构造和勘探目的层有更清楚的认识．这就要求数字地震仪的采集精度越来越高，接收道数越来越多。20世纪90年代出现了采用ΔΣ技术的24位模-数转换器的遥测数字地震仪，代表机型有法国产SN388和美国产SYSTEM-Ⅱ，均是有线传输型，采集站为单站6道或8道．采集站通过大线电缆、交叉站、交叉线以及上车线等设备与仪器主机相连，形成有线互联网络。仪器带道能力进一步提高，一般都在8000道左右（2ms采样实时传输）。

随着计算机技术的不断发展以及数字处理技术在地震勘探仪器上的应用，仪器的集成度和采集能力进一步提高，21世纪初出现了更新一代数字地震仪器，其代表是法国SERCEL产的408 UL-FDU网络数字地震仪，其拥有成熟的网络遥测技术和计算机编码通信技术，网络传输速率可达8Mb/s，系统的带道能力达到万道以上。

近年来出现了全网络遥测数字地震仪，应用最广泛的代表性产品为法国SERCEL产的428XL，这类仪器网络技术应用更加成熟，大线网络传输速率可达16Mb/s，主交叉线采用光纤通信技术，最高通信速率可达1Gb/s，系统的带道能力达到十万道乃至百万道。

虽然地震勘探数据采集目前还是以分布式有缆通信采集为主，但随着地球物理勘探区域向城市、沙漠、丘陵、江湖、山地、黄土塬、沼泽、海洋等复杂地区延伸，有缆地震仪要适应上述环境遇到困难，这推动对具有灵活特点的大型无缆遥测地震仪器的需求。早在20世纪70年代，随着数字有线遥测地震仪的发展，无缆地震仪也应运而生。但由于受到无线通信技术发展的限制，无缆地震仪技术发展缓慢。近年来，随着多项技术的进步，特别是廉价、低功耗 GPS 芯片应用于系统同步，无缆遥测技术重获新生，掀开了无缆遥测地震勘探仪器发展史上的新篇章。基于无线通信的分布式无缆遥测地震数据采集技术发展迅速，占据的市场份额在逐年上升。根据法国 Sercel 公司的统计结果，使用无线通信技术作为主要通信方式的地震勘探系统所占据的市场份额在 2011 年时北美市场部分已超过 40% 使用的都是无线地震勘探系统，在 2014 年时全球市场中已超过 20% 使用的都是无线地震勘探系统。与此同时，分布式无缆遥测地震数据采集系统引起了人们的广泛关注，并且在实际工作中得到了越来越广泛的应用，尤其是在固体矿产探测、压裂微地震监测和天然地震监测等方面。

目前国内、外有许多设备研发和生产制造厂家进行无缆节点地震仪器的研究和生产服务，具有代表性的有 INOVA 公司的 HAWK，GEOSPACE 公司的 GSX- GSR，Fairfield 公司的 Z-LAND，AutoSeis 公司的 HDR，法国 Sercel 公司的 UNITE 等。

无缆（Cable-free，Cable-less 或 Wireless）遥测地震仪，相对有线遥测地震仪而言，是指没有大线的地震采集系统。根据传输数据的能力，无缆地震仪又可以进一步分为有 QC 的盲采系统（QC Shoot-blind System）、半盲采系统（Semi-blind System）和实时系统（Real-time System）。

无缆遥测地震数据采集系统与有缆遥测地震数据采集系统相比，省去了采集站之间的线缆连接部分，野外采集站布置灵活，可以根据实际需要实现散布式（非规则）布设。但是，由于无缆遥测地震数据采集系统没有线缆连接，所以每个采集站需要各自单独实现供电、定位、数据存储、无线通信等功能，加入了更多的功能模块，这就导致其比有线遥测地震数据采集系统的采集站复杂得多，随之而来有系列关键技术问题需要解决。

其一是无缆节点数据采集的数据存储与回收。无缆地震数据采集节点之间没有线缆连接，无法用线缆传输采集的命令和数据，就需要在每个节点数据采集站设计大容量数据存储器，准确地记录每个采集站采集数据、时标、定位信息和采集站传感器的连接状态、电池剩余电量等信息，这些信息在采集任务完成之后可以通过专门设计的数据回收装置进行集中回收，也可以通过无线通信技术由移动数据回收中心实现无线数据回收，后者对数据通信速率和网络通信的可靠性要求甚高，成为无缆遥测地震数据采集的瓶颈技术。

其二是无缆节点数据采集的数据质量监控。无缆地震数据采集如果不与数据回收和控制中心通信，只能采取盲采的方式，采集数据的质量很难控制。根据野外地震勘探数据采集质量要求，需要记录数据采集节点的检波器连接状态、电源余量等信息，保证获取勘探数据的质量，这就要求无缆节点数据采集站具有通信能力。显然，在分布式无缆遥测地震数据采集系统设计时，必须考虑其无线通信功能的实现。

其三是无线遥测地震数据采集通信网络的实现。大型分布式无缆遥测地震数据采集系统的多个（根据需要可以是数十个甚至到百万个）采集节点之间需要网络化管理与数据通信，节点之间的距离根据采集要求而变化，通信速率也根据节点布设多少的要求而变化，通信方式的选择同样需要根据采集节点布设的环境而变化。为了实现不同节点之间的无线通信，可以采用现有的通信网络如移动通信网络或卫星通信网络，也可以采用自主通信方式，即节点之间通过系统自由的通信网络如WiFi、Zigbee或自建发射台的方式实现移动数据回收中心与多节点采集站之间的通信。但是，自无线地震数据采集出现以来，各设计厂家几乎都采用自主通信的实现方案，而无线通信技术一直是无线地震数据采集的攻关技术。

其四是无缆地震数据采集系统的移动网络数据中心。包括网络采集质量控制与管理、各节点工作状态监控、分布式采集多节点的数据回收与管理、多节点长时间存储的大数据量高速下载回收、基于云存储的地震数据采集架构与管理等。移动平台可以车载，也可以采用飞艇或旋翼无人机等地空飞行器。

其五是如何减轻节点数据采集站的重量。这个问题是无线地震数据采集系统中普遍存在。例如，目前无线地震数据采集系统最具代表性的3款产品——Unite、HAWK和RT2，其采集站部分（不含外部电池）的重量分别为1.95kg、1.72kg和1.83kg，而电池部分的重量通常在2kg至4kg左右，这使得采集站整体重量增加了一倍至两倍左右。为了能够更高效、更轻便地完成地震数据采集工作，需要减轻无缆遥测地震数据采集系统的重量。减轻无缆系统中采集站的重量就需要减少其所包含的模块或者减轻模块的重量。由于每个无缆采集站无法与其他采集站相连，使其必须具有独立的电池。电池占据了采集站主要的重量，只能通过减少电池的重量来减少无缆采集站整体的重量。针对地震数据采集单元的特点，结合当前最先进的电子技术，设计出低功耗的无缆采集站才能减少每个无缆采集站所配电池的重量，从而实现无缆采集站的轻便化目标。显然，无缆地震数据采集站的低功耗设计是无缆遥测地震数据采集系统需要解决的关键技术之一。

大型分布式无缆遥测地震数据采集系统设计还需要考虑多节点之间的高精度采集时钟同步（Synchronization）、不同震源的兼容性、采集节点的低噪声和低成本等，均需要高新技术的交叉综合才能实现。

针对地球深部探测与天然地震观测的大道间距长时间数据采集特殊需求，还需要研制适用于背景噪声成像和野外天然地震观测的宽频带地震仪及其低频传感器。

我国的大型地震勘探仪器装备和用于地球深部探测的宽频带地震仪器系统一直依赖从国外引进，垄断性价格特别昂贵且难以适应我国高山多、地形复杂的特殊地质环境。我国将实施的“地壳探测工程”需要大量的地震勘探仪器装备。为提升我国地球深部探测能力，自主研发高性能的地震勘探仪器装备十分必要。针对地球深部目标探测需求，在国家系列重大项目的资助下，跨学科组成的课题组开展了分布式无缆遥测地震仪及其配套系统的研制工作。

为了设计并实现适用于我国国情的无缆遥测地震数据采集系统，从2006年起，在国土资源部科技司组织下，吉林大学、国土资源部物化探研究所和北京邮电大学组成了联合攻关团队，开展了面向金属矿地震勘探的分布式无缆存储式地震仪研发，得到“十一五”国家863重点项目立项资助。

2009年，中国科学院地质与地球物理研究所、吉林大学组织有关专家联合提出自主研发地球探测重大仪器设备的建议，无缆自定位地震勘探系统研制作为该建议6个课题之一列入其中。经过多次论证，所提出的建议于2010年列入国家公益性行业科研专项“深部探测技术与实验”（SinoProbe）的第九项，即“深部探测关键仪器研制与实验”（SinoProbe-09），无缆自定位地震勘探系统研制课题（SinoProbe-09-4）也正式展开，课题的联合攻关单位有吉林大学、中国科学院地质与地球物理研究所、中国科学院电子学研究所、北京邮电大学和重庆地质仪器厂。

2010～2014年期间，联合攻关课题组分别开展了无缆自定位地震勘探系统、电化学低频地震传感器、无缆自定位地震数据采集通信、动圈式低频地震检波器、电磁式可控震源等关键技术研究。5年的联合攻关取得了突破性研究进展与成果，研制成功大型分布式无缆遥测地震勘探系统，在辽宁兴城地质走廊带由东煤物探公司与法国生产的428XL地震仪进行同线比对测试，经第三方数据处理与解释，获得了较好的比对效果。

2015年1月20日，中国地质调查局组织专家在北京对课题进行了验收，专家组听取了课题研究工作汇报，考察了仪器系统的现场比对测试并观看了野外实时传输的仪器系统工作视频，给予课题验收较高的评价，仪器系统的多项主要技术指标达到国外同类技术的先进水平。

大型分布式地震勘探系统研发与应用涉及仪器科学与技术、电子、通信、计算机、机械、数据处理、传感器技术、地质与地球物理等多学科交叉，是当今科学技术的前沿技术。本书是“无缆自定位地震勘探系统研制（SinoProbe-09-4）”课题组在总结多年来研制与应用分布式无缆遥测地震勘探系统经验的基础上，结合最新研究成果撰写的，内容包括野外地震数据记录单元、野外现场地震数据质量监测装置、数据快速回收装置、多种震源兼容触发装置、车载移动数据采集控制中心、多模式数据无线通信、野外现场数据质量的监控管理、陆地用可控震源、地震检波器、无缆遥测地震数据采集野外工作方法、无缆遥测地震采集数据特色处理、无缆遥测地震仪与法国428XL地震仪的野外对比实验以及无缆遥测地震仪在深部探测、反射地震、大道距折射地震、油气田压裂监测和微地震等领域的应用实例。

第2章　分布式无缆遥测地震仪

地震勘探是深部探测和油气勘探的主要探测方法，高性能的地震勘探仪器装备是地震探测获取高质量数据的关键，但我国的大型地震勘探仪器装备和用于深部探测的宽频地震仪一直依赖进口且价格昂贵。实施《地壳探测工程》将需要大量的地震勘探仪器装备，为提升我国深部地球探测能力，自主研发高性能的地震勘探仪器装备十分必要。针对地球深部目标探测需求，开展了分布式无缆遥测地震仪及其配套系统的研制工作。

分布式无缆遥测地震仪总体设计如图 2.1 所示，其中主控部分以 ARM9 控制器为核心，包括以太网（用于数据回收）、WiFi 无线通信单元（用于状态监控）、GPS 定位及授时单元（用于空间定位及同步）、存储器（程序及数据信息存储）；数据采集部分以 24 位数据采集电路为核心，通过 FPGA 数字接口逻辑与主控 CPU 进行交互；充电及电源管理电路负责内置锂电池充电，供电以及电源管理。

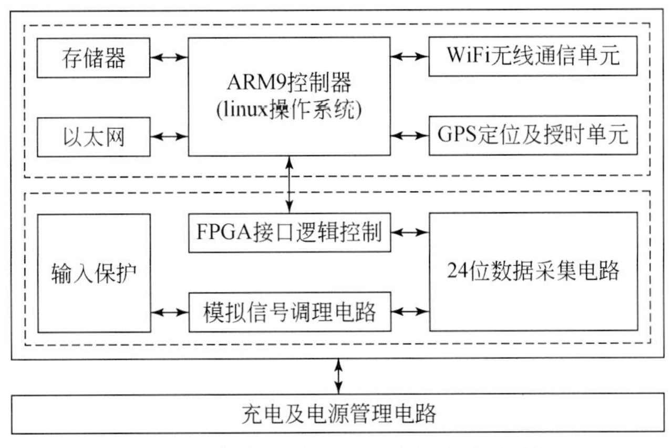

图 2.1　分布式无缆遥测地震仪总体设计框图

2.1　低噪声高精度地震数据采集系统研制

2.1.1　结构设计和功能描述

信号采集单元完成地震检波器信号的采集和地震采集通道的性能自测试，其构成如图 2.2 所示，主要包括采集性能自测试电路和地震信号采集通道电路两部分。

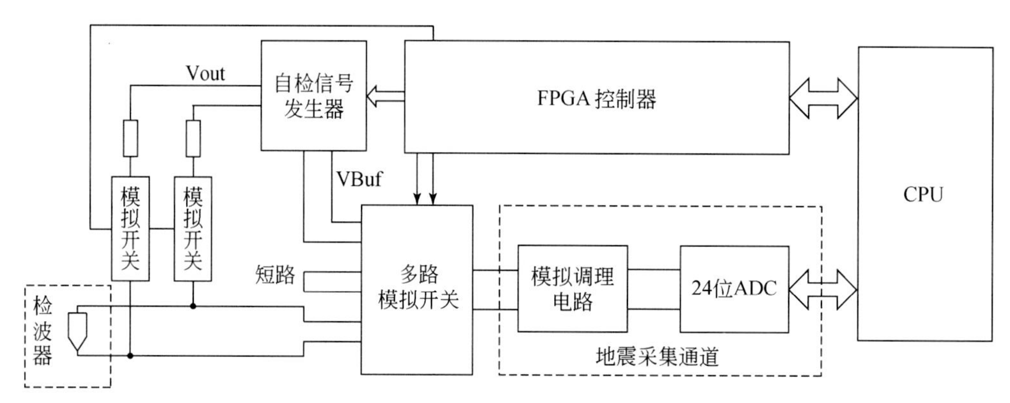

图 2.2　地震数据采集电路结构概图

采集性能自测试电路由自检信号发生器、模拟开关控制网络、FPGA 控制器和 CPU 构成。测试对象如图 2.2 中虚线框所示：包括检波器和地震采集通道两个测试对象。自检信号发生器通过 ΔΣ 型高精度数模转换器（DAC）实现，负责产生标准的正弦波信号、脉冲信号、直流测试信号、共模差分信号；多路模拟开关在 FPGA 控制器的控制下重构测试电路结构，分别完成对检波器和地震采集通道性能参数的测试。

地震采集通道电路负责完成地震信号匹配、缓冲、滤波、放大，并最终完成模拟信号到数字信号的转换。项目研制的单通道地震数据采集系统结构如图 2.3 所示，主要由输入保护电路、无源低通滤波电路、程控电压放大器、差分信号转换、ΔΣ 型调制器、数字滤波电路构成。

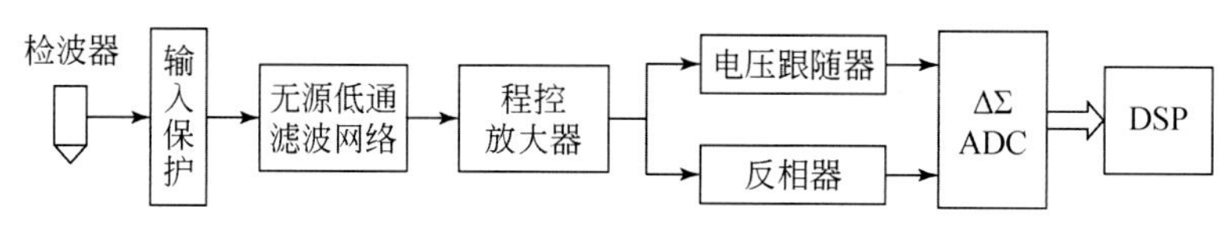

图 2.3　地震数据采集通道结构原理图

2.1.1.1　输入保护电路

地震仪工作场地为野外环境，容易受到高压电力线、空间尖刺脉冲、闪电、地电等瞬时强电信号冲击，需要前置保护电路。输入保护由 TVS 管和箝位二极管构成，用于消除尖刺电压脉冲，保护前放电路。

2.1.1.2　无源低通滤波电路

无源低通滤波电路用于滤除尖刺脉冲通过保护电路放电后的残余电压脉冲，由一个共模滤波器和差分滤波器构成，共模滤波器的低通频率截止点为 80kHz，用于旁路特高频分量；差分滤波器低通频率截止点为 40kHz，用于滤除进入放大器的高频信号，同时不影响测量带宽内幅频响应。

2.1.1.3　程控电压放大器

程控电压放大器根据实际地震信号强弱，可以进行不同比例的放大，增益选项有：0dB、20dB、40dB、60dB。

2.1.1.4　差分信号转换电路

程控放大器输出信号为单端信号，电压跟随器和反相器用于将单端信号转换为差分信号，提供给 A/D 调制转换电路。

2.1.1.5　ΔΣ型调制器

ΔΣ型 ADC 调制器采用过采样技术将模拟信号转换为 1 位的量化数据流，过采样技术以高出奈奎斯特频率（f_s）很多倍的方法对模拟信号进行采样量化，以频率 $F_s = R \cdot f_s$对信号进行相同比特位数的采样量化（$R>1$），从而达到降低量化噪声，提高有效分辨位的目的。

2.1.1.6　数字滤波电路（DSP）

数字滤波电路用于将过采样 1 位数据流转为 24 位量化结果，它具有低通滤波和数字抽取的双重功能。其功能有三：一是滤除经噪声整形后的高频段噪声；二是滤除奈奎斯特频率以上的频率分量，防止由于数字抽取所产生的混叠失真；三是进行数字抽取和滤波运算，将 1 位数字信号转换为 24 位数字信号输出。

2.1.2　低噪声设计策略与方法

采集电路噪声水平的控制需要从源阻抗匹配电路结构设计、抑制外界干扰、电源及地线去耦 3 个方面进行。

2.1.2.1　低噪声数据采集通道的设计

1. 噪声系数与检测灵敏度

噪声系数，是用来衡量前置放大器噪声性能好坏的最常用标准，其定义如下

$$F = \frac{\text{输入信噪比}}{\text{输出信噪比}} = \frac{P_{si}/P_{ni}}{P_{so}/P_{no}} \tag{2.1}$$

式中，P_{si}、P_{so}分别为放大器输入、输出信号功率；P_{ni}、P_{no}分别为放大器输入、输出噪声功率。因此对于理想的无内部噪声的放大器，$F=1$；否则，$F>1$，而且 F 越大，表示

放大器噪声越大。因此，噪声系数可以反映放大器的噪声使系统信噪比恶化的程度，可以衡量放大器的噪声性能好坏。

由于内部噪声的存在，检测系统的极限灵敏度将受到噪声的影响，也就是说放大器的噪声系数将决定系统的最小可检测的信号（即检测系统的极限灵敏度）。设要求输出信噪比为 n，则噪声系数可以写成

$$F = \frac{P_{si}/P_{ni}}{P_{so}/P_{no}} = \frac{P_{si}}{nP_{ni}} \tag{2.2}$$

设检测系统的输入信号为 E_s，则 $P_{si} = E_s^2$，P_{ni}为热噪声，其值为 $P_{ni} = 4kTR_s\Delta f$，式中，k 为波尔兹曼常数；T 为绝对温度，通常取 290K；R_s为信号源内阻；Δf 为检测系统的噪声带宽，于是式（2.2）可写成

$$F = \frac{E_s^2}{n \cdot 4kTR_s\Delta f} \tag{2.3}$$

为保证必要的输出信噪比 n，系统的极限灵敏度即最小可检测信号为

$$E_s = \sqrt{4kTR_s\Delta f \cdot n \cdot F} \tag{2.4}$$

可见，放大器的噪声系数越大，E_s越大，系统的极限灵敏度越低。因此，提高系统的检测灵敏度，就是要降低前置放大器的噪声水平，也就是要减小噪声系数 F。此外，减小放大器的带宽可以提高检测灵敏度，事实上噪声功率与放大器噪声带宽成正比，带宽减小自然使输出噪声减小。

2. 最佳噪声匹配原理与低噪声有源器件选择

1）最佳噪声匹配原理

任何一个放大器内部都有噪声源，而前置放大器的噪声主要由有源器件引起。为了使问题简单化，在分析放大器噪声特性时，一般把所有内部噪声源折合为放大器输入端的等效噪声源来分析，通过建立放大器的 E_n-I_n等效输入噪声模型来对放大电路的噪声进行分析计算。前置放大器是典型的四端网络，其与信号源采用直接耦合方式连接的实际电路与等效噪声电路模型如图 2.4（a）、（b）所示。

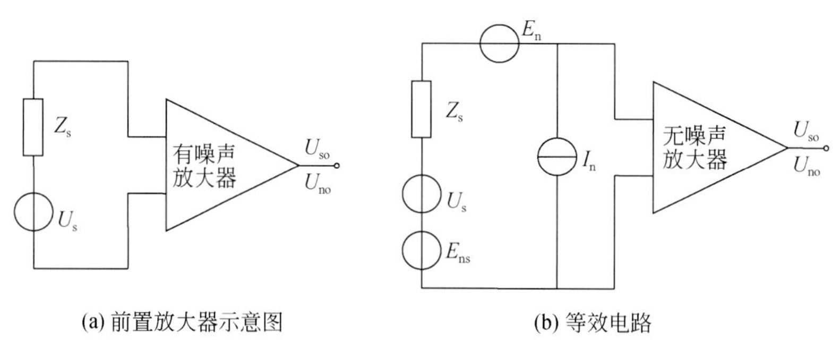

(a) 前置放大器示意图　　(b) 等效电路

图 2.4　前置放大器 E_n-I_n 等效电路模型

图 2.4（b）中，E_{ns}为信号源（如检波器、电极）源阻抗 Z_s（$Z_s = R_s + jX_s$）的热噪声电压，且 $E_{ns}^2 = 4kTR_s\Delta f$；$E_n$、$I_n$分别为前放的等效电压、电流噪声；$U_s$为信号源

电压，U_{so}和U_{no}分别为前放的输出信号电压及输出噪声电压。则该放大电路的噪声系数如下

$$F = 1 + \frac{E_n^2 + I_n^2 \ |Z_s|^2 + 2E_nI_n(\gamma_1R_s + \gamma_2X_s)}{4kTR_s} \tag{2.5}$$

式中，R_s为纯电阻分量；X_s为电抗分量；k为波尔兹曼常数；T为绝对温度；E_n-I_n等效输入噪声模型认为，噪声电压E_n和噪声电流I_n之间有一定的相关性，其相关性通过二者之间的谱密度相关系数γ表示$\gamma = \gamma_1 + \mathrm{j}\gamma_2$，式（2.5）中，$\gamma_1$和$\gamma_2$即是噪声谱相关系数的实部和虚部。

式（2.5）表明，放大器的噪声系数与源阻抗有关，因此应计算当具有最小噪声系数时的最佳源电阻R_{so}和最佳源电抗X_{so}。为此，式（2.5）对X_s求导，令$\frac{\mathrm{d}F}{\mathrm{d}X_s}=0$，得最佳源电抗

$$X_{so} = -\gamma_2 \frac{E_n}{I_n} \tag{2.6}$$

这时得到噪声系数的极小值

$$F = 1 + \frac{(1-\gamma_2^2)E_n^2 + I_n^2R_s^2 + 2\gamma_1E_nI_nR_s}{4kTR_s} \tag{2.7}$$

式（2.5）对R_s求导，令$\frac{\mathrm{d}F}{\mathrm{d}R_s} = 0$，得最佳源电阻

$$R_{so} = \sqrt{1-\gamma_2^2}\frac{E_n}{I_n} \tag{2.8}$$

将式（2.6）和式（2.8）代入噪声系数可得噪声系数最小值

$$F_{min} = 1 + \frac{(\sqrt{1-\gamma_2^2} + \gamma_1)E_nI_n}{2kT} \tag{2.9}$$

式（2.9）表明，仅当放大器的源阻抗满足$R_s = R_{so}$和$X_s = X_{so}$时，放大器才能具有最小的噪声系数，也就是具有最佳的噪声性能，这就是最佳噪声匹配原理。为满足$X_s = X_{so}$，可以在图 2.4 中阻抗Z_s和放大器之间串联一个X_o使满足

$$X_s + X_o = X_{so}$$

实际中噪声系数γ_1和γ_2很难测定，故忽略γ_1和γ_2，式（2.6）、式（2.8）、式（2.9）可写成

$$X_{so} = 0 \tag{2.10}$$

$$R_{so} = \frac{E_n}{I_n} \tag{2.11}$$

$$F_{min} = 1 + \frac{E_nI_n}{2kT} \tag{2.12}$$

2）有源器件的选择

式（2.10）和式（2.11）即为低噪声放大器有源器件选择的依据。式（2.12）表明，低噪声放大器应选用在信号工作频率范围内E_nI_n值符合目标噪声水平的器件。地震检波器工作在 1kHz 以下的频带范围，因此应选择低频端具有低等效输入噪声谱密度的

放大器。对于最佳源电阻条件，由于不能人为引入电阻来满足（会使输入噪声增大），故通过前置放大器的输入级半导体器件及工作点选择来满足源电阻匹配条件。根据源电阻R_s的大小，可以选用不同类型的器件，以满足$R_s = R_{so}$。晶体管的电路噪声I_n较大，有较小的最佳源电阻，可以用于源电阻较小的情况；结型场效应管的电流噪声I_n较小，故R_{so}较大，可以用于高源电阻的前放。图2.5给出了有源器件选择的大致原则。

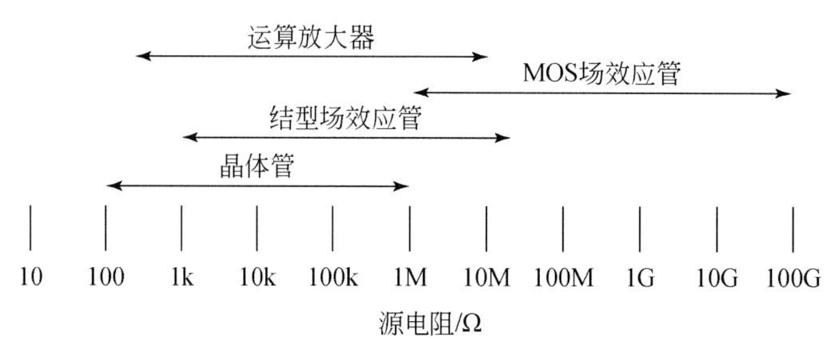

图2.5　放大器有源器件选择原则

当有源器件选定后，必须选择合适的工作点，使最佳源电阻为$R_s = R_{so}$，对要求在宽范围源电阻条件下运用的集成电路，其最佳源电阻最好能在一定范围内调整，使之能与具有不同源电阻的信号源相匹配，这就要求电路的工作点可由外接元件控制。

地震检波器工作在1kHz以下的频带范围，因此应选择低频端具有低等效输入噪声谱密度的放大器。对于最佳源电阻条件，由于不能人为引入电阻来满足（会使输入噪声增大），故通过前置放大器的输入级半导体器件及工作点选择来满足源电阻匹配条件。根据源电阻R_s的大小，可以选用不同类型的器件，以满足$R_s = R_{so}$。

地震检波器源电阻在几百欧姆到几十千欧姆之间，信号频率在DC～1kHz之内，根据图2.5可以选择低频端噪声性能较好的运算放大器，考虑到增益的可调性，选用低噪声的可编程增益放大器CS3301，其低频端等效输入噪声电压如图2.6所示，在低频段的典型噪声性能参数如表2.1所示，可见CS3301在低频端处于0.1μV的噪声水平。

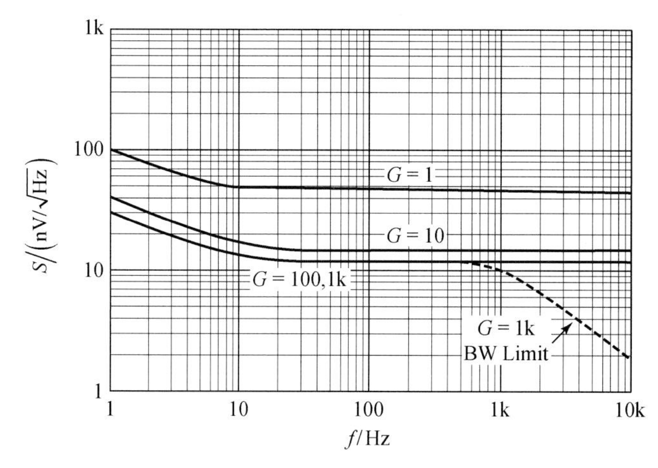

图2.6　CS3301的等效输入噪声电压

表 2.1　仪用可编程增益放大器 CS3301 的噪声性能

带宽/频率/Hz	电压		电流	
	测试条件	等效输入噪声电压	测试条件	等效输入噪声电流
$f=10$	$G\geqslant 100$，$R_s=0\Omega$	$19\text{nV}/\sqrt{\text{Hz}}$	—	$0.4\text{pA}/\sqrt{\text{Hz}}$
$f=100$	$G\geqslant 100$，$R_s=0\Omega$	$15\text{nV}/\sqrt{\text{Hz}}$	—	—
$f=1\text{k}$	$G\geqslant 100$，$R_s=0\Omega$	$15\text{nV}/\sqrt{\text{Hz}}$	—	$0.2\text{pA}/\sqrt{\text{Hz}}$
$f_s=0.1\sim10$	$G\geqslant 100$，$R_s=0\Omega$	$0.5\mu\text{V}_{\text{p-p}}$	—	$18\text{pA}_{\text{p-p}}$

根据仪器选用的高灵敏度检波器特征，以 20kΩ 为参照源阻抗，参照 CS3301 数据手册中的 E_n-I_n 噪声参数，设定其直流工作点，使其实现阻抗匹配。因检波器输出信号较强，最大可到 2V 左右，不存在信号较弱或是源电阻太小的情况，因此选择直接耦合方式。

2.1.2.2　外界环境干扰的抑制

地震记录仪噪声来源主要包括 3 个方面：外界环境干扰、信号传输采集通道噪声以及供电系统干扰。外界环境干扰主要指外界空间电磁场在仪器线路、导线、壳体上的辐射与调制作用。该问题的解决将主要采用仪器地线系统设计、金属机壳、检波器传输线的屏蔽等技术加以解决。屏蔽方案如图 2.7 所示。

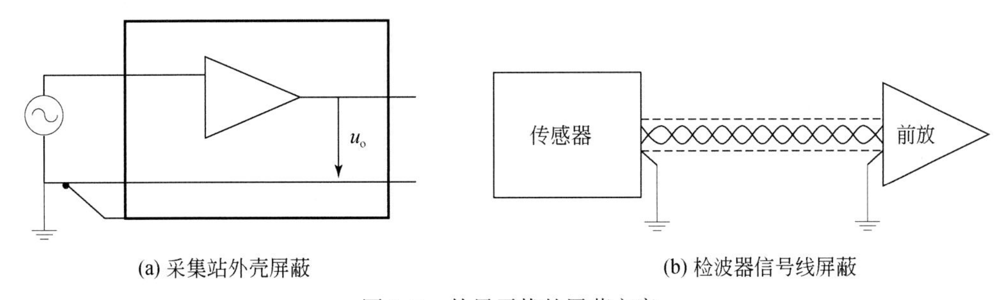

图 2.7　外界干扰的屏蔽方案

脉冲噪声是传感器噪声的一种重要的表现形式，其振幅较大，对电路造成不良影响较大，尖脉冲常损坏电路，这种脉冲也称为浪涌。它含有直流成份至高频成份，采用非线性滤波电路可有效地滤除这种脉冲噪声，也就是通常所讲的限幅器，当电压高过一额定值后，限幅器产生反向漏电流，将能量峰消除，进而达到保护后级电路的作用。通常可以通过稳压二极管和 TVS 管（Transient Voltage Suppressor，TVS）实现，考虑到提高系统的集成度，选用专用的 TVS 管做限幅器。

2.1.2.3　低噪声电源电路设计和接地技术

地震采集站由+12V 电瓶供电，系统模拟部分所需±5V、+3.3V、+2.5V 电源，数字部分所需+3.3V、+5V、+1.8V电源，均采用相互独立的集成稳压器模块供电。使仪器的模拟通道、数字通道电源有效隔离。为解决电源模块对仪器模拟通道可能产生的射频干扰，设计中对整个电源板进行了金属壳屏蔽，另外在模拟电源的输出端加入2阶低通滤波器，有效抑制电源纹波。

为了降低地线阻抗，最简单的办法是使电路就近接地，尽量避免使用很长的地连线，这就是多点接地。一般弱电电路都就近接地，地线连线较短，地线阻抗低。通常，当工作频率低于1MHz时，可用一点接地方式；当频率在1M～10MHz时，如果采用一点接地，其地线总长度不得超过波长的1/20；反之，则应使用多点接地；当频率高于10MHz时，应采用多点接地。

地震信号带宽为30～200Hz，低于1MHz，但是，考虑到各个有源模拟器件供电电流的回流，应该让有源电子器件的回流通道最短，防止形成较长回流线路而产生地电位差，从而耦合到模拟输入通道，引入干扰。因此，采用多点就近接地方式。除此之外，在PCB布线时采用地平面代替地导线，更能减小地线回路电阻，避免地电位差。因此，在PCB布线时，采用多层电路板设计方案，用地平面层代替地导线，完成所有器件的就近接地。基于同样的考虑，电源也采用电源层代替电源导线。

2.1.2.4 模拟通道噪声分析

1. 模拟信号调理部分的噪声模型

模拟信号调理部分的噪声模型可以分成前置低通滤波电路、程控放大器、差分信号转换模块3个部分进行分析，如图2.8所示。得出每部分的噪声模型后，根据级联电路的等效输入噪声的计算方法可算出模拟信号调理部分的等效输入噪声电压谱密度，再根据采集通道的带宽可以得出等效输入噪声电压有效值。

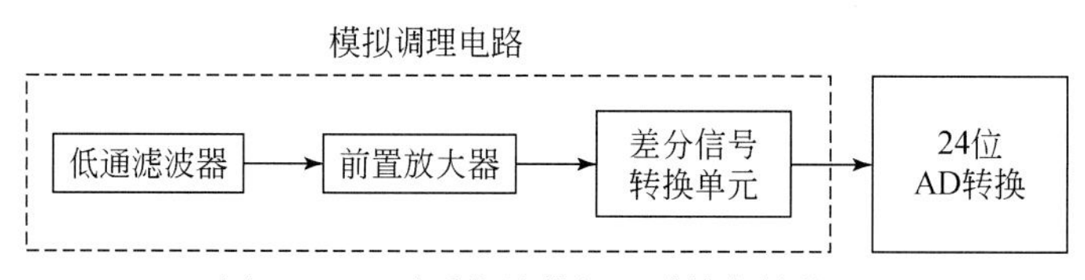

图2.8　地震采集站模拟通道简化结构图

前置低通滤波电路可以看成一个四端网络，每个电阻是个噪声源。根据无源四端网络E_n-I_n噪声模型的计算方法，通过其内部噪声源计算得到E_n-I_n噪声。程控放大器CS3301作为一个四端网络，可以在资料中得到它的E_n-I_n噪声模型参数。差分信号转换模块由一个电压跟随器和一个反相放大器组成，它们组成的噪声四端网络是$I_{1n}-E_{2n}$模型，其中，反相放大器为电压并联负反馈，跟随器为电压串联负反馈，根据电压并联负反馈和电压串联负反馈的噪声模型计算方法可以得出主网络和反馈网络的E_n-I_n噪声。

模拟调理电路的等效噪声模型如图2.9所示，Z_s为信号源阻抗，e_{ni}为信号源的噪声电压。可以把级联电路的噪声折合为等效输入噪声表示。

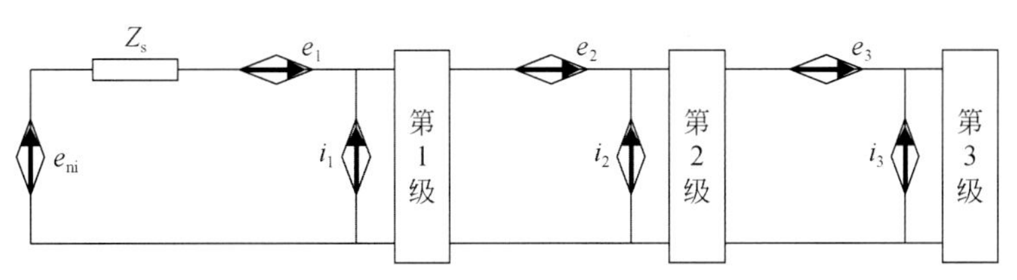

图 2.9　模拟通道噪声模型

第 1 级 e_1-i_1 噪声折合到输入端噪声电压谱密度为

$$S_1(f)=S_{e1}(f)+S_{i1}(f)\ |Z_s|^2+2\mathrm{Re}(S_{e1i1}(f)Z_s^*) \tag{2.13}$$

第 2 级 e_2-i_2 噪声折合到输入端的等效噪声电压谱密度为

$$S_2(f)=\frac{S_{e2}(f)}{|K_{u1}(j\omega)|^2}+\frac{S_{i2}(f)}{|K_{i1}(j\omega)|^2}+2\mathrm{Re}\left[\frac{S_{e2i2}(f)}{K_{u1}(j\omega)K_{i1}^*(j\omega)}\right] \tag{2.14}$$

式中，$K_{u1}(j\omega)$ 为开路电压增益；$K_{i1}(j\omega)$ 为短路电流增益。根据同样的方法，得到 e_3-i_3 噪声折合到输入端的等效噪声电压谱密度为 $S_3(f)$。由于各级放大器噪声的无关性，级联放大器的等效输入噪声电压谱密度为

$$S(f)=S_1(f)+S_2(f)+L+S_n(f) \tag{2.15}$$

根据采集系统的电路可求出各级对应的 $K_{u1}(j\omega)$、$K_{i1}(j\omega)$、$K_{u2}(j\omega)$、$K_{i2}(j\omega)$，与前述各级 E_n-I_n 噪声联合可得到在工作频率为 10Hz，程控放大 4 倍时的等效输入噪声功率谱密度 $E_{amp}^2=4.96533\times10^{-16}\frac{\mathrm{V}^2}{\mathrm{Hz}}$。A/D 在采样率为 1kHz 时采集通道的频带为 0～500Hz，可得等效输入噪声电压 $E_{namp}^2=2.482\times10^{-13}\mathrm{V}^2$。

2. 24 位 ΔΣA/D 噪声分析

根据模数转换理论，A/D 的量化噪声为

$$E_{nad}=\frac{V_{p-p}}{2^n} \tag{2.16}$$

式中，V_{p-p} 为 A/D 模拟输入的最大峰峰值（5V）；n 为 A/D 转换的位数（24 位）。但是 CS5372 和 CS5376 构成的 A/D 转换器，实际最大量化阶数为 12582912，比 $2^{24}=16777216$ 要小，因此其量化噪声为

$$E_{nad}=\frac{5.0V}{12582912}=2.98\times10^{-7}V$$

3. 模拟通道等效输入总噪声分析

将各个噪声电压或电流的平方加在一起，开方求出总的噪声电压

$$E_{sum}^2=E_{namp}^2+E_{nad}'^2 \tag{2.17}$$

$$E'_{nad}=E_{nad}/A \tag{2.18}$$

式中，E'_{nad} 为 A/D 量化噪声折算到输入端的等效噪声；A 为程控放大器的增益，结合前述结果，在 CS3301 增益为 4（$A=4$），A/D 采样率为 1kHz（带宽为 0～500Hz）的条件

下，计算得到模拟通道等效输入总噪声

$$E_{\text{sum}} = 5.080 \times 10^{-7} V$$

可见，数据采集电路的理论噪声水平为亚微伏级。

2.2 高精度时钟同步及自定位技术

2.2.1 高精度时钟同步技术

地震仪工作方式为移动式测量，且施工场合为野外环境，因此，本系统将采用无通讯链路同步，基于本地时钟与 GPS 授时联用方式，各地震采集站独立工作。以 GPS 接收机秒脉冲信号为基准，采用整秒触发的方法同震源同步工作，实现 4000 个通道（1000 个采集站）同步采样。

考虑到部分采集站 GPS 接收机会因障碍物遮蔽而失锁的情况，采用高精度实时时钟（Real Time Clock，RTC）同 GPS 对准后自锁时，为采集站提供第二同步时标。RTC 对准 GPS 时间后，因自身晶体振荡器中心频率偏差和温度漂移问题，导致产生累积走势误差。为解决累积误差问题，考虑采用周期性 GPS 对钟，在累积误差超出允许范围之前，通过 GPS 对钟进行重新锁定。系统时间服务系统设计方案如图 2.10 所示。

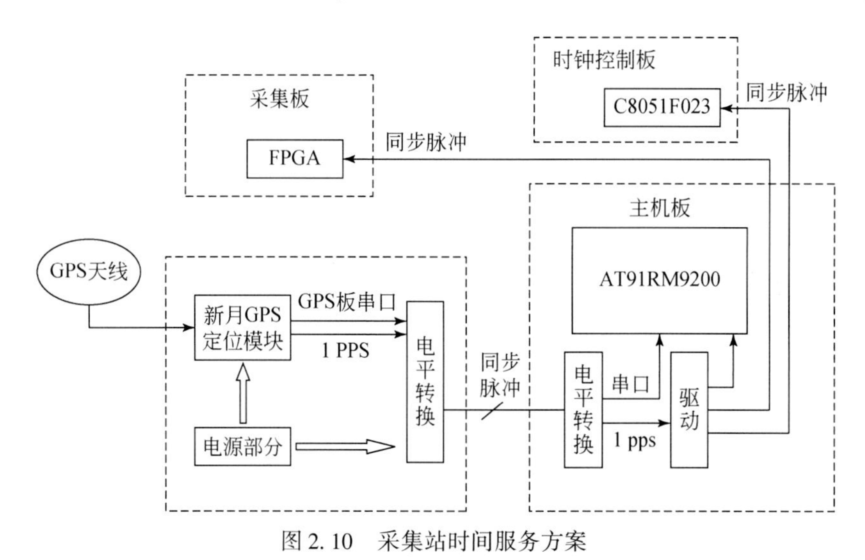

图 2.10　采集站时间服务方案

2.2.1.1 地震采集站站内同步采样控制

CS5372 和 CS5376 是 CirrusLogic 公司生产的 24 位 A/D 套片，CS5372 是双通道的四阶 ΔΣ 调制器，主时钟（MCLK）为 2.048MHz 时输出 512KHz 的过采样 1 位数据流。CS5376 是数字抽取滤波器，可以将 1 位数据流滤波转换为 24 位量化结果。2 片 CS5372 和 1 片 CS5376 可实现 4 通道的数据采集，采集电路结构如图 2.11 所示。

CS5376 的工作时钟为 32.768MHz，经内部分频后输出 2.048MHz 的调制器时钟，控制 CS5372 运行。SYNC 引脚用于接收外部同步信号，一个上升沿可触发内部时序电路产生重对齐同步信号 MSYNC，该信号用于复位数字滤波器内部电路，同时 MSYNC 信号驱动至片外用于对齐调制器相位。CS5376 和 CS5372 的同步时序如图 2.12 所示，SYNC 接收外部同步信号（上升沿），在 MCLK 的下一个周期 1/4 时刻处产生 MSYNC，CS5372 同 MSYNC 产生后的第二个 MCLK 上升沿 t_0 时刻对齐，输出第一个采样数据 DATA1。因两片 CS5372 采用来自 CS5376 分频输出的同一时钟源，因此，4 通道能同时对齐到 t_0 时刻，实现站内同步数据采样。

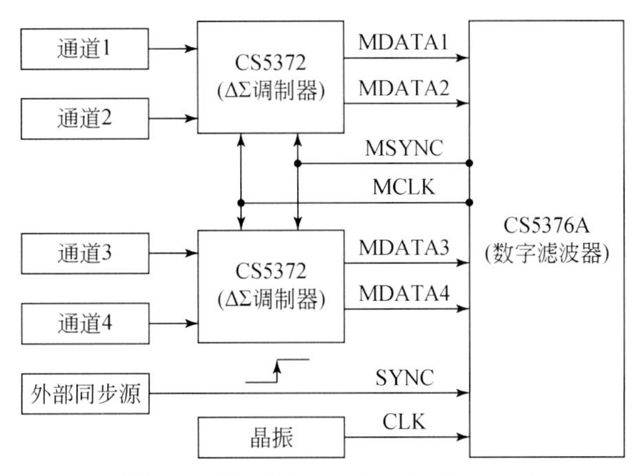

图 2.11　地震采集站同步采样电路结构

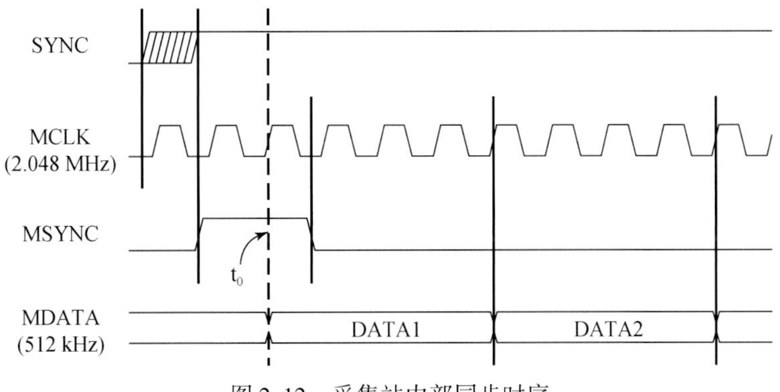

图 2.12　采集站内部同步时序

2.2.1.2　全网同步采样机制

系统同步网络结构如图 2.13 所示，GPS 同步技术是在 GPS 卫星中配备高精度原子钟，通过地面监测站连续跟踪测算卫星运行状态参数，并与美国海军天文台提供的标准 GPS 时结合推算出卫星钟误差参数，并通过导航电文传送给 GPS 接收机，接收机解算数据后得到 GPS 精确授时，同步精度为 10～100ns。本书采用的 GPS 接收机为加拿大

Hemisphere 公司的 Crescent 系列 HC12A 单频接收机，通过单站多星测时方法可获得精度为 50ns 的秒脉冲，各采集站通过该秒脉冲同步数据采集。

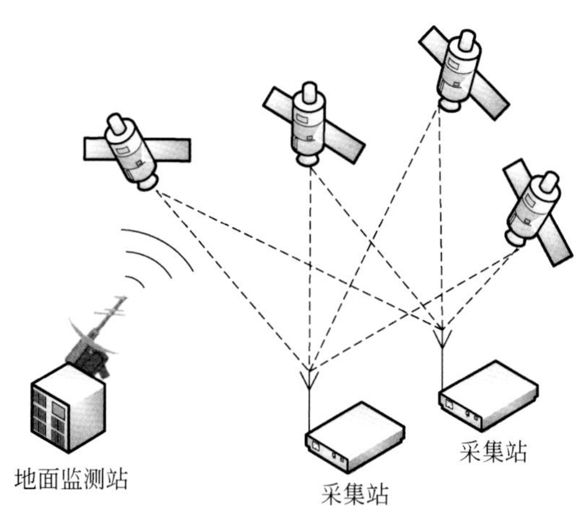

图 2.13　全网同步原理

采集站结构如图 2.14 所示，GPS 接收机秒脉冲接入 FPGA 中，通过逻辑门驱动控制 CS5376 采样。各采集站预先设定精确到秒的协调世界时（coordinate universal time，UTC）触发时刻，ARM 通过串口解析 GPS 接收机的授时信息，在判断到触发时刻到达时，控制采集电路同秒脉冲对齐，实现全网同步采样。

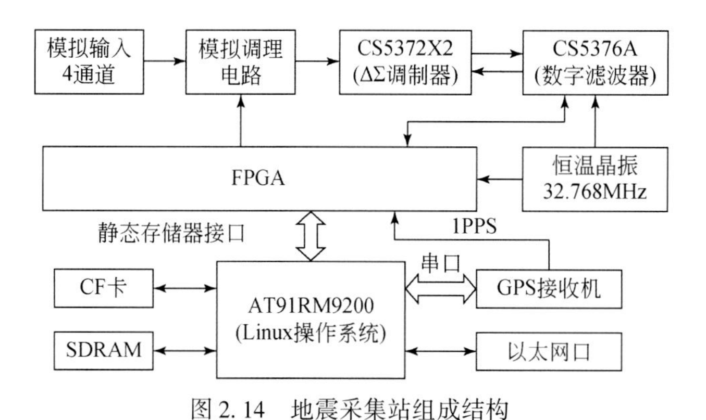

图 2.14　地震采集站组成结构

2.2.1.3　高精度 RTC 同步时标

系统采用的石英钟时间服务系统如图 2.15 所示，采用恒温晶振（Oven Controlled Oscillator，OVXO）提供基本同步时钟，经过 1000 倍分频输出 32.768kHz 振荡信号，作为 RTC 的时钟输入。DS1390 是 Dallas Semiconduct 生产的 RTC，可以采用外部晶体同内部振荡电路结合产生时钟信号，也可以直接接收外部振荡信号作为时钟输入。OVXO 采用精度为±0.03ppm（Part Per Million，$1\text{ppm}=10^{-6}$）工业级型号，因此，采用 OVXO 后，RTC 计时精度可达±0.03ppm。

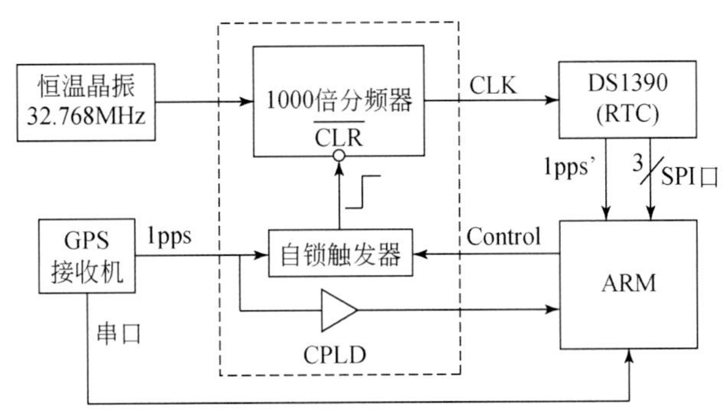

图 2.15　RTC 时间服务器组成

采用 RTC 作为同步时标，除提高走时精度外，还需进行绝对时间校准。校准过程如图 2.16 所示，GPS 接收机定位成功后每秒钟输出一个宽度为 1ms 的正脉冲，1pps（Pulse Per Second）为 GPS 接收机输出的秒脉冲序列，其上升沿标识本秒起始时刻；每个秒脉冲之后隔 14ms 串口输出定位信息。ARM 首先控制 CPLD 中的自锁触发器关闭分频器时钟输出，使 RTC 处于停止状态，然后于 t_2时刻起提取 UTC 时间并将该时间加 1s 后写入 DS1390 中，在时间设置完毕后打开自锁触发器；GPS 接收机的下一个秒脉冲会导致自锁触发器状态反转，分频器于 t_3时刻启动时钟输出，驱动 RTC 与 GPS 时间基准同步计时，RTC 从 t_4时刻起输出高精度同步秒脉冲 1pps’，其时间信息通过 SPI 接口输出，协同 1pps’ 信号为采集站提供高精度时标。

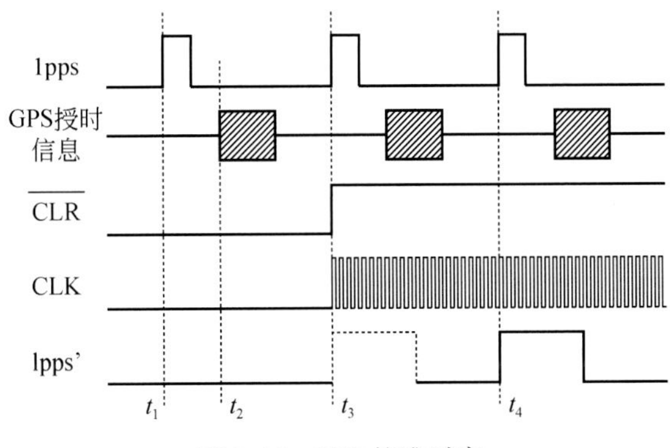

图 2.16　RTC 校准时序

2.2.1.4　同步误差分析

采集站在布设之前首先进行校准，在布设完毕之后各采集站根据 GPS 接收机定位结果选择时标来源，若成功则选择 GPS 接收机，否则选用 RTC 源；然后在预先设定的 UTC 时间点由秒脉冲触发全网数据采样。全网同步误差来源于两个方面：全网同步脉冲精度误差和各采集站自身时钟误差。

1）秒脉冲同步信号误差

GPS 卫星信号不会老化，不会漂移。因此 GPS 接收机的秒脉冲同步误差恒为±50ns。

RTC 秒脉冲的误差来源于校准时产生的绝对时间偏差和走时产生的累积偏差，分别记为 ΔT_1 和 ΔT_2。其中，绝对时间偏差包含两部分：GPS 秒脉冲自身误差和分频器输入时钟零相位对齐误差；图 2.16 中，分频器输入时钟为 $\overline{CLR}$ 信号和恒温晶振输出“相与”的结果，$\overline{CLR}$ 信号由 GPS 秒脉冲触发，由于 GPS 秒脉冲与恒温晶振时钟之间的相位差是随机的，所以分频器输入时钟的起始相位是随机的，在一个时钟周期内变化。由此产生的误差为 1 个输入时钟周期：1/32.768MHz（±15ns）。因此绝对时间偏差为 $\Delta T_1=\pm(50+15)\text{ns}$。设 RTC 对准后运行时间为 n 小时，则其走时累积偏差为

$$\Delta T_2=\pm 0.1\text{ppb}\cdot n\cdot 3600(\text{s})=\pm 360n(\text{ns})$$

可得 RTC 同步误差为

$$\Delta T=\Delta T_1+\Delta T_2=\pm(65+360n)(\text{ns}) \tag{2.19}$$

2）采集站间主时钟不同步问题

各采集站的采样系统采用相互独立的恒温晶振提供时钟，因此不同采集站的采样系统主时钟存在随机相位差，由此会导致 ΔΣ 调制器同步误差。如图 2.17 所示，MCLK1 和 MCLK2 分别为两个采集站的调制器主时钟，二者相位差为 180°，假设外部同步信号不存在误差，两个采集站与该信号同步后，分别对齐到了 t_0 和 t_0'时刻，由此产生的同步误差为 $\Delta t=|t_0-t_0'|$，易知，其最大值为一个 MCLK 周期（488ns）。因此，不同采集站主时钟不同步的问题将带来±244ns 的同步误差。

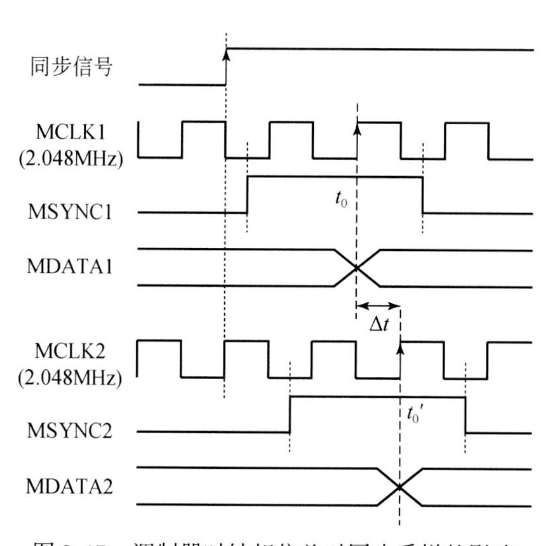

图 2.17 调制器时钟相位差对同步采样的影响

综上所述，全网采用 GPS 时标采样时，同步误差为 $\text{EGPS}=\pm(50+244)\text{ns}=\pm 0.294\mu\text{s}$；采用 RTC 时标时，同步误差为

$$\text{ERTC}=\pm[(65+360n)+244](\text{ns})=\pm(0.309+0.36n)(\mu\text{s}) \tag{2.20}$$

可见在采用 GPS 时标时，同步误差不随时间变化，优于±0.3μs；采用 RTC 时标时，同步误差随工作时间线性增加。根据施工需求，每天在布设采集站之前将 RTC 对准一次，施工完毕之后回收采集站，每天最长工作时间为 8 小时。设 n 取最大值为对准后连续工作 8 小时，可以求得最差情况下的误差，即采用 RTC 的误差上限为

±3. 189μs，优于±3. 2μs。系统采用 GPS 和 RTC 双时标联合同步，同步误差取最差条件下的误差，即二者之大者±3. 2μs。

2. 2. 2　高精度时钟自定位技术

地震采集实践中通常要进行勘探前的地质测量工作，以确定炮点位置和检波器排列的坐标。为了保证观测系统的可靠施工，进而保证地震采集数据的质量，本系统分两个步骤完成采集站的精确定位：首先通过常规测量（如全站仪）确定起始点，并在观测系统关键控制点实施精确测量，然后通过测绳确定测线走向，并在测绳标示的测线上布置无缆遥测地震仪采集站，根据观测系统的设置完成采集站的粗略定位。然后每个采集站则通过自身配备的 GPS 接收机记录 GPS 定位数据，经过后续数据处理实现自身的精确定位。这样在保证观测系统整体拓扑结构的同时，又能通过各采集站的高精度的自定位，为后续地震数据处理提供精确的采集站位置信息。

本系统将采用双频 GPS OEM 板与采集站集成，使采集站在采集地震数据的同时进行 GPS 数据的采集，形成一个具有静态相对定位功能的系统，在测得几个时段后对所有的点位记录数据进行差分和网平差处理，得出厘米级的定位精度，(具体的精度，与所布设的采集站之间的距离和构成的几何强度有关)。该技术虽然是首次应用于地震勘探领域，但测量技术领域，该技术已有现成的规范可以进行借鉴（GB/T 18314—2001）。

2. 2. 2. 1　GPS 观测数据记录

GPS 观测数据记录方案如图 2. 18 所示，主要由卫星信号接收部分、信号通道部分、存储器、主控器和外部控制系统组成。天线由接收机天线和前置放大器两部分组成。天线的作用是将 GPS 卫星信号极微弱的电磁波能转化为电流，而前置放大器则是将 GPS 信号电流予以放大。信号通道是接收单元的核心部分，由硬件和软件组合而成。每一个通道在某一时刻只能跟踪一颗卫星，当某一颗卫星被锁定后，该卫星占据这一通道直到信号失锁为止。因此，大部分接收机均采用并行多通道技术，可同时接收多颗卫星信号。不同类型的接收机信号通道数从 1 ~ 12 不等。设计完成的 GPS 定位电路如图 2. 19 所示。

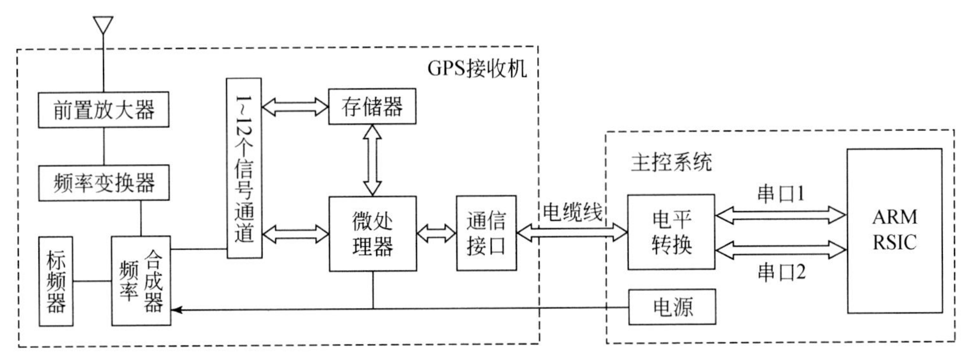

图 2. 18　GPS 接收机电路结构

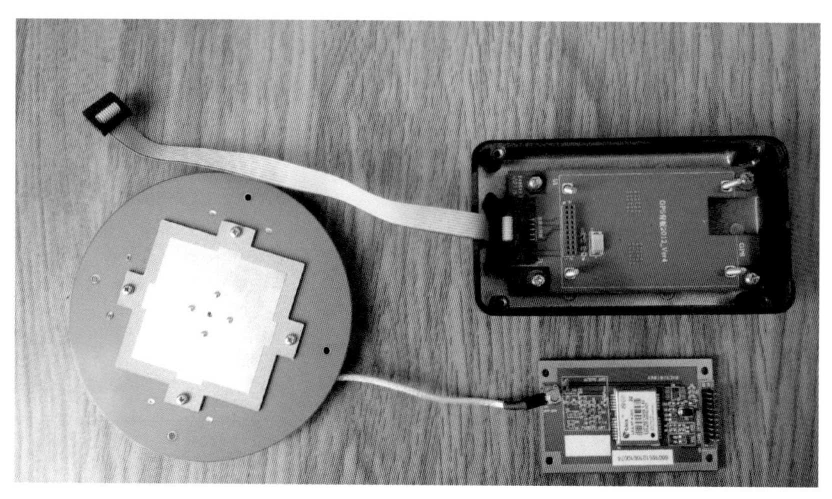

图 2.19　GPS 接收电路实物图

GPS 信号接收机内设有存储器以存储所解译的 GPS 卫星星历、伪距观测量、载波相位观测量及各种测站信息数据。大多数接收机采用内置式半导体存储器，此类存储器为非易失性存储器，掉电后上次定位观测到的卫星信息会被保存到存储器中，以便下次上电时 GPS 能够更快地搜索定位卫星。保存在接收机内存中的其他数据可以通过数据传输接口输入到微机内，以便处理观测数据。存储器内通常还装有多种工作软件，如自测试软件、天空卫星预报软件、导航电文解码软件、GPS 单点定位软件等。

微处理器是 GPS 信号接收机的控制系统，GPS 接收机的一切工作都在微处理器的指令控制下自动完成。其主要任务是：①根据各通道跟踪环路所输出的数据码，解译出 GPS 卫星星历，并根据实际测量得到的 GPS 信号到达接收机天线的传播时间，计算出测站的三维地心坐标（WGS-84 坐标系），并按预置的位置更新率不断更新测站坐标；②根据已得到的测站点近似坐标和 GPS 卫星历书，计算所有在轨卫星的升降时间、方位和高度角；③处理用户输入的控制命令。

数据通讯接口用以实现 GPS 接收机同主控系统的通讯，通过电缆进行连接。主控系统通过 ARM 的两个串口分别进行发送参数设置命令和读取 GPS 定位数据。记录系统选择记录 GPRMC、GPGSV、Bin1、Bin95、Bin98 5 种格式的数据，其中 GPRMC 和 GPGSV 为 NMEA-0183 标准输出语句，包含接收机定位状态、卫星个数、经纬度、UTC 时间等信息，用于完成系统状态判定和时间标签提取等功能；Bin1、Bin95、Bin98 属于 SLX binary 格式的定位数据，其中包含 GPS 卫星位置和速度数据、12 通道的星历数据信息、卫星星历衍生数据，这 3 种消息数据综合到一起，提供给 GPS 数据后处理软件进行基线解算和网平差处理。每个地震采集站在野外开启完毕后，由单独的进程对 GPS 接收机的卫星观测数据连续记录 30min，并将结果存储在 CF 卡中。所有采集站在数据回收时，将 GPS 观测数据汇总到一起，提供给 GPS 后处理软件进行解算，进而获得各采集站的精确位置信息。

2.2.2.2　GPS 静态观测数据处理

1. 载波相位观测方程的差分原理

1）载波相位观测方程

设卫星 S^j 在卫星钟钟面时间 t^j 发射的载波信号相位为 $\varphi^j(t^j)$，而接收机 M_i 在接收机钟面时间 t_i 收到卫星信号后产生的基准信号相位为 $\varphi_i(t_i)$。考虑卫星钟和接收机钟误差及电离层和对流层的影响，则有较严密的载波相位观测方程

$$\tilde{\varphi}_i^j(t)=\frac{f}{c}(t)\left[1-\frac{1}{c}\dot{D}_i^j(t)\right]+f\left[1-\frac{1}{c}\dot{D}_i^j(t)\right]\delta t_i-f\delta t^j+\frac{f}{c}\delta I_i^j(t)+\frac{f}{c}\delta T_i^j(t)-N_i^j(t_0) \tag{2.21}$$

式中，$D_i^j(t)$ 表示星站距；$\dot{D}_i^j(t)$ 为星站距离变化率；f 为载波频率；c 为光速；$N_i^j(t_0)$ 表示初始历元的整周未知数；δt_i 和 δt^j 分别表示接收机钟差和卫星钟差；$\frac{f}{c}\delta I_i^j(t)$ 为电离层折射改正项；$\frac{f}{c}\delta T_i^j(t)$ 为对流层折射改正项。

式（2.21）中含有 $\dot{D}_i^j(t)/c$ 项，对伪距的影响为米级。在相对定位中，如果基线较短（比如两测站间的距离 l<20km），则有关卫星到接收机天线中心的几何距离变化率可以忽略，于是载波相位观测方程可简化为

$$\tilde{\varphi}_i^j(t)=\frac{f}{c}\left[D_i^j(t)+\delta I_i^j(t)+\delta T_i^j(t)\right]+f\delta t_i-f\delta t^j-N_i^j(t_0) \tag{2.22}$$

测站和卫星之间的几何距离是坐标的非线性函数，即

$$D_i^j(t)=\left[(X^j(t)-X_i)^2+(Y^j(t)-Y_i)^2+(Z^j(t)-Z_i)^2\right]^{1/2} \tag{2.23}$$

可取测站坐标近似值（X_i^0，Y_i^0，Z_i^0）为泰勒级数展开中心，将其线性化后有

$$D_i^j(t)=(D_i^j(t))_0-k_i^j(t)\delta X_i-l_i^j(t)\delta Y_i-m_i^j(t)\delta Z_i \tag{2.24}$$

式中，

$$k_i^j(t)=\frac{1}{(D_i^j(t))_0}(X^j(t)-X_i^0);$$

$$l_i^j(t)=\frac{1}{(D_i^j(t))_0}(Y^j(t)-Y_i^0);$$

$$m_i^j(t)=\frac{1}{(D_i^j(t))_0}(Z^j(t)-Z_i^0);$$

$(D_i^j(t))_0$ 为 t 时刻观测点近似坐标位置（X_i^0，Y_i^0，Z_i^0）与卫星的距离。

将式（2.24）代入式（2.22）可得线性化的载波相位观测方程

$$\tilde{\varphi}_i^j(t)=\frac{f}{c}(D_i^j(t))_0-\frac{f}{c}\left[k_i^j(t)\delta X_i+l_i^j(t)\delta Y_i+m_i^j(t)\delta Z_i\right]+\frac{f}{c}\delta I_i^j(t)+\frac{f}{c}\delta T_i^j(t)+f\delta t_i-f\delta t^j-N_i^j(t_0) \tag{2.25}$$

2）基线向量差分模型及解算

由于 GPS 测量受到多种误差的影响，如卫星轨道误差、卫星钟差、接收机钟差以及电离层和对流层的折射误差等，造成了 GPS 测量精度的降低。在相对定位中，两个或多个观测站同步跟踪同一组卫星（共视卫星）的情况下，卫星的轨道误差、卫星钟差、接收机钟差以及电离层和对流层的折射误差对于有关观测值的影响相同或者相近，利用这种相关性，可按测站、卫星、历元 3 种要素来求差，从而可使在相位差分值中，大大削弱有关误差的影响。差分观测值作为相位观测值的线性函数，具有多种组合形式。按求差次数的多少，可分为单差、双差和三次差。

（1）基线向量单差模型。

假设测站 1 和 2 分别在历元 t_1、t_2对卫星 p 和卫星 q 进行同步观测，可得如下载波相位观测量

$$\varphi_1^{\mathrm{p}}(t_1),\ \varphi_1^{\mathrm{p}}(t_2),\ \varphi_1^{\mathrm{q}}(t_1),\ \varphi_1^{\mathrm{q}}(t_2),\ \varphi_2^{\mathrm{p}}(t_1),\ \varphi_2^{\mathrm{p}}(t_2),\ \varphi_2^{\mathrm{q}}(t_1),\ \varphi_2^{\mathrm{q}}(t_2)$$

可在测站、观测卫星、历元间求差，分别得到 3 种单差如下

站际单差　$\Delta\varphi_{1,2}^{k}(t_j)=\varphi_2^{k}(t_j)-\varphi_1^{k}(t_j)$，$k=p,\ q;\ j=1,\ 2$

星际单差　$\Delta\varphi_i^{pq}(t_j)=\varphi_i^{q}(t_j)-\varphi_i^{p}(t_j)$，$i=1,\ 2;\ j=1,\ 2$

历元间单差　$\Delta\varphi_i^{k}(t_{1,2})=\varphi_i^{k}(t_2)-\varphi_i^{k}(t_1)$，$i=1,\ 2;\ k=p,\ q$

取站际单差进行一次差推算，将测站 1、2 的载波相位观测方程代入站际单差公式，并设

$$D_{1,2}^{\mathrm{p}}(t_1)=D_2^{\mathrm{p}}(t_1)-D_1^{\mathrm{p}}(t_1);\ \delta I_{1,2}^{\mathrm{p}}(t_1)=\delta I_2^{\mathrm{p}}(t_1)-\delta I_1^{\mathrm{p}}(t_1);\ \delta t_{1,2}=\delta t_2-\delta t_1;$$

$$\delta T_{1,2}^{\mathrm{p}}(t_1)=\delta T_2^{\mathrm{p}}(t_1)-\delta T_1^{\mathrm{p}}(t_1);\ \delta N_{1,2}^{\mathrm{p}}(t_1)=\delta N_2^{\mathrm{p}}(t_1)-\delta N_1^{\mathrm{p}}(t_1)$$

可得

$$\Delta\varphi_{1,2}^{\mathrm{p}}(t_1)=\frac{f}{c}D_{1,2}^{\mathrm{p}}(t_1)+f\delta t_{1,2}-N_{1,2}^{\mathrm{p}}(t_0)+\frac{f}{c}\delta I_{1,2}^{\mathrm{p}}(t_1)+\frac{f}{c}\delta T_{1,2}^{\mathrm{p}}(t_1)\quad(2.26)$$

由上式可知，卫星钟差影响已消除，当两测站相距在 20km 以内时，由于对流层和电离层折射的影响具有很强的相关性，故在测站间求一次差可几乎消除大气折射误差。

将测点 1，2 的线性化的载波相位观测方程代入式（2.26），可得单差观测方程的线性化形式

$$\Delta\varphi_{1,2}^{\mathrm{p}}(t_1)=-\frac{f}{c}\begin{bmatrix}k_2^{\mathrm{p}}(t_1) & l_2^{\mathrm{p}}(t_1) & m_2^{\mathrm{p}}(t_1)\end{bmatrix}\begin{bmatrix}\delta X_2\\ \delta Y_2\\ \delta Z_2\end{bmatrix}+f\delta t_{1,2}$$
$$-N_{1,2}^{\mathrm{p}}(t_0)+\frac{f}{c}\{[D_2^{\mathrm{p}}(t_1)]_0-D_1^{\mathrm{p}}(t_1)\}\quad(2.27)$$

式中，$D_1^{\mathrm{p}}(t_1)$ 为 t_1时刻测站 1 至卫星 p 的距离。

对单差观测方程可写出相应的误差方程

$$\Delta V_{1,2}^{\mathrm{p}}(t_1)=-\frac{f}{c}\begin{bmatrix}k_2^{\mathrm{p}}(t_1) & l_2^{\mathrm{p}}(t_1) & m_2^{\mathrm{p}}(t_1)\end{bmatrix}\begin{bmatrix}\delta X_2\\ \delta Y_2\\ \delta Z_2\end{bmatrix}+f\delta t_{1,2}$$
$$-N_{1,2}^{\mathrm{p}}(t_0)+\Delta L_{1,2}^{\mathrm{p}}(t_1)\quad(2.28)$$

其中，

$$\Delta L_{1,2}^{p}(t_1) = \frac{f}{c}[(D_2^{p}(t_1))_0 - D_1^{p}(t_1)] - \Delta\varphi_{1,2}^{p}(t_1)$$

如果两测站，同步观测 n_p 颗卫星，则应相应列出 n_p 个误差方程，用矩阵符号表示为

$$\underset{n^p\times 1}{V(t_1)} = \underset{n^p\times 3}{a(t_1)} \cdot \underset{3\times 1}{\Delta X_2} + \underset{n^p\times 1}{b(t_1)}\delta t_{1,2} + \underset{n^p\times n^p}{C(t_1)} \cdot \underset{n^p\times 1}{N^p} + \underset{n^p\times 1}{L(t_1)},\ \Delta X_2 = [\delta X_2,\ \delta Y_2,\ \delta Z_2]^T$$

若设同步观测该组卫星的历元数为 n_t，则可列出 n_t组误差方程式

$$V = A\Delta X_2 + B\delta t + CN^p + L \tag{2.29}$$

其中，

$$A = [a(t_1) \quad a(t_2) \quad \cdots \quad a(t_{n_t})]^T$$

$$B = \begin{bmatrix} b(t_1) & 0 & 0 & \cdots & 0 \\ 0 & b(t_2) & 0 & \cdots & 0 \\ 0 & 0 & b(t_3) & \cdots & 0 \\ \vdots & \vdots & \vdots & \vdots & \vdots \\ 0 & 0 & 0 & \cdots & b(t_{n_t}) \end{bmatrix}$$

$$C = [C(t_1) \quad C(t_2) \quad \cdots \quad C(t_{n_t})]^T$$

$$V = [V(t_1) \quad V(t_2) \quad \cdots \quad V(t_{n_t})]^T$$

$$L = [L(t_1) \quad L(t_2) \quad \cdots \quad L(t_{n_t})]^T$$

按最小二乘原理对观测方程求解，有法方程

$$NY+U=0 \tag{2.30}$$

其中，法方称系数阵

$$N = [A \quad B \quad C]^T P [A \quad B \quad C]$$

法方程常数阵

$$U = [A \quad B \quad C]^T PL$$

未知参数阵 $Y = [\Delta X_2 \quad V \quad N^P]^T$，在组成法方程组后按最小二乘法求解即有

$$Y = -N^{-1}U \tag{2.31}$$

由观测方程改正数可得单位权方差

$$\sigma_0^2 = \frac{V^T PV}{f} \tag{2.32}$$

式中，f 为自由度（多余观测数）。而单差观测方程个数为

$$n = (n_i - 1) \cdot n^p \cdot n_t \tag{2.33}$$

式中，n_i为测站数；n^p 为观测的卫星数；n_t 为观测历元数。而模型中的未知参数的总数为

$$u = (n_i - 1)(3 + n^p + n_t) \tag{2.34}$$

$$f = n - u$$

未知数的协因阵 $Q_Y = N^{-1}$，而未知数向量 Y 中任一分量的精度估值为

$$\sigma_{Y_i} = \sigma_0 \sqrt{1/P_{Y_i}} \tag{2.35}$$

（2）基线向量的双差模型。

对测站间、卫星间或历元间求过一次差后的虚拟观测方程，再次求差获得双差模型。由于求差与先后顺序无关，因此 GPS 观测量之间的双差模型有 3 种构成方法：

①在测站间求单差，卫星间求双差；

②在卫星间求单差，历元间求双差；

③在历元间求单差，测站间求双差；

取第一种双差类型给出双差模型，设在 1、2 测站 t_1时刻同时观测了 p、q 两颗卫星，那么对 p、q 两颗卫星分别有单差模型见式（2.26），如果忽略大气折射残差，可在卫星间求双差观测方程

$$\begin{aligned}\Delta\varphi_{1,2}^{p,q}(t_1) &= \Delta\varphi_{1,2}^{q}(t_1) - \Delta\varphi_{1,2}^{p}(t_1)\\ &= \frac{f}{c}[D_{1,2}^{q}(t_1) - D_{1,2}^{p}(t_1)] + f(\delta t_{1,2} - \delta t_{1,2}) - [N_{1,2}^{q}(t_0) - N_{1,2}^{p}(t_0)]\\ &= \frac{f}{c}D_{1,2}^{p,q}(t_1) - N_{1,2}^{p,q}(t_0)\end{aligned} \tag{2.36}$$

由式（2.36）可知，两卫星观测方程在 t_1时刻均含有相同的接收机钟差 $\delta t_{1,2}$，求差后钟差被抵消。因此，双差模型消除了钟差的影响。

将 $D_{1,2}^{p,q}(t_1)$ 线性化形式代入式（2.36），可得线性化的双差模型

$$\begin{aligned}\Delta\varphi_{1,2}^{p,q}(t_1) = &-\frac{f}{c}[\Delta k_{1,2}^{p,q}(t_1) \quad \Delta l_{1,2}^{p,q}(t_1) \quad \Delta m_{1,2}^{p,q}(t_1)] \cdot \begin{bmatrix}\delta X_2\\ \delta Y_2\\ \delta Z_2\end{bmatrix} - N_{1,2}^{p,q}(t_0)\\ &+ \frac{f}{c}[-D_1^{q}(t_1) + D_1^{p}(t_1)]\end{aligned} \tag{2.37}$$

设 $\Delta L_{1,2}^{p,q}(t_1) = \frac{f}{c}[-D_1^{q}(t_1) + D_1^{p}(t_1)] - \Delta\varphi_{1,2}^{p,q}(t_1)$，则有双差观测值的误差方程式

$$\Delta V_{1,2}^{p,q}(t_1) = -\frac{f}{c}[\Delta k_{1,2}^{p,q}(t_1) \quad \Delta l_{1,2}^{p,q}(t_1) \quad \Delta m_{1,2}^{p,q}(t_1)] \cdot \begin{bmatrix}\delta X_2\\ \delta Y_2\\ \delta Z_2\end{bmatrix} - N_{1,2}^{p,q}(t_0) + \Delta L_{1,2}^{p,q}(t_1) \tag{2.38}$$

如果当两测站同时观测了 n^p颗卫星时，可得（n^p-1）个误差方程组

$$\underset{(n^p-1)\times 1}{V(t_1)} = \underset{(n^p-1)\times 3}{a(t_1)}\underset{3\times 1}{\Delta X_2} + \underset{(n^p-1)\times(n^p-1)}{c(t_1)} \cdot \underset{(n^p-1)\times 1}{N} + \underset{(n^p-1)\times 1}{\Delta L(t_1)} \tag{2.39}$$

式中，

$$V(t_1) = [V^{1,p}(t_1) \quad V^{2,p}(t_1) \quad \cdots \quad V^{(p-1),p}(t_1)]^{T}, \Delta X_2 = [\delta X_2, \delta Y_2, \delta Z_2]^{T}$$

如果在两个测站上对 n^p组卫星同步观测了 n_t个历元，那么相应的误差方程为

$$V = A\Delta X_2 + CN + L \tag{2.40}$$

并由此得法方程

$$NY + U = 0; \ Y = -N^{-1}U; \ Y = [\Delta X_2 \quad N]^{T}$$

同样，精度评定可按与单差类似的方式进行。

双差观测方程的主要优点是，能进一步消除接收机钟差的影响。站际、星际双差方法，在实际应用中，由于优点突出，应用最为广泛。

（3）基线向量的三差模型。

三差是指不同测站、不同历元，同步观测同一组卫星所得观测值的双差之差。设测站 1、2，在历元 t_1、t_2 对 p、q 两颗卫星进行同步观测，则由式（2.36）得到双差方程

$$\Delta\varphi_{1,2}^{p,q}(t_1)=\frac{f}{c}D_{1,2}^{p,q}(t_1)-N_{1,2}^{p,q}(t_0)$$

$$\Delta\varphi_{1,2}^{p,q}(t_2)=\frac{f}{c}D_{1,2}^{p,q}(t_2)-N_{1,2}^{p,q}(t_0)$$

对上两式求差，得到的三差观测方程为

$$\Delta\varphi_{1,2}^{p,q}(t_1,t_2)=\frac{f}{c}[D_{1,2}^{p,q}(t_2)-D_{1,2}^{p,q}(t_1)]=\frac{f}{c}D_{1,2}^{p,q}(t_1,t_2) \tag{2.41}$$

可见，三差观测方程中消掉了整周未知数。

对三差模型式（2.41）进行线性化，则有

$$\Delta\varphi_{1,2}^{p,q}(t_1,t_2)=-\frac{f}{c}\left[\Delta k_{1,2}^{p,q}(t_1,t_2)\quad \Delta l_{1,2}^{p,q}(t_1,t_2)\quad \Delta m_{1,2}^{p,q}(t_1,t_2)\right]\begin{bmatrix}\delta X_2\\ \delta Y_2\\ \delta Z_2\end{bmatrix}+[\Delta D_{1,2}^{p,q}(t_1,t_2)]_0 \tag{2.42}$$

式中，

$$\Delta k_{1,2}^{p,q}(t_1,t_2)=\Delta k_{1,2}^{p,q}(t_2)-\Delta k_{1,2}^{p,q}(t_1)$$

$$\Delta l_{1,2}^{p,q}(t_1,t_2)=\Delta l_{1,2}^{p,q}(t_2)-\Delta l_{1,2}^{p,q}(t_1)$$

$$\Delta m_{1,2}^{p,q}(t_1,t_2)=\Delta m_{1,2}^{p,q}(t_2)-\Delta m_{1,2}^{p,q}(t_1)$$

$$\begin{aligned}[\Delta D_{1,2}^{p,q}(t_1,t_2)]_0=&[D_2^q(t_2)]_0-D_1^q(t_2)-[D_2^p(t_2)]_0+D_1^p(t_2)\\&-[D_2^q(t_1)]_0+D_1^q(t_1)+[D_2^p(t_1)]_0-D_1^p(t_1)\end{aligned}$$

对于式（2.42）可得相应的误差方程式为

$$\Delta V_{1,2}^{p,q}(t_1,t_2)=-\frac{f}{c}\left[\Delta k_{1,2}^{p,q}(t_1,t_2)\quad \Delta l_{1,2}^{p,q}(t_1,t_2)\quad \Delta m_{1,2}^{p,q}(t_1,t_2)\right]\cdot\begin{bmatrix}\delta X_2\\ \delta Y_2\\ \delta Z_2\end{bmatrix}+\Delta L_{1,2}^{p,q}(t_1,t_2) \tag{2.43}$$

式中，$\Delta L_{1,2}^{p,q}(t_1,t_2)=[\Delta D_{1,2}^{p,q}(t_1,t_2)]_0-\Delta\varphi_{1,2}^{p,q}(t_1,t_2)$。

当对 n^p 颗卫星同步观测 n_t 个历元时，与单差、双差模型的求解类似，用最小二乘法建立法方程组求解三差模型，未知数参数中仅包含待定点的坐标。

2. GPS 基线向量网平差

1）GPS 网平差的分类

GPS 网平差的类型有多种，根据平差所采用的坐标空间，可将 GPS 网平差分为三

维平差和二维平差；根据平差时所采用的观测值和起算数据的数量和类型，可将平差分为无约束平差、约束平差和联合平差等。

（1）三维平差和二维平差。

①三维平差：所谓三维平差是指平差在三维空间坐标系中进行，观测值为三维空间中的观测值，解算出的结果为点的三维空间坐标。GPS 网的三维平差，一般在三维空间直角坐标系或三维空间大地坐标系下进行。

②二维平差：所谓二维平差是指平差在二维平面坐标系下进行，观测值为二维观测值，解算出的结果为点的二维平面坐标。二维平差一般适合于小范围 GPS 网的平差。

（2）无约束平差、约束平差和联合平差。

①无约束平差：GPS 网的无约束平差指的是：在平差时不引入会造成 GPS 网产生由非观测量所引起的变形的外部起算数据。常见的 GPS 网的无约束平差，一般是在平差时没有起算数据或没有多余的起算数据。

②约束平差：GPS 网的约束平差指的是平差时所采用的观测值完全是 GPS 观测值（即 GPS 基线向量），而且，在平差时引入了使得 GPS 网产生由非观测量所引起的变形的外部起算数据。

③联合平差：GPS 网的联合平差指的是平差时所采用的观测值除了 GPS 观测值以外，还采用了地面常规观测值，这些地面常规观测值包括边长、方向、角度等观测值。

2）GPS 网平差原理

（1）三维无约束平差。

所谓 GPS 网的三维无约束平差是指平差在 WGS-84 三维空间直角坐标系下进行，平差时不引入使得 GPS 网产生由非观测量所引起的变形的外部约束条件。GPS 基线向量本身已隐含了尺度基准和方位基准，因此在三维平差中可只选某一点的固定坐标进行网平差，即无约束平差。三维无约束平差在 GPS 网平差中有十分重要的作用，它可以发现基线向量中存在的粗差、系统误差。通过检验发现基线向量随机模型误差，可客观评价 GPS 网本身的内符合精度。

在 GPS 网三维无约束平差中所采用的观测值为基线向量，即 GPS 基线的起点到终点的坐标差，因此，对于每一条基线向量，都可以列出如下的一组观测方程

$$\begin{bmatrix} v_{\Delta X} \\ v_{\Delta Y} \\ v_{\Delta Z} \end{bmatrix} = \begin{bmatrix} -1 & 0 & 0 \\ 0 & -1 & 0 \\ 0 & 0 & -1 \end{bmatrix} \begin{bmatrix} \mathrm{d}X_i \\ \mathrm{d}Y_i \\ \mathrm{d}Z_i \end{bmatrix} + \begin{bmatrix} 1 & 0 & 0 \\ 0 & 1 & 0 \\ 0 & 0 & 1 \end{bmatrix} \begin{bmatrix} \mathrm{d}X_j \\ \mathrm{d}Y_j \\ \mathrm{d}Z_j \end{bmatrix} - \begin{bmatrix} \Delta X_{ij} - X_i^0 + X_j^0 \\ \Delta Y_{ij} - Y_i^0 + Y_j^0 \\ \Delta Z_{ij} - Z_i^0 + Z_j^0 \end{bmatrix} \quad (2.44)$$

与此相对应的方差协方差阵、协因数阵和权阵分别为

$$D_{ij} = \begin{bmatrix} \sigma_{\Delta X}^2 & \sigma_{\Delta X \Delta Y} & \sigma_{\Delta X \Delta Z} \\ \sigma_{\Delta Y \Delta X} & \sigma_{\Delta Y}^2 & \sigma_{\Delta Y \Delta Z} \\ \sigma_{\Delta Z \Delta X} & \sigma_{\Delta Z \Delta Y} & \sigma_{\Delta Z}^2 \end{bmatrix};$$

$$Q_{ij} = \frac{1}{\sigma_0^2} D_{ij};$$

$$P_{ij} = D_{ij}^{-1};$$

平差所用的观测方程就是通过上面的方法列出的，但为了使平差进行下去，还必须引入位置基准，引入位置基准的方法一般有两种。第一种是以 GPS 网中一个点的 WGS-84 坐标作为起算的位置基准，即可有一个基准方程如下

$$\begin{bmatrix} dX_i \\ dY_i \\ dZ_i \end{bmatrix} = \begin{bmatrix} X_i^0 \\ Y_i^0 \\ Z_i^0 \end{bmatrix} - \begin{bmatrix} X_i \\ Y_i \\ Z_i \end{bmatrix} = 0 \tag{2.45}$$

第二种是采用秩亏自由网基准，引入下面的基准方程

$$G^{\mathrm{T}} dB = 0 \tag{2.46}$$

其中，

$$G^{\mathrm{T}} = \begin{bmatrix} 1 & 0 & 0 & \cdots & 1 & 0 & 0 \\ 0 & 1 & 0 & \cdots & 0 & 1 & 0 \\ 0 & 0 & 1 & \cdots & 0 & 0 & 1 \end{bmatrix} = [E \quad E \quad E \quad \cdots \quad E]$$

$$\begin{aligned} dB &= [\, db_1 \quad db_2 \quad db_3 \quad \cdots \quad db_n \,]^{\mathrm{T}} \\ &= [\, dX_1 \quad dY_1 \quad dZ_1 \quad \cdots \quad dX_n \quad dY_n \quad dZ_n \,]^{\mathrm{T}} \end{aligned}$$

根据上面的观测方程和基准方程，按照最小二乘原理进行平差解算，得到平差结果。

$$\text{待定点坐标参数:} \begin{bmatrix} X_1 \\ Y_1 \\ Z_1 \\ \cdots \\ X_n \\ Y_n \\ Z_n \end{bmatrix} = \begin{bmatrix} X_1^0 \\ Y_1^0 \\ Z_1^0 \\ \cdots \\ X_n^0 \\ Y_n^0 \\ Z_n^0 \end{bmatrix} + \begin{bmatrix} dX_1 \\ dY_1 \\ dZ_1 \\ \cdots \\ dX_n \\ dY_n \\ dZ_n \end{bmatrix}$$

单位权中误差估值为

$$\sigma_0 = \sqrt{\frac{V^{\mathrm{T}} P V}{3n - 3p + 3}}$$

式中，n 为组成 GPS 网的基线向量数；p 为网的总测点数。

单位权方差的检验原理为：平差后单位权方差的估值 σ_0^2 应与平差前先验的单位权方差 σ_0^2 一致，判断它们是否一致可以采用 χ^2 检验。

原假设 $H_0: \sigma_0^2 = \sigma_0^2$

备选假设 $H_1: \sigma_0^2 \neq \sigma_0^2$

式中，$\sigma_0^2 = \dfrac{V^{\mathrm{T}} P V}{3n - 3p + 3}$

若

$$\frac{V^{\mathrm{T}}PV}{\chi^2_{\alpha/2}} < \sigma_0{}^2 < \frac{V^{\mathrm{T}}PV}{\chi^2_{1-\alpha/2}} \text{（}\alpha\text{ 为显著性水平）}$$

则 H_0成立；反之，则 H_1成立。

GPS 网的三维无约束平差有以下 3 个主要作用：

①评定 GPS 网的内部符合精度，发现和剔除 GPS 观测值中可能存在的粗差。由于三维无约束平差的结果完全取决于 GPS 网的布设方法和 GPS 观测值的质量，因此，三维无约束平差的结果就完全反映了 GPS 网本身的质量好坏，如果平差结果质量不好，则说明 GPS 网的布设或 GPS 观测值的质量有问题；反之，则说明 GPS 网的布设或 GPS 观测值的质量没有问题。

②得到 GPS 网中各个点在 WGS-84 系下经过了平差处理的三维空间直角坐标。在进行 GPS 网的三维无约束平差时，如果指定网中某点准确的 WGS-84 坐标作为起算点，则最后可得到的 GPS 网中各个点经过了平差处理的在 WGS-84 系下的坐标。

③为后期进行的高程拟合，提供经过了平差处理的大地高数据。用 GPS 水准替代常规水准测量获取各点的正高或正常高是目前 GPS 应用中一个较新的领域，现在一般采用的是利用公共点进行高程拟合的方法。在进行高程拟合之前，必须获得经过平差的大地高数据，三维无约束平差可以提供这些数据。

（2）二维平差。

GPS 基线向量网二维平差应在某一参考椭球面上或者是在某一投影平面坐标系上进行。因此，平差前应首先将 GPS 三维基线向量观测值及其协方差阵转换投影至二维平差计算面。也就是从三维基线向量中提取二维信息，在平差计算面上构成一个二维 GPS 基线向量网。

GPS 基线向量网二维平差也可分为无约束平差、约束平差和联合平差三类，平差原理及方法均与三维平差相同。由二维约束平差和联合平差获得的 GPS 平面成果，就是国家坐标系下或地方坐标系下具有传统意义的控制成果。在平差中的约束条件往往是由地面网和 GPS 网重合的已知点坐标，这些作为基准的已知点的精度或它们之间的兼容性是必须保证的。否则由于基准本身误差太大互不兼容，将会导致平差后的 GPS 网产生严重变形，精度大大降低。

3. GPS 观测数据处理流程

GPS 静态相对定位数据处理流程如图 2. 20 所示，主要分为 3 个步骤，第 1 步通过 GPS 观测数据获取观测点可视卫星的运行轨道参数和星历数据，通过多项式拟合 GPS 卫星轨道方程并建立误差修正模型，求解得出观测网络各观测点的伪距定位坐标。第 2 步在预处理的基础上，构建差分载波相位观测方程和法方程，通过站间、星间、历元间求差建立差分载波相位观测方程，能够消除卫星钟差、接收机钟差、整周未知数等因素带来的测量误差，求得高精度的基线向量。第 3 步是平差处理，以基线解算所得到的三维静态基线向量为观测值，待定参数主要为 GPS 网中点的坐标，进行三维无约束平差；用基线解算时随基线向量一同输出的基线向量的方差阵，形成平差的观测方程，以 GPS 网中一个点的 WGS-84 坐标作为起算的位置基准，构建基准方程，按照最小二乘原理进行平差解算，最终得出各观测点的空间位置坐标。

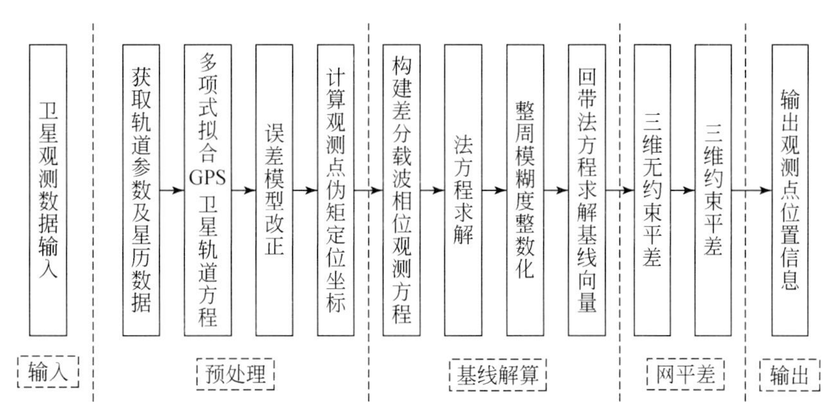

图 2. 20　GPS 观测数据处理流程

1）GPS 基线解算流程和精度判定

（1）GPS 基线解算的过程如下：

①原始观测数据的读入。

在进行基线解算时，首先需要读取原始的 GPS 观测值数据。一般说来，各接收机厂商随接收机一起提供的数据处理软件都可以直接处理从接收机中传输出来的 GPS 原始观测值数据，而由第三方所开发的数据处理软件则不一定能对各接收机的原始观测数据进行处理，要处理这些数据，首先需要进行格式转换。目前，最常用的格式是 RINEX 格式，对于按此种格式存储的数据，大部分的数据处理软件都能直接处理。

②外业输入数据的检查与修改。

在读入了 GPS 观测值数据后，就需要对观测数据进行必要的检查，检查的项目包括：测站名、点号、测站坐标、天线高等。对这些项目进行检查的目的，是为了避免外业操作时的误操作。

③设定基线解算的控制参数。

基线解算的控制参数用以确定数据处理软件采用何种处理方法来进行基线解算，设定基线解算的控制参数是基线解算时的一个非常重要的环节，通过控制参数的设定，可以实现基线的精化处理。

④基线解算。

⑤基线质量的检验。

基线解算完毕后，基线结果并不能马上用于后续的处理，还必须对基线的质量进行检验，只有质量合格的基线才能用于后续的处理，如果不合格，则需要对基线进行重新解算或重新测量。

⑥结束。

（2）处理精度分析

基线向量的解算是一个复杂的平差计算过程。解算时要顾及观测时段中信号间断引起的数据剔除、观测数据粗差的发现及剔除、星座变化引起的整周未知参数的增加等问题。基线处理完成后应对其结果作以下分析和检查：

①观测值残差分析。

平差处理时假定观测值仅存在偶然误差。理论上，载波相位观测精度为1%周，即对L1波段信号观测误差只有2mm。因而当偶然误差达1cm时，应认为观测值质量存在系统误差或粗差。当残差分布中出现突然的跳变时，表明周跳未处理成功。

平差后单位权中误差一般其值为0.05周以下，否则，表明观测值中存在某些问题。可能存在受多路径干扰、外界无线电信号干扰或接收机时钟不稳定等影响的低精度的观测值，观测值改正模型不适宜，周跳未被完全修复，也可能整周未知数解算不成功使观测值存在系统误差。单位权中误差较大也可能是起算数据存在问题，如基线固定端点坐标误差或作为基准数据的卫星星历误差的影响。

②基线长度的精度。

处理后基线长度中误差应在标称精度值内。多数双频接收机的基线长度标称精度为(5±1)ppm·*D*(mm)，单频接收机的基线长度标称精度为（10±2)ppm·*D*(mm)。

对于20km以内的短基线，单频数据通过差分处理可有效地消除电离层影响，从而确保相对定位结果的精度。当基线长度增长时，双频接收机消除电离层的影响将明显优于单频接收机数据的处理结果。

③基线向量环闭合差的计算及检查。

由同时段的若干基线向量组成的同步环和不同时段的若干基线向量组成的异步环，其闭合差应能满足相应等级的精度要求。其闭合差值应小于相应等级的限差值。基线向量检验合格后，便可进行基线向量网的平差计算（以解算的基线向量作为观测值进行无约束平差)，平差后求得各GPS之间的相对坐标差值，加上基准点的坐标值，求得各GPS点的坐标。

2）GPS基线向量网网平差处理

在使用数据处理软件进行GPS网平差时，需要按以下几个步骤来进行：

（1）提取基线向量，构建GPS基线向量网

要进行GPS网平差，首先必须提取基线向量，构建GPS基线向量网。提取基线向量时需要遵循以下几项原则：

①必须选取相互独立的基线，若选取了不相互独立的基线，则平差结果会与真实的情况不相符合。

②所选取的基线应构成闭合的几何图形。

③选取质量好的基线向量。

④选取能构成边数较少的异步环的基线向量。

⑤选取边长较短的基线向量。

（2）三维无约束平差。

在构成了GPS基线向量网后，需要进行GPS网的三维无约束平差，通过无约束平差主要达到以下几个目的：

①根据无约束平差的结果，判别在所构成的GPS网中是否有粗差基线，如发现含

有粗差的基线，需要进行相应的处理，必须使得最后用于构网的所有基线向量均满足质量要求。

②调整各基线向量观测值的权，使得它们相互匹配。

（3）质量分析与控制。

在这一步，进行 GPS 网质量的评定，在评定时可以采用下面的指标。

①基线向量的改正数。

根据基线向量的改正数的大小，可以判断出基线向量中是否含有粗差。具体判定依据是，若：$|v_i| < \sigma_0 \cdot \sqrt{q_i} \cdot t_{1-\alpha/2}$（$v_i$ 为观测值残差，σ_0 为单位权方差，q_i 为第 i 个观测值的协因数，$t_{1-\alpha/2}$ 为在显著性水平 α 下的 t 分布的区间），则认为基线向量中不含有粗差；反之，则含有粗差。

②相邻点的中误差和相对中误差。

若在进行质量评定时，发现有质量问题，需要根据具体情况进行处理，如果发现构成 GPS 网的基线中含有粗差，则需要采用删除含有粗差的基线、重新对含有粗差的基线进行解算或重测含有粗差的基线等方法加以解决；如果发现个别起算数据有质量问题，则应该放弃有质量问题的起算数据。

3）处理精度分析

2011 年 1 月 18 日，在镇江某地区布设 4 台无缆地震采集站，设置观测时间从 2：30到 5：33，4 个采集站都连续记录了 30min 以上的二进制定位数据，文件分别为 001. bin、002. bin、003. bin、004. bin，测点的天线信息、记录时段如表 2. 2 所示。

表 2. 2　GPS 观测点观测数据相关信息

基线	长度/km	观测时间	单频精度	双频精度
短基线	0 ~ 20	10min	1cm+1ppm	1cm+1ppm
中基线	20 ~ 50	30min ~ 1h	2cm+2ppm	2cm+1ppm
中长基线	50 ~ 100	30min ~ 1h	2cm+3ppm	2cm+0. 5ppm

在解算环境参数设置中选择解算坐标系为 WGS-84，设置天线类型为 AeroAntenna，然后导入 4 个测点的定位数据；再分别修改各测点数据的天线高度，进行基线解算处理得到各测点构成的基线网图如图 2. 21 所示。

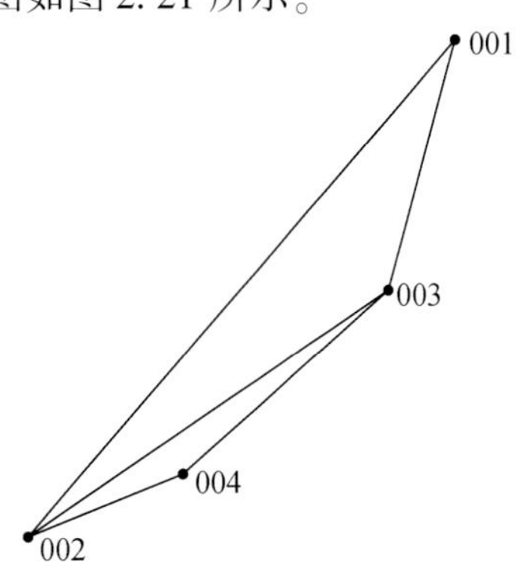

图 2. 21　基线向量的平面投影图

（1）基线结算。

根据 GPS 测量规范设置卫星最低高度截止角为15°，对以上观测数据解算得到各基线简表如表2.3所示，表中给出了各基线向量的 *X*、*Y*、*Z* 增量和基线长度及各基线长度中误差。

表2.3　基线解算结果简表　　（单位：m）

001→002	*X* 增量	*Y* 增量	*Z* 增量	距离	基线中误差
整数解	421.8577	758.3004	-720.1191	1127.6325	0.0073
001→003	*X* 增量	*Y* 增量	*Z* 增量	距离	基线中误差
整数解	-15.9649	257.7280	-366.2166	448.0995	0.0045
002→003	*X* 增量	*Y* 增量	*Z* 增量	距离	基线中误差
整数解	-437.8220	-500.5699	353.9030	753.3298	0.0088
002→004	*X* 增量	*Y* 增量	*Z* 增量	距离	基线中误差
整数解	-206.2907	-182.9820	91.5687	290.5565	0.0050
003→004	*X* 增量	*Y* 增量	*Z* 增量	距离	基线中误差
整数解	231.5305	317.5885	-262.3327	472.5328	0.0047

GPS 基线向量解算完成后得到两个同步观测环1　3　2　1和2　4　3　2，对其精度测试的结果如表2.4所示，两个同步环的 *X*、*Y*、*Z* 相对闭合差绝对值都在1.1ppm以内（<6ppm），全长闭合差都在1.3ppm以内（<10ppm），均达到了D级网的精度要求。

表2.4　同步闭合环测试结果

<table>
<tr><td rowspan="10">1</td><td>环点名</td><td colspan="3">001 ---> 003 ---> 002 ---> 001</td></tr>
<tr><td>环基线</td><td colspan="3">2 -----> 3 -----> 1</td></tr>
<tr><td>长度/m</td><td colspan="3">2329.0617</td></tr>
<tr><td></td><td>X</td><td>Y</td><td>Z</td></tr>
<tr><td>XYZ 分量闭合差</td><td>-0.0005</td><td>-0.0026</td><td>-0.0005</td></tr>
<tr><td>XYZ 分量相对闭合差/ppm</td><td>-0.2129</td><td>-1.1094</td><td>-0.2232</td></tr>
<tr><td>XYZ 分量相对闭合差限差/ppm</td><td>6.0000</td><td>6.0000</td><td>6.0000</td></tr>
<tr><td>全长相对闭合差/ppm</td><td colspan="3">1.1515</td></tr>
<tr><td>全长相对闭合差限差/ppm</td><td colspan="3">10.0000</td></tr>
<tr><td>同步/异步</td><td colspan="3">同步</td></tr>
<tr><td></td><td>通过检查</td><td colspan="3">通过</td></tr>
</table>

续表

2	环点名	002 ---> 004 ---> 003 ---> 002		
	环基线	4 -----> 5 -----> 3		
	长度/m	1516.4191		
		X	*Y*	*Z*
	XYZ 分量闭合差	0.0008	-0.0007	-0.0016
	XYZ 分量相对闭合差/ppm	0.4999	-0.4544	-1.0343
	XYZ 分量相对闭合差限差/ppm	6.0000	6.0000	6.0000
	全长相对闭合差/ppm	1.2353		
	全长相对闭合差限差/ppm	10.0000		
	同步/异步	同步		
	通过检查	通过		

（2）三维无约束网平差处理。

根据规范要求，GPS 网三维无约束平差处理之后需给出 GPS 网中各点的 WGS-84 坐标系下的三维坐标、大地经纬坐标、各基线向量及其改正数和其精度信息。无约束网平差处理后得到各点的空间直角坐标和大地经纬坐标分别如表 2.5 和表 2.6 所示，表中给出了各点的空间三维直角坐标各个分量的数值和其误差信息，RMS 为各点的点位中误差，由表可知各点的点位中误差都在毫米级，因此其三维坐标值精度达到了毫米级；网平差处理之后得到的各基线向量的平差值和改正数如表 2.7 所示，由表中信息可知，无约束网平差处理之后，得到的基线长度绝对误差最大值为 1.1mm 以内，小于 D 级网规定的 5mm 的固定误差；而其相对精度的最差值为 1：333800（3ppm），小于 D 级网规定的 10ppm，达到了测量的精度要求。

表 2.5　三维无约束平差后的 WGS-84 空间直角坐标

序号	站名	*X*/m	*Y*/m	*Z*/m	RMS/m
		d*X*/m	d*Y*/m	d*Z*/m	
1	001	-2648331.8389	4707197.2522	3381193.8494	0.0011
		0.0006	0.0008	0.0006	
2	002	-2647909.9815	4707955.5516	3380473.7301	0.0007
		0.0003	0.0004	0.0004	
3	003	-2648347.8036	4707454.9813	3380827.6329	0.0007
		0.0003	0.0004	0.0004	
4	004	-2648116.2726	4707772.5697	3380565.2995	0.0012
		0.0006	0.0007	0.0008	

表 2.6　三维无约束平差之后的大地经纬坐标

序号	站名	B/dms	L/dms	H/m
1	001	32. 1315376262	119. 2145666590	20. 1170
2	002	32. 1247738427	119. 2117428241	20. 3694
3	003	32. 1301294650	119. 2141371949	21. 5218
4	004	32. 1251263420	119. 2127719783	19. 8128

表 2.7　三维基线向量残差

序号	基线	平差 D_X/m	平差 D_Y/m	平差 D_Z/m	距离/m	相对误差
		改正数 V_X/m	改正数 V_Y/m	改正数 V_Z/m	绝对误差	
1	001→002	421. 8575	758. 2994	−720. 1193	1127. 6318	1：1020264
		−0. 0002	−0. 0011	−0. 0002	0. 0011	
2	001→003	−15. 9646	257. 7291	−366. 2164	448. 1000	1：407147
		0. 0002	0. 0011	0. 0002	0. 0011	
3	002→003	−437. 8221	−500. 5703	353. 9029	753. 3300	1：1946883
		−0. 0001	−0. 0004	−0. 0001	0. 0004	
4	002→004	−206. 2911	−182. 9819	91. 5695	290. 5570	1：333800
		−0. 0004	0. 0001	0. 0007	0. 0009	
5	003→004	231. 5310	317. 5884	−262. 3334	472. 5334	1：543629
		0. 0004	−0. 0001	−0. 0007	0. 0009	

2.3　多种类型震源兼容技术

无缆遥测地震仪是针对复杂地形、地表条件下的地震数据采集需求而出现的一种新型地震仪，其历史不过十多年时间，其通常借助 GPS 等卫星授时系统获得世界协调时（UTC）作为时间基准，在地震数据记录中打入时间标签，从而实现不同的无缆遥测地震仪数据采集单元（地震采集站）之间的同步，但并不能直接与震源保持同步。目前，尚无用于无缆遥测地震仪的地震震源同步装置和同步技术（专利申请号：CN201310566117）。此外，有线遥测地震仪通常配置一个同步信号输入端，可以接收来自震源的同步电脉冲信号从而实现震源同步，其只能支持带遥爆机的炸药震源和车载可控震源，而对于其他形式的地震震源（重锤、无遥爆机炸药震源）并不能实现同步。

2.3.1　多功能同步装置研制

2.3.1.1　分布式无缆遥测地震仪震源兼容同步电路研制

为了实现无缆遥测地震仪的震源同步问题，创建了专门的震源起振零时捕捉电路，创立了 GPS 授时与秒间脉冲时间偏移计量相结合的 UTC 绝对时间标签同步方法。震源起振零时捕捉电路由 3 个部分构成，如图 2.22 所示，第一部分用于检测来自无遥爆机

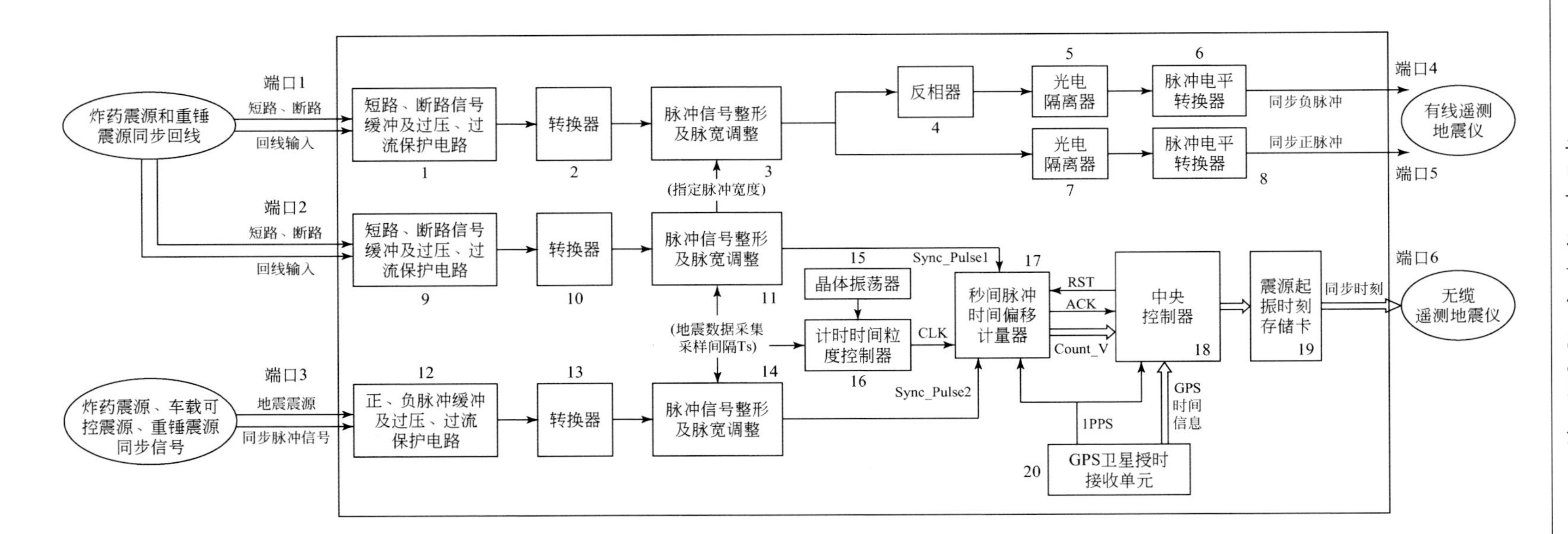

图2.22　多种类型地震震源兼容同步装置

的炸药震源或者重锤震源输出的回线短路信号或回线断路信号，并将其转换为同步的正向电脉冲信号，该部分电路与前面所述“回线连接状态检测电路”前三级电路相同。第二部分用于检测输出同步电脉冲信号的地震震源（包括带遥爆机的炸药震源、车载可控震源、带锤击开关的重锤震源等）的同步脉冲信号，并将其整形转换成为正向电脉冲信号，该部分电路由多级电路级联构成；第一级是正负电脉冲缓冲及过电压和过电流保护，用于读入同步脉冲信号，并提供过电压保护和过电流保护，包括过电压保护器、限流器、脉冲缓冲器，如图 2.23 所示；第二级是转换器，若输入脉冲是负向脉冲，则将输入负向脉冲转换为正向脉冲，正向脉冲则直接通过；第三级是脉冲信号整型及脉宽调整电路，完成输入同步脉冲信号整形，并将脉冲宽度调整至指定时间宽度（该时间宽度与后端无缆遥测地震仪数据采集的采样间隔相同）。第三部分是同步脉冲的时间标签生成电路，由多个电路互连构成；中央控制器和 GPS 授时单元互连构成 UTC 时间服务单元，为整个电路提供精确到秒级的 UTC 绝对时间；晶体振荡器和计时时间粒度控制器互连构成计时时钟单元，为同步脉冲事件锁定提供计时基准；秒间脉冲时间偏移计量器与上述两个单元相连，提供外部脉冲事件的秒内时间偏移计量服务，完成对来自第一部分与第二部分的同步脉冲信号的秒内时间偏移计量；中央控制器结合 GPS 授时单元提供的 UTC 绝对时间信息和秒间脉冲时间偏移计量器计量结果，计算得到同步脉冲的同步时刻值，并将该值存入震源起振时刻存储卡，最终提供给无缆遥测地震仪。

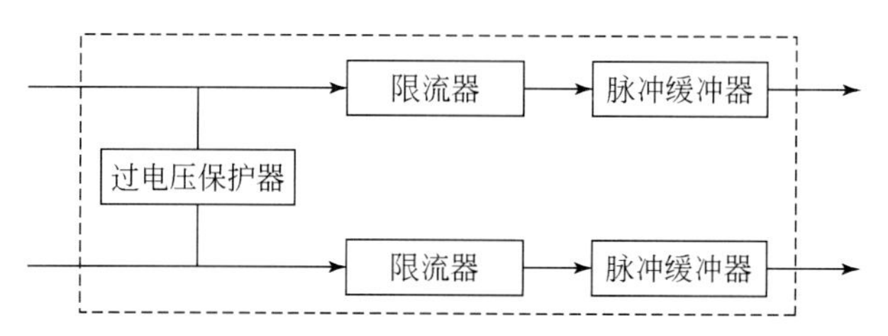

图 2.23 “正、负脉冲缓冲及过压、过流保护电路”电路结构

基于上述电路装置，无缆遥测地震仪与炸药震源、重锤震源、车载可控震源的同步方法如下：无遥爆机炸药震源和重锤震源输出回线断路或短路信号，经过同步装置之后转换为指定时间宽度的同步电脉冲；带遥爆机的炸药震源和车载可控震源输出同步电脉冲，该脉冲通过同步装置后转换为指定时间宽度的电脉冲；上面两类震源的同步信号最终都转换为指定宽度的电脉冲，通过后一级时间计量电路，可得到这个电脉冲发生的绝对时刻（UTC 时间）和整秒向后偏移时间量；分布式无缆遥测地震仪数据采集在 UTC 时间的整秒启动，并以固定时间间隔为周期连续采集地震数据存入存储器，因此，分布式无缆遥测地震仪的每个采样点都有 UTC 绝对时间标签，即数据采集的启动时刻加上该采样点的序号乘以采样间隔；分布式无缆遥测地震仪通过提取同步装置提供的震源同步脉冲的绝对时刻，可以在自身记录的采样点中进行时间标签比对，找到与震源同步脉冲时间标签相等的采样点，以此向后截取地震数据即可得到与震源同步的地震单炮记录，从而实现无缆遥测地震仪与上述震源的同步。

2.3.1.2　有线遥测地震仪震源兼容同步电路研制

创建了专有的“回线连接状态检测电路”，实现对无遥爆机的炸药震源或者重锤震源输出的回线短路信号或回线断路信号的检测，并将回线短路信号和回线断路信号转换成同步的电脉冲信号，得到的电脉冲信号可以用于驱动不同脉冲类型和脉冲宽度要求的有线遥测地震仪，进而实现有线遥测地震仪的震源同步（实时电脉冲同步方法）。电路结构为多级级联的连接方式（图 2.22），第一级用于缓冲回线短路信号和回线短路信号，同时消除回线中由于地电、空间电磁干扰产生的瞬间强电扰动信号，包括过电压保护器、限流器、回线缓冲器，如图 2.24 所示；第二级电路实现回线短路信号和回线断路信号到电脉冲的转换，由无遥爆机的炸药震源或者重锤震源输出的回线短路或断路信号，因爆炸或撞击的剧烈冲击，回线会出现反复连通和断开的状态，而震源激发的同步时刻是回线首次断开（炸药震源）或首次连通（重锤震源）的瞬间，转换器实现回线首次状态变化的检测，并忽略次生短路信号或次生断路信号；第三级电路是脉冲整型和脉宽控制，用于生成指定时间宽度的电脉冲信号；第四级是反相器，用于生成与正向脉冲时间宽度相同方向相反的负向脉冲，以驱动需要负向脉冲触发的有线遥测地震仪；第五级是光电隔离电路，实现输出同步信号与内部电路的光电隔离，用于抑制来自输出端口的高电压信号，防止来自后端设备的破坏信号损坏内部电路；第六级是脉冲电压转换和驱动电路，用于生成指定电压水平的正向脉冲和负向脉冲。

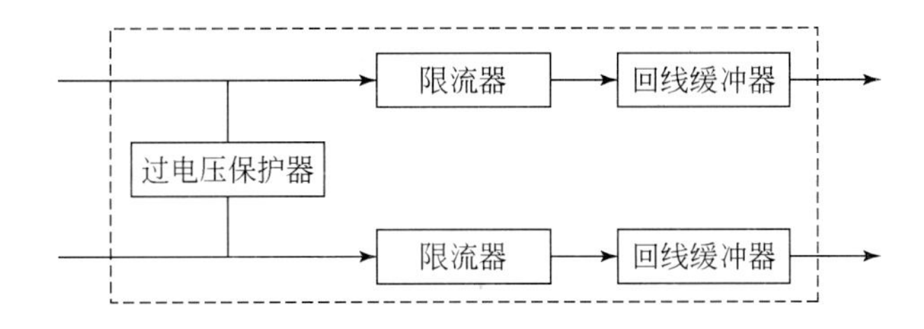

图 2.24　“短路、断路信号缓冲及过压、过流保护电路”电路结构

基于上述电路装置，有线遥测地震仪与无遥爆机的炸药震源或者重锤震源的同步方法如下：来自无遥爆机的炸药震源或者重锤震源的同步信号是回线断路信号或者回线短路信号，这两类信号通过上述装置之后，转换为完全同步的正脉冲信号和负脉冲信号；后端有线遥测地震仪根据自身对同步脉冲的要求，选择同步装置输出的正脉冲或者负脉冲作为同步输入信号，在该脉冲的起始时刻启动地震数据采集，这样就能实现地震数据采集与回线断路信号或短路信号的同步，最终实现有线遥测地震仪与炸药震源或者重锤震源的同步。

2.3.2 分布式无缆遥测地震仪同步方法

2.3.2.1 回线状态转换检测

针对“炸药震源或者重锤震源”，同步过程始于回线状态转换检测（图 2.22），来自此类震源的回线输出端与地震震源兼容同步装置端口 1 相连接；此类地震震源输出的回线信号有两种类型：A 由短路状态转入断路状态，B 由断路状态转入短路状态；若为 A 类型，同步过程如图 2.25 所示，地震震源回线信号经过“短路、断路信号缓冲及过压、过流保护电路”、“转换器”和“脉冲信号整形及脉宽调整”之后，在回线状态变化的瞬间生成一个固定时间宽度 T_p 的正向电脉冲，T_p 由用户事先设定，设定范围是 1μs ~ 1s；回线状态在首次变化之后，因震源自身的剧烈冲击可能会产生二次状态变化，如图 2.25 中的振荡扰动所示，出现了瞬时的状态反复，此扰动被“转换器”抑制掉；整形后的正向脉冲分作两路，通过后端光电隔离和电平转换，最终生成完全同步的两路脉冲信号：一路是电平为 V_p 的负向脉冲信号，由端口 4 输出，一路是电平为 V_p

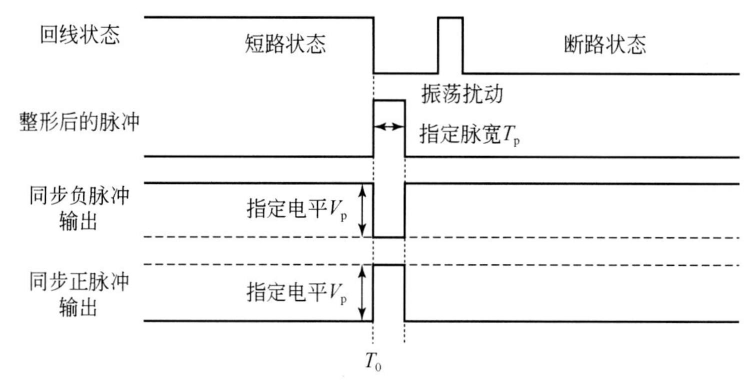

图 2.25 回线状态检测时序（短路至断路）

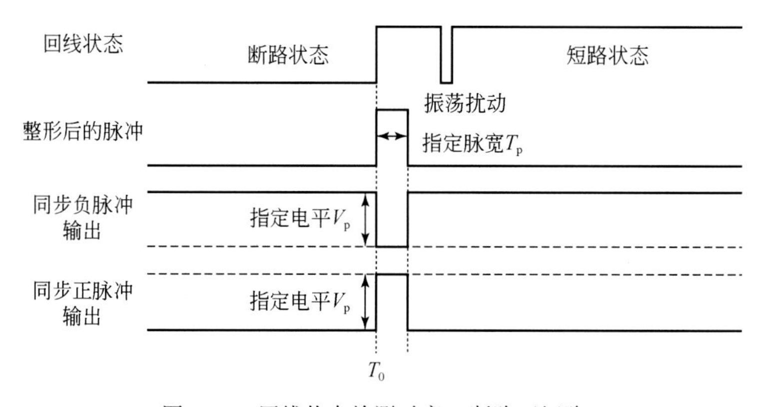

图 2.26 回线状态检测时序（断路至短路）

的正向脉冲信号，由端口 5 输出，分别适用于负向脉冲触发的有线遥测地震仪和正向脉冲触发的有线遥测地震仪，电平 V_p 由用户事先设定，设定范围为 3.3～12V；用户可根据有线遥测地震仪的同步脉冲要求设定 T_p 和 V_p，然后根据有线遥测地震仪的所需的同步脉冲类型，选择端口 4 或者端口 5，将选中的端口与有线遥测地震仪同步触发输入相连接，最终实现与此类震源的同步。若地震震源输出的回线信号类型为 B，则同步过程如图 2.25 所示，该过程与回线类型 A 类似，此处不再赘述。

2.3.2.2　分布式无缆遥测地震仪同步过程

无缆遥测地震仪与无遥爆机的炸药震源或者重锤震源（回线状态转换作为同步信号）实现同步的过程如下：

来自此类震源的回线输出端与地震震源兼容同步装置端口 2（图 2.22）相连接；回线同步信号经过“短路、断路信号缓冲及过压、过流保护电路”、“转换器”和“脉冲信号整形及脉宽调整”之后，生成指定时间宽度 T_s（无缆遥测地震仪的采样时间间隔）的正向电脉冲 Sync_ Pulse1，与“秒间脉冲时间偏移计量器”相连；中央控制器和 GPS 授时单元互连构成的 UTC 时间服务单元，根据 GPS 授时得到 UTC 绝对时间，结合 GPS 授时单元输出的 1PPS 信号，将时间流划分为以整秒为单位的时间单元，如图 2.27 所示，该时序图显示了 T_1、T_2、$T_3$3 个整秒中间发生的震源同步过程；晶体振荡器和计时时间粒度控制器根据无缆遥测地震仪的采样间隔 T_s，生成周期为 T_s 的周期振荡信号，作为“秒间脉冲时间偏移计量器”的时间计量单元；“秒间脉冲时间偏移计量器”在每个整秒开始的瞬间结束上次计数并同时启动下次计数，其计数器的计数值记作 Count_ V；如图 2.27 所示，以 T_s=0.1s 为例，Sync_ Pulse1 的同步脉冲在 T_2 整秒内发生，其上升沿落在 T_2 秒内的第 6 个时钟期间，“秒间脉冲时间偏移计量器”捕捉到 Sync_ Pulse1 的上升沿之后，计算得到 Sync_ Pulse1 的同步时刻为：$T_2+5\times T_s$（UTC 时间结合秒间时间偏移计量），然后通过 ACK 信号向中央控制单元通知发生同步事件；

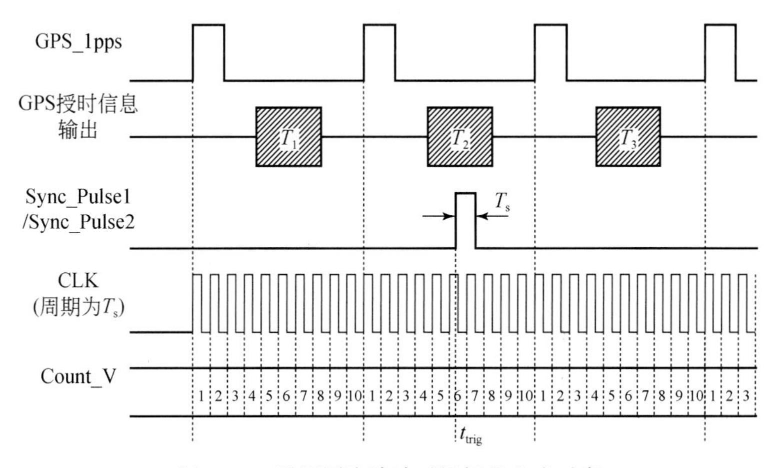

图 2.27　震源同步脉冲时间标签生成时序

中央控制单元收到ACK信号后，读取同步时刻值，并将该时间值存入“震源起振时刻存储卡”；最终通过端口6提供给无缆遥测地震仪，无缆遥测地震仪通过对齐震源起振时刻表实现与此类震源的同步。

无缆遥测地震仪与带遥爆机的炸药震源或者车载可控震源（同步电脉冲作为同步信号）实现同步的过程如下：

来自此类震源的同步脉冲信号输出端与地震震源兼容同步装置端口3（图2.22）相连接；同步脉冲通过“正、负脉冲缓冲及过压、过流保护电路”、“转换器”和“脉冲信号整形及脉宽调整”后，输出的电脉冲波形如图2.28所示，因震源的类型不同以及环境干扰，进入同步装置的同步脉冲时间宽度各不相同，波形形状也出现了一定程度的失真，整形后的脉冲时间宽度固定为 T_{sp}，该宽度由用户根据无缆遥测地震仪的采样间隔设定；整形后得到的脉冲Sync_Pulse2接入“秒间脉冲时间偏移计量器”，其同步原理与Sync_Pulse1相同（图2.27），GPS授时与1pps信号结合用于测量Sync_Pulse2同步脉冲所处的UTC绝对时间，“秒间脉冲时间偏移计量器”则对Sync_Pulse2同步脉冲所处的秒间时间偏移量进行测量，所得时间偏移量加上上面所得UTC绝对时间，即得到Sync_Pulse2同步事件的发生时刻，中央控制单元将此时刻值存入“震源起振时刻存储卡”，最终通过端口6提供给无缆遥测地震仪，无缆遥测地震仪通过对齐震源起振时刻表实现与此类震源的同步。

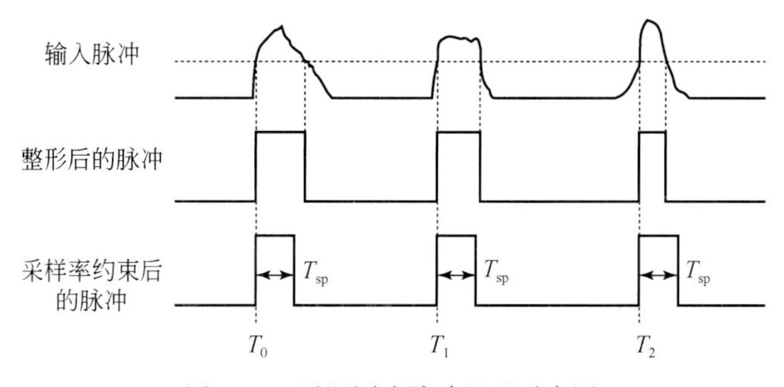

图2.28　震源同步脉冲整型时序图

2.4　系统低功耗技术

2.4.1　采用自主设计的专用高效率电源管理电路

分布式无缆遥测地震仪由于野外工作条件限制，只能采用电池供电，因而需要电源管理器件将电池电压转换为系统工作电压。通用的电源管理器件并不针对具体系统设计，其能量转换效率较低；为提高电源转换效率，自主设计专用的电源管理集成电路，拟通过以下方式提高电源转换效率：

（1）工作电压范围优化。

最优化效率与变换器的输入、输出电压有着密切的关系。由于系统需要多种模拟、数字电路芯片，需要提供不同的输出电压，例如，1.5V、1.8V、3.3V、5V。针对本系统的 4 个不同的输出电压，分别对变换器的功率级部分进行优化，计算出在每个输出电压下，效率的最优值，从而得到优化后的变换器参数。

（2）功率 MOS 管的动态优化。

变换器的传导损耗与开关晶体管的宽度成反比，开关损耗与开关晶体管的宽度成正比，适当优化开关晶体管的宽度可以降低总的损耗，提高变换器的效率。所设计的变换器内部集成状态控制电路，可根据负载变化情况动态地调整功率 MOS 管的宽长比，减小功率 MOS 管的损耗，提高效率。

（3）控制方式优化。

采用 PFM-PWM（脉冲频率调制和脉冲宽度调制）混合控制方式模式，对于高负载和低负载可以在 PFM 和 PWM 控制方式之间自动切换，再结合功率 MOS 管的宽长比动态调整算法，可以在整个负载范围内达到最优化的效率。

2.4.2　动态功耗管理技术和动态频率调整技术

采用动态功耗管理技术（Dynamic Power Management，DPM），嵌入式系统中存在大量功耗可管理部件（Power Manageable Component，PMC），如固态存储器、通讯网卡、内存等，具有多种休眠模式，可以在空闲时将 PMC 置于休眠模式，“使用请求”到达时先激活再响应请求，可以大幅降低空闲时的功耗。以预测、定时、随机等方式为控制策略，根据系统不同阶段的运行需求为系统各组件分配对应阶段的最低能耗，使得系统在任何时候都处于最佳能耗状态，进而降低系统平均功耗。ARM 控制器有 4 种工作模式（普通模式、空闲模式、慢时钟模式、待机模式），操作系统运行时，功耗管理器（Power Manager）实时监视 PMC 的运行负荷，根据负荷特性，在满足系统性能约束的条件下，动态调整 PMC 的休眠深度，降低 PMC 空闲时间功耗。

采用动态频率调整（Dynamic Frequency Scaling，DFS）技术，在系统运行时通过设置可编程频率寄存器控制处理器的工作频率，在系统负荷较高时将处理器设置为最高执行速度，保证系统的计算能力；而在系统负荷较轻时动态降低处理器的工作频率，降低处理器的执行功耗，进而实现系统计算性能和功耗的优化控制。

基于 DPM 技术对系统软件流程进行了低功耗优化，主要包括主控机软件和单片机辅助系统固件两部分。

（1）主控板软件设计。

主控板主进程根据上述电源管理方案执行时间窗数据采集任务，流程如图 2.29 所示。CF 卡在空闲时工作电流为 1mA，而在读写数据时为 75mA，为减少读写次数降低功耗，在内存中为数据采集开辟一个缓冲区，当缓冲区满时将数据写入 CF 卡。

（2）单片机辅助板软件设计。

采用多个中断源并行处理多个实时操作，是理想的低功耗设计选择，因此，为尽可能降低单片机功耗，单片机主程序采用中断工作方式，主程序流程如图 2.30 所示，MCU 完成辅助板初始化之后进入低功耗状态，等待中断。系统共设立 3 个中断源。串口中断用于处理来自 ARM 的控制命令；外部中断连接单个按键，摁下时点亮 LCD，显示系统当前状态，延时 15s 后关闭；A/D 可编程窗口探测器的工作原理是：用户以 T（℃）为中心点设定一个温度范围，探测器持续比较 A/D 输出和用户设定的极限值，当温度变化不超出此范围时，无动作；当温度变化超出此极限时产生中断，这样单片机只在必要的时候报警温度超标。

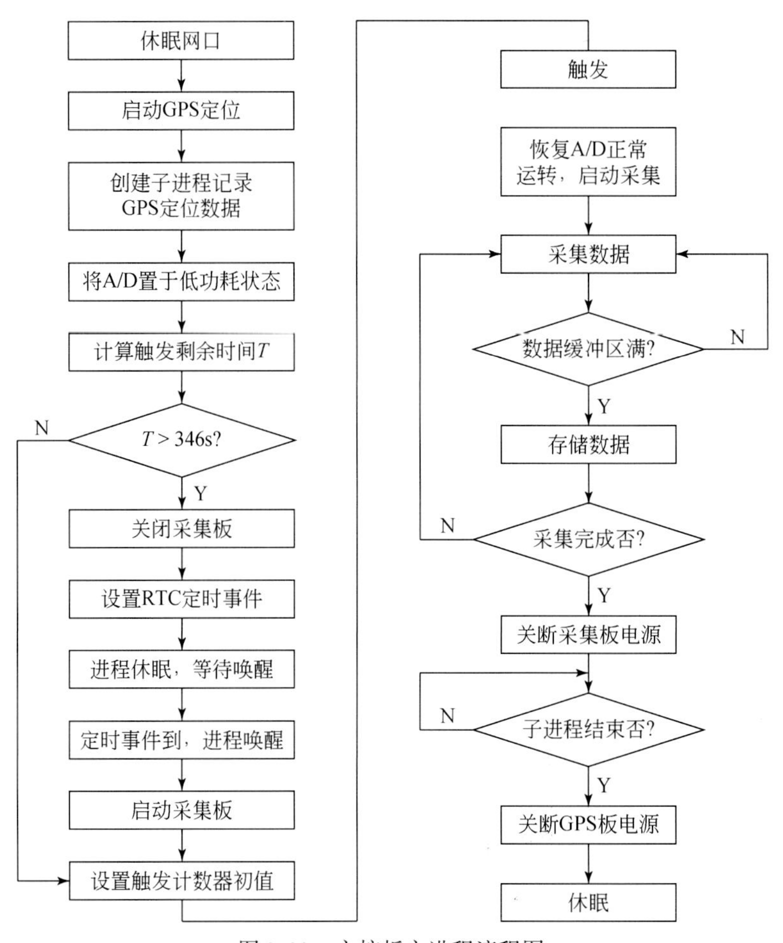

图 2.29　主控板主进程流程图

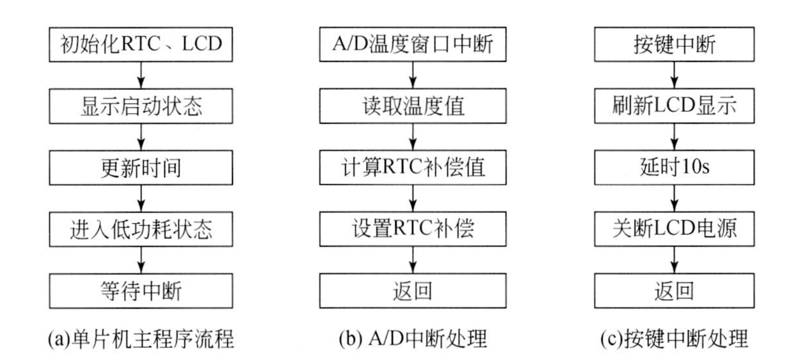

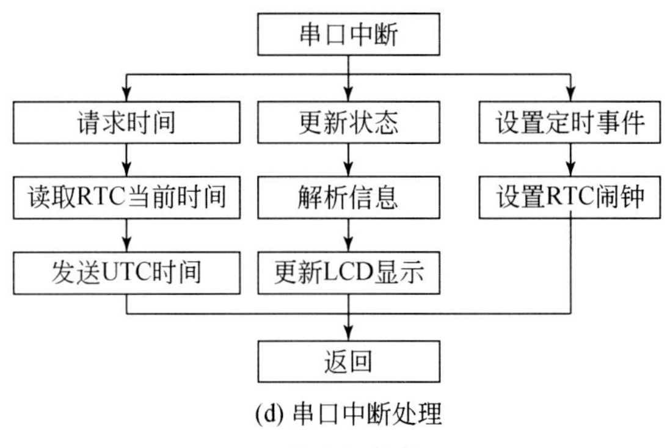

(d) 串口中断处理

图 2.30　辅助板软件流程图

2.5　系统设计及实现

2.5.1　分布式无缆遥测地震仪主控系统研制

2.5.1.1　主控系统硬件结构设计

控制板主要用于地震数据的存储、传输，负责管理系统运行。本节主要介绍控制板的硬件组成，控制板硬件结构如图 2.31 所示。

主控单元主要完成系统事务处理、对各子系统的管理和控制，包括控制数据采集、管理 CF 卡数据存储、解析 GPS 卫星授时信息、输出系统工作状态等，其中 CF 卡数据存储管理要实现文件存储格式定义、存储空间分配、文件碎片管理等功能，采用一般的自定义格式会使问题复杂化，而采用嵌入式操作系统则可平滑实现上述功能。可选的操作系统有 WindowsCE、VxWorks、μc I/O、Linux 等，这些操作系统都能满足本系统性能需求，该处选用可免费获取的 Linux 作为系统软件平台以降低系统成本，文件存储格式采用 FAT32，以支持更大容量的存储器，同时可方便地与 Windows 操作系统进行交互。CPU 则选用基于 ARM920T 核的 ARM 处理器 AT91RM9200，AT91RM9200 是完全围绕 ARM920T ARM Thumb 处理器构建的系统，它有丰富的片上外设资源和大量的标准接口，其电源管理控制器（Power Management Controller，PMC）通过软件控制，可以有选择地打开或禁用处理器及各种外设来使系统的功耗保持最低。它用一个增强的时钟发生器来提供包括慢时钟（32kHz）在内的选定时钟信号，以随时优化功耗与性能，可以显著降低系统功耗。在推荐工作条件下的最大功耗为 176mW（@180MHz），由于 CPU 功耗与工作频率为线性关系，为降低系统功耗，将 ARM 主频降为 80MHz。

系统需要非易失性海量存储设备来储存数据，地震勘探对数据存储的要求是：存储容量大、数据存储必须高度可靠；可供选择的设备类型包括 SD 卡、多媒体卡、CF 卡、U 盘、固态硬盘（SD）等，本系统选择 CF 卡作为存储介质，它的优点是功耗低、容量大、体积小、成本低、读写速度快。系统选用 SanDisk 公司的 8GB CompactFlash

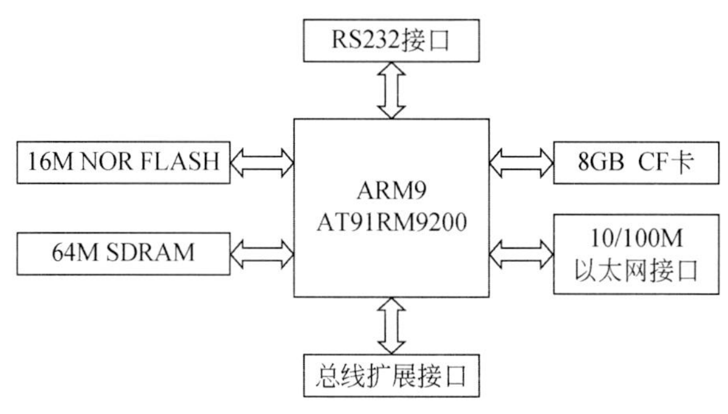

图 2.31　控制系统硬件结构框图

Extreme III Memory Card，读写功耗为 247.5mW（@3.3V）。

SDRAM、Flash，以太网收发器分别为 HY57V561620CLT、E28F128J3A、LXT971A，此 3 个芯片均是同类器件中以低功耗为特征优化设计的。

2.5.1.2　软件平台 Linux 的构建

如图 2.32 所示，一个嵌入式 Linux 系统从软件的角度看通常可以分为 4 个层次：

（1）引导加载程序。包括固化在固件（firmware）中的 boot 代码（可选）和 Boot Loader 两大部分。

（2）Linux 内核。特定于嵌入式板子的定制内核以及内核的启动参数。

（3）文件系统。包括根文件系统和建立于 Flash 设备之上的文件系统。通常用 ramdisk 来作为 root fs。

（4）用户应用程序。特定于用户的应用程序，有时在用户应用程序和内核层之间可能还会包括一个嵌入式图形用户界面。常用的嵌入式图形用户接口（Graphic User Interface，GUI）有：MicroWindows 和 MiniGUI 等。

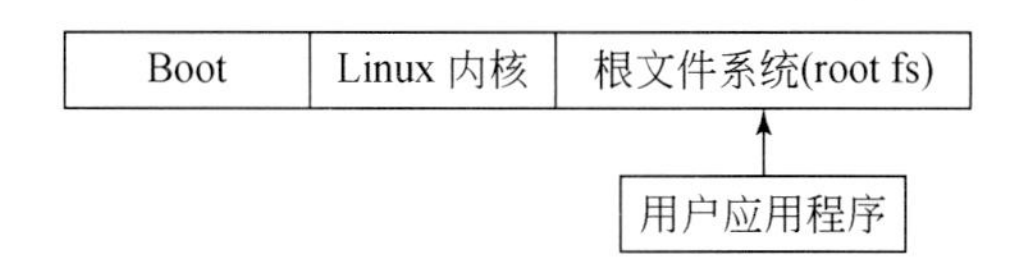

图 2.32　固态存储设备的典型空间分配结构

2.5.1.3　专用 Linux 内核构建

定制的专用 Linux 核心，在内核定制列表中删除了可加载模块支持，PCI 支持，即插即用支持等大量模块，保留了对 System V IPC（系统 V 的进程间通讯）、LAN、IDE 设备（用于访问 CF 卡）、DM9161E 网口芯片驱动、串口控制台、ext2 文件系统、vfat（FAT 及 FAT32）文件系统支持、/proc 文件系统等，增加了对专用 FPGA 的支持。

2.5.1.4　设备驱动程序的设计

1）FPGA 接口驱动

FPGA 电路用于控制模拟调理模块运行和数据采集，其内部电路为数字逻辑控制电路，属于字符型设备，其驱动程序结构如图 2.33 所示。驱动程序主要组件如下：

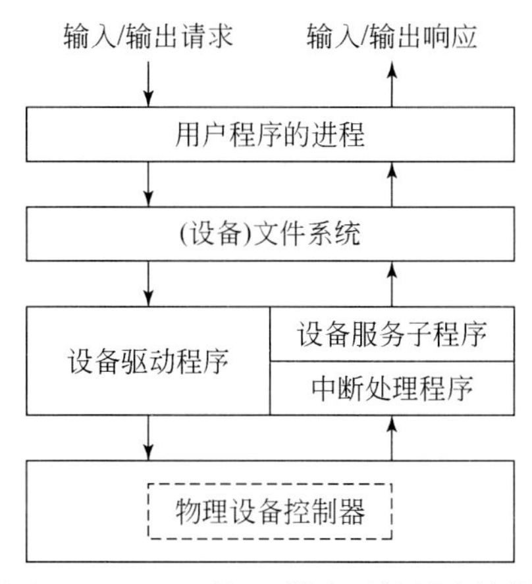

图 2.33　Linux 输入/输出系统层次结构

2）FPGA 驱动程序初始化

驱动程序初始化主要完成了两件任务，第一项任务就是在内核中注册设备，第二项任务是进行必要的硬件设置。

3）FPGA 驱动程序系统调用接口

FPGA 设备驱动程序的系统调用接口部分实现了 open、close、read、write、ioctl 5 个调用接口。open 用于打开设备，设置驱动程序变量和外部管脚功能；read 用于实现底层 AD 转换所得的地震数据；write 用于设置采集电路的参数、自检等硬件控制；在 io_ emi_ ioctl（）中一共实现了 8 个控制功能，分别为 CS5376 初始化、CS5376 同步、外部触发信号捕捉、测试信号发生、FPGA 内部 RAM 清零、SPI 接口控制器复位、SPI 接口数据发送、SPI 接口数据接收。

4）FPGA 驱动程序的加载

FPGA 驱动程序采用内核模块动态加载方式，在 Linux 系统启动的过程中，通过执行设定的专用脚本文件完成加载。脚本文件结构如下：

```
#! /bin/sh
# Building Driver
echo " ARM9200-FPGA DRIVER"
insmod /mnt/cf/sys/intf. ko
mknod /dev/emi c 252 0
echo " insert and make a node /dev/emi completed"
```

5）IDE 模式 CF 卡驱动

在 Linux 系统中，IDE 设备的访问和管理比较复杂。在实际应用中，需要在 IDE 硬盘上建立文件系统来实现文件的管理和海量数据存储等功能，这就需要 Linux 的块设备驱动程序。针对 ARM-Linux 平台，硬件上将 CF 卡通过双向数据缓冲器与 ARM 相连（图 2.34），软件上在 Linux 系统中加载一个 IDE 驱动程序只需将硬件配置电路的信息传递给内核，将 CF 卡注册成为一个 IDE 设备，完成 CF 卡的软硬件配置。

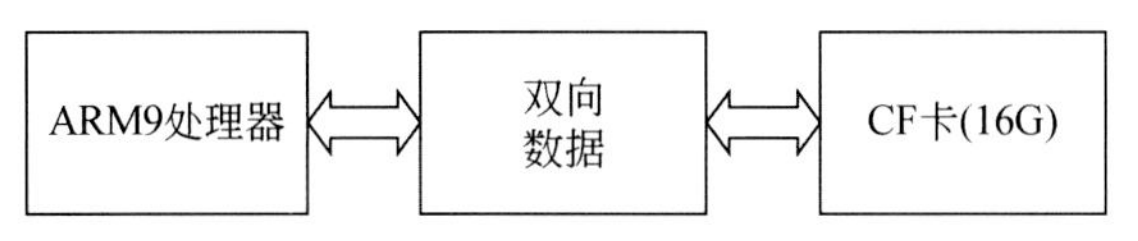

图 2.34　IDE 模式 CF 卡同 ARM 的接口电路

参数列表中，hw 是与 IDE 设备硬件相关的结构体。对于移植驱动程序来说，需要关注的有 IDE 适配器各寄存器的地址、中断号等信息；hwif 返回了系统注册 IDE 驱动程序时生成的 ide_ hwif_ t 数据结构，可以为 NULL，它负责管理 IDE 设备的读/写等操作。CF 卡的驱动程序设计流程如图 2.35 所示。

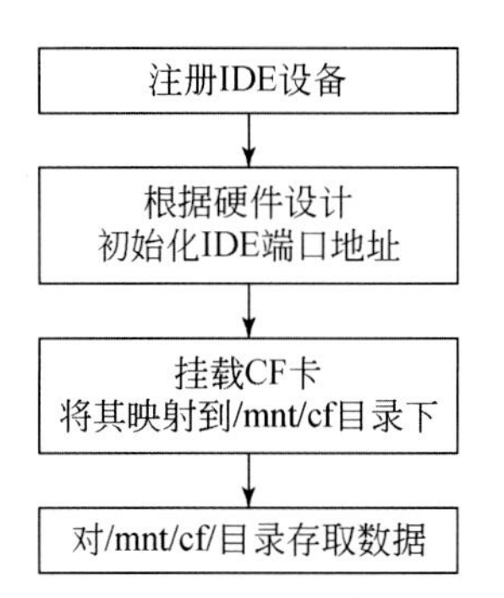

图 2.35　CF 卡驱动程序设计流程

CF 卡挂载成功后，在/mnt/cf/目录下建立系统配置文件、日志文件和数据文件系统，如图 2.36 所示。

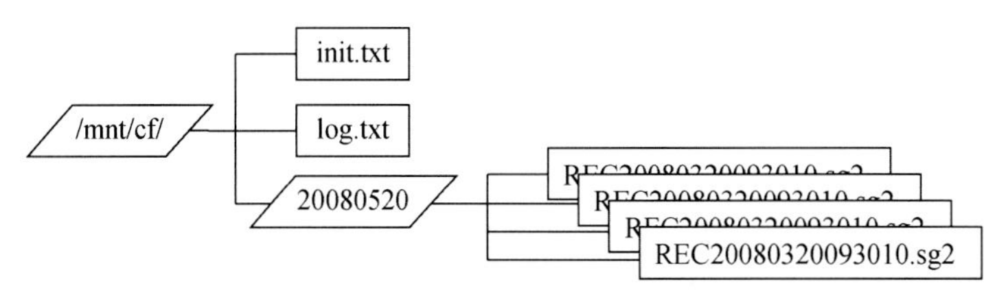

图 2.36　CF 卡内文件系统结构

6）文件系统构建

RAMDISK 是最小的 Linux Rootfs 系统，它包含了除了内核以外的所有 Linux 系统在引导和管理时需要的工具。RAMDISK 作为 Linux 的 Rootfs，通常需包含有一个标准的 Linux 公共 C 语言库 glibc、一个用户交互的命令解释器 Shell 和一个工具命令集合（可以是独立的工具集，也可以采用 busybox 工具集），此外，可选项还有 telnet 服务器、ftp 服务器和 boa 网络服务器等。Rootfs 中一些基本的工具，如 sh、ls、mount、cp 等，需放置在/bin 目录中；必需的系统配置文件，如 inittab、rc.local、fstab 等，需放置在/etc目录中；系统必需的设备文件，如/dev/tty、/dev/console 等，放在/dev 目录中；C 库 glibc 放在/lib 目录中。

busybox 是一个集成了一百多个最常用 linux 命令和工具的软件，它把许多常用的 Linux 命令都集成到一个单一的可执行程序中。用这一个可执行程序（即 busybox）加上 Linux 内核就可以构建一个完整的 Linux 系统。以 BusyBox 为基础而构建的 RAMDISK 作为根文件系统。

2.5.2 地震数据采集逻辑控制电路研制

1）采集系统结构

数据采集板负责完成地震数据的采集、缓存，并提供必要的测试功能，采集站数据采集电路结构如图 2.37 所示，主要由模拟滤波网络、前置放大电路、24 位 A/D 套片、测试信号发生电路以及一片 FPGA（Field Programmable Gate Array，FPGA）芯片组成，模拟开关负责将采集电路置于不同的工作状态：正常采集或者系统测试状态；FPGA 负责 A/D 套片的初始化、参数设置和状态控制等工作，负责将 A/D 套片的 24 位串行数据转换为并行数据存储在内部 FIFO RAM（First In First Out RAM，FIFO RAM）中，最后通过并行数据锁存器向控制板上 ARM 提供数据读取接口，完成采样数据的传输。

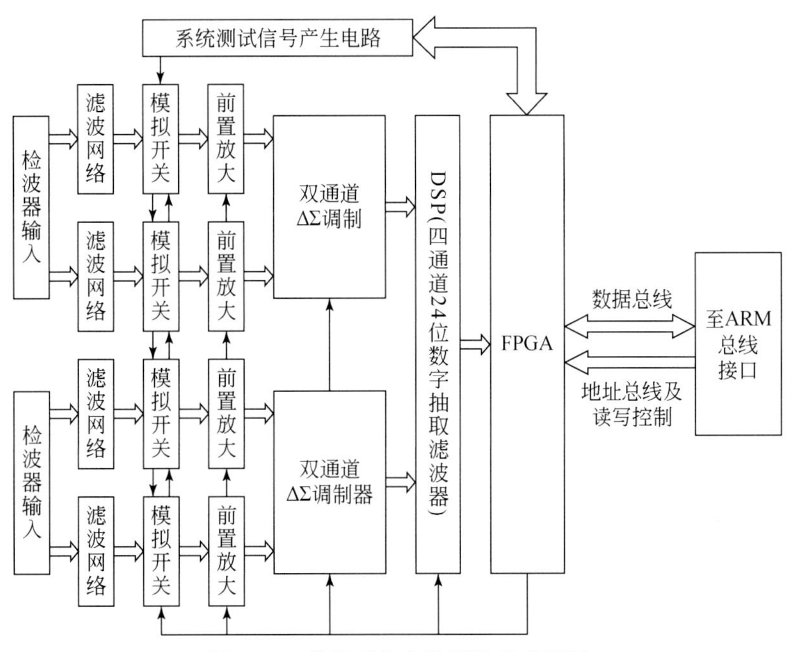

图 2.37 数据采集电路硬件组成框图

2）FPGA 接口电路设计

FPGA 的逻辑设计主要包括 SPI（串行外围设备接口）、convert 模块（串行数据到 32 位并行数据的转换模块）、myfifo 模块（FIFO 类型数据缓存区）、秒脉冲同步触发电路、地址译码及控制和时钟分频几个部分的设计，结构如图 2.38 所示。

CS5376 有标准的 SPI 接口和自定义的串行数据接口，分别用于完成内部寄存器读写和输出转换结果，而 ARM 没有这些接口，FPGA 接口电路用于实现二者之间的连接并提供相应的控制功能。在 FPGA 内部设计一个带有 RAM 和控制开关的 SPI 收发控制器，ARM 通过系统总线接口将数据写入 SPI 的 RAM，然后启动 SPI 控制器将数据发送至 CS5376，并从 CS5376 读取状态。CS5376 的串行数据口以串行方式输出 32 位（含 8 位状态位）的转换结果，convert 模块将串行数据转换为 8 位的并行数据存储在 FPGA 内部的 RAM 中，供 ARM 读取。此外，秒脉冲同步触发电路用于控制不同采集站的同步数据采集。

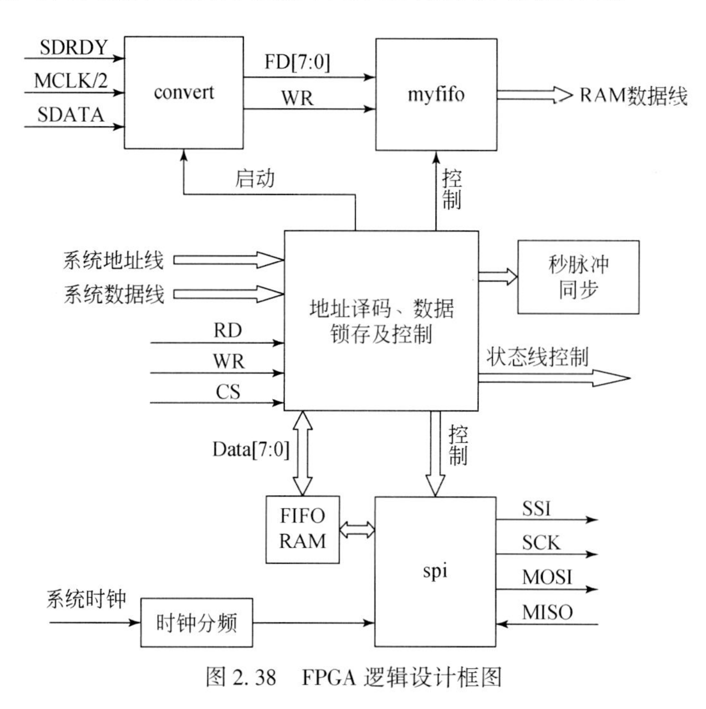

图 2.38 FPGA 逻辑设计框图

（1）时钟分频电路。

该部分电路主要是对系统时钟进行分频处理，为 SPI 接口及外围数字电路的运行提供所需频率的时钟信号。分频电路的设计比较简单，这里不再给出。

（2）地址产生、译码及控制电路。

地址产生电路生成 SRAM（Static RAM，SRAM）的地址控制线，并且每存取一次地址自动加 1，它实际是一个加法计数器；译码控制逻辑电路完成系统必要的地址译码和逻辑控制。由于这两部分电路比较简单，这里不再详述。

（3）convert 模块电路。

convert 电路将 CS5376 串行数据接口输出的串行数据转换为 8 位并行数据，设计完成的电路如图 2.39 所示。

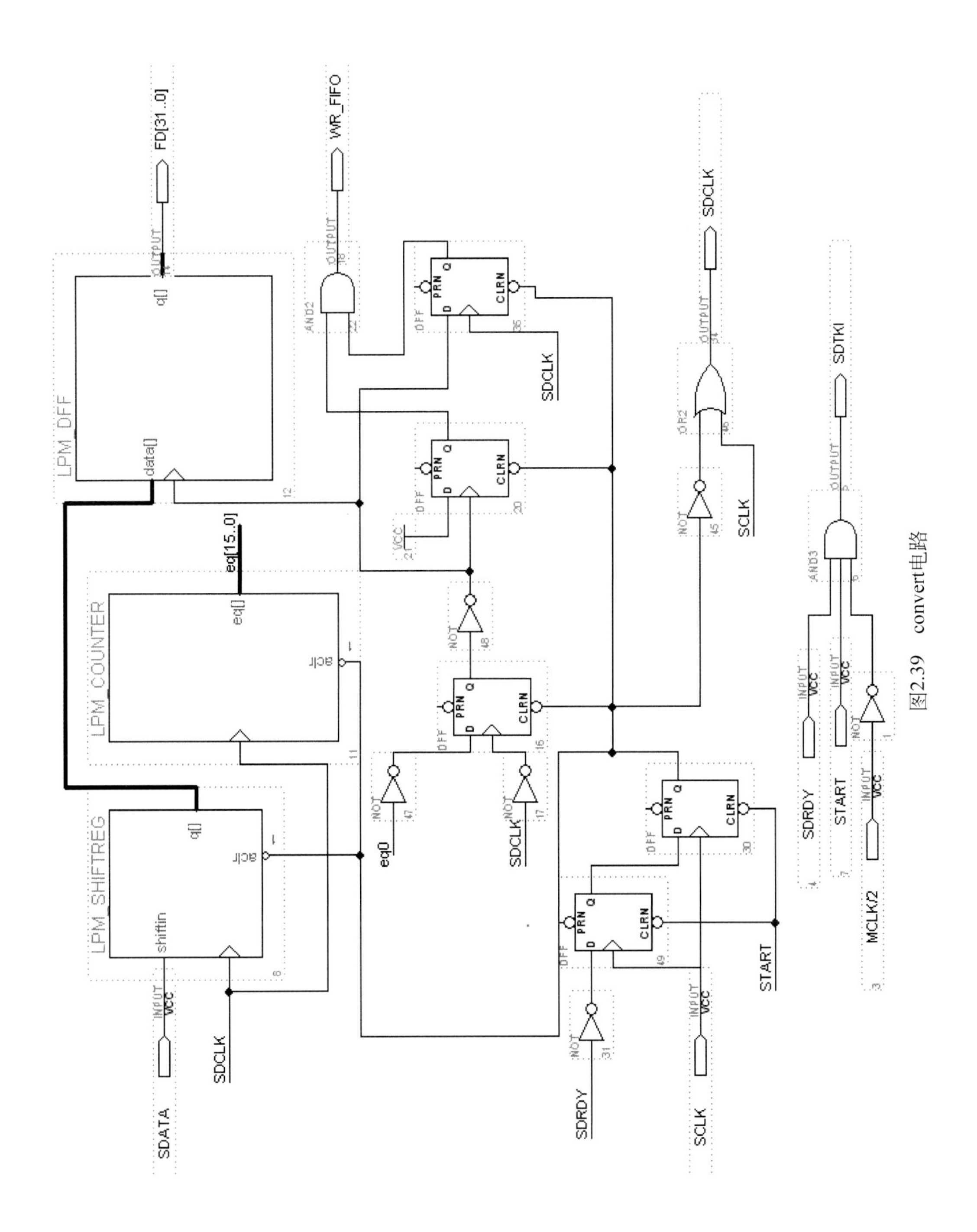

图2.39　convert电路

convert 电路仿真时序如图 2.40 所示，其主要控制信号及其功能如下：

①START 信号是 convert 模块的控制开关，当 START 为高电平时，convert 开始工作。该信号通过外部数据总线对地址 0x19 的存取来完成控制。

②SDATA 是串行接口输入的待转换的串行数据。

③SDRDY 为内部控制信号，其逻辑电平为 0 则表示 32 位转换字在 SDDAT 已准备好，可以开始转换。

④SCLK 为转换转换电路工作时钟输入，频率为 4.096MHz。

⑤MCLK/2 与 SDRDY 联合产生 SDTKI 信号。当 SDTKI 接收到一个上升沿，同时 CS5376 输出的 SDRDY 信号为逻辑 0 时，convert 电路启动串行数据转换将输入的串行数据转换为并行的 8 位数据；当转换完成时，SDRDY 信号自动变为逻辑 1 电平，等待下一个 SDTKI 脉冲信号。

⑥FD［31..0］为转换完成后输出的 32 位并行数据。

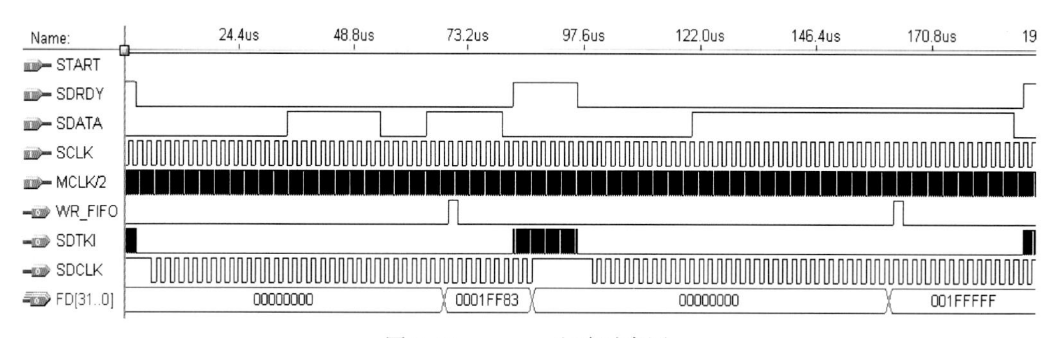

图 2.40　convert 电路时序图

（4）myfifo 电路。

myfifo 电路用来对 convert 模块输出的并行数据进行缓存，是一种先进先出存储器。设计完成的电路如图 2.41 所示，其工作时序如图 2.42 所示。

myfifo 模块的主要控制信号及其功能如下：

①wr 为“写”控制信号，其下降沿将 d［31..0］数据写入 CSFIFO，并储存起来。

②rd 为“读”控制信号，其下降沿将数据从 q［31..0］将并行数据输出至总线上。

③aclr 为 RAM 清零信号，由外部控制器控制，其逻辑电平为 0 则将 CSFIFO 里的数据清零。

④empty 为 CSFIFO 的状态信号，当 CSFIFO 里没有数据时 empty 为逻辑 0 电平，否则为高电平。

（5）SPI 接口电路。

SPI 接口电路实现标准 SPI 串行接口的控制时序，工作在“主模式”，外部控制器向 SPI 接口数据缓冲区输入待发送的数据，然后启动 SPI 发送时序，将控制字发送至 CS5376 内部，从而完成 CS5376 的内部寄存器配置。设计得到的电路如图 2.43 所示，SPI 接口时序如图 2.44 所示。

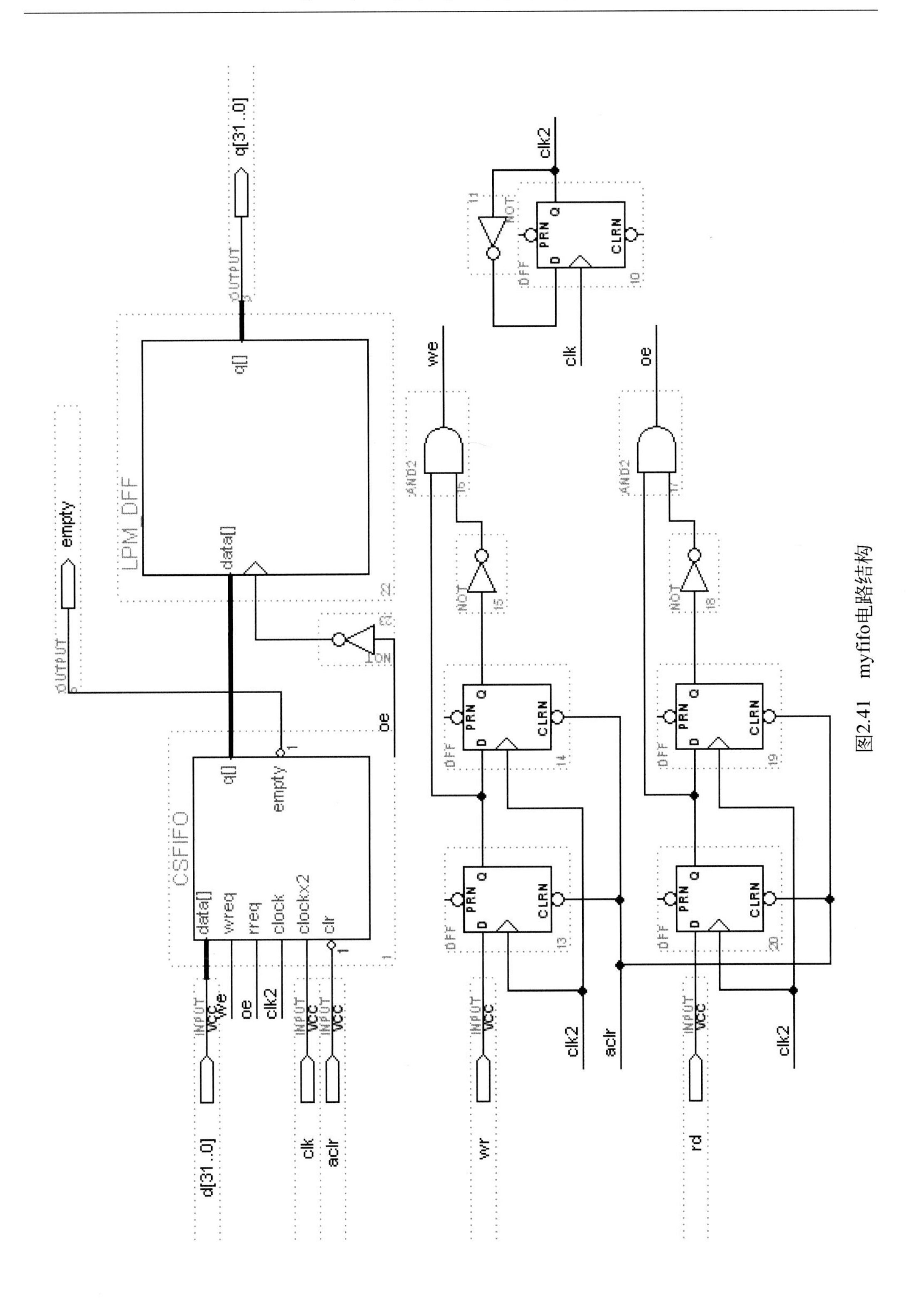

图2.41　myfifo电路结构

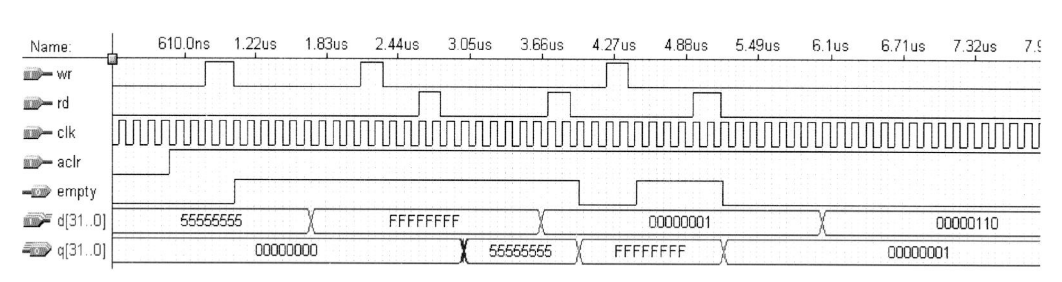

图 2.42　myfifo 时序图

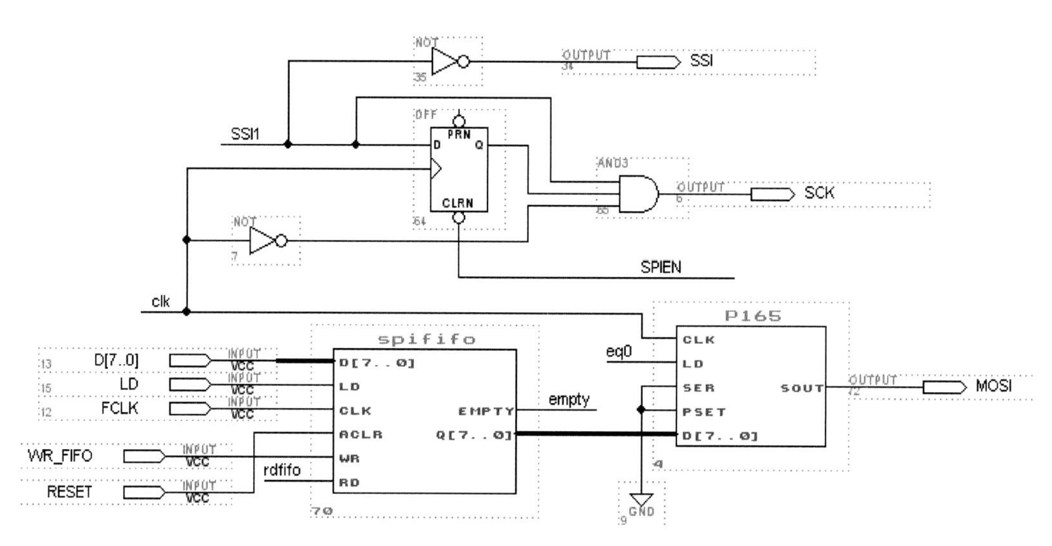

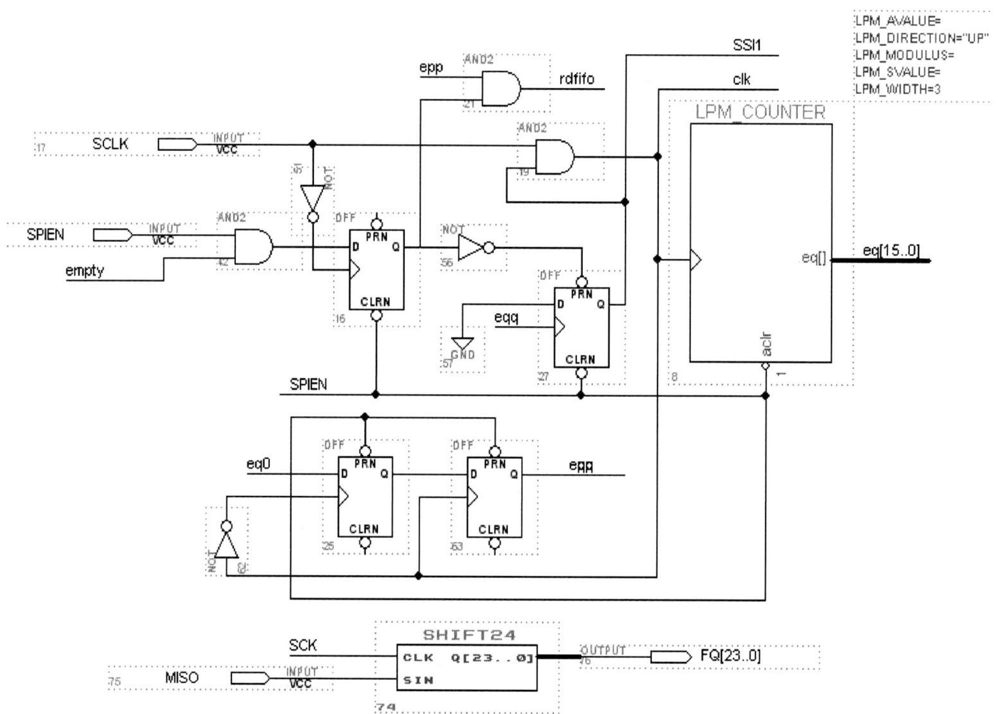

图 2.43　SPI 电路原理图

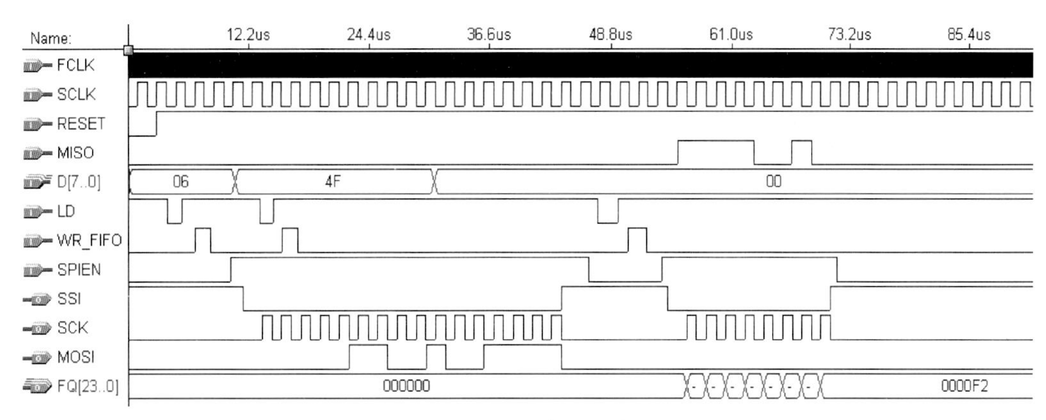

图 2.44　SPI 接口时序图

SPI 接口电路中的控制信号及其功能如下：

①SCLK 为输入时钟，由分频电路产生的 FCLK 信号再经 16 倍分频后获得，频率为 512kHz。

②RESET 为 SPI 控制时序复位信号，逻辑 0 电平产生 SPI 接口复位动作，高电平时结束复位。

③“主模式”下，MISO 为数据输入信号，其逻辑值在 SCLK 的上升沿有效、下降沿转换。通过 MISO 与 SCLK 可以读取 CS5376 内部 SPI 寄存器的数据，一次读取 3 个字节，以串行方式输出到 FQ [23..0]。

④LD 是 SPI 的“写”控制信号，其下降沿将数据锁存至 SPI 缓冲区，外部控制器通过将 LD 信号置为低电平，实现向 SPI 缓冲区写入数据；WR_ FIFO 下降沿将数据写入 CS_ FIFO 里，等待 SPI 读取。WR_ FIFO 是通过外部命令给地址 CS0 写数据来控制的。

⑤SPIEN 为 SPI 接口电路“使能”信号，逻辑高电平有效，其值为逻辑 1 则启动数据发送和接收，该信号由外部控制器对地址 0x10 的存取来控制。

⑥MOSI 为 SPI 接口的串行数据输出信号，由 SCLK 信号驱动输出，每个 SCLK 周期输出一位数据。

（6）秒脉冲同步触发电路。

不同采集站通过统一的同步脉冲信号实现同步采样，采集电路数据采样触发时刻须与外部同步脉冲对齐以实现同步采样的目的，设计完成的电路如图 2.45 所示，其工作时序如图 2.46 所示。

同步触发电路中主要控制信号及其功能如下：

①GPS_ 1pps 为同步秒脉冲输入信号，通常是周期为 1s 的脉冲信号，可以从 GPS 秒脉冲和 RTC 秒脉冲中任选一个作为输入，由外部控制器对 0x1F 地址的存取来选择。

②TimeB 为输出触发脉冲，上升沿有效；电路设计中将其设为自锁信号，当检测到上升沿输入后，自锁为高电平，屏蔽后续的输入信号，实现同步单次触发的目的。

③由于触发电路是自锁类型的电路，当需要完成多次触发时，每次触发之前需要

对触发电路进行初始化。初始化由外部控制器完成，首先向 0x1F 地址写入 0x00 将 TimeB 清零，并关闭 1pps 通道，然后在预先设定的触发时刻的前一周期的低电平期间打开 1pps 通道，启动 1pps 上升沿捕捉时序。

④仿真时序中，以 GPS_ 1pps 同步脉冲为例，若 GPS 同步脉冲无效，可通过更改“二选一”设置值选择 RTC_ 1pps 作为同步信号。

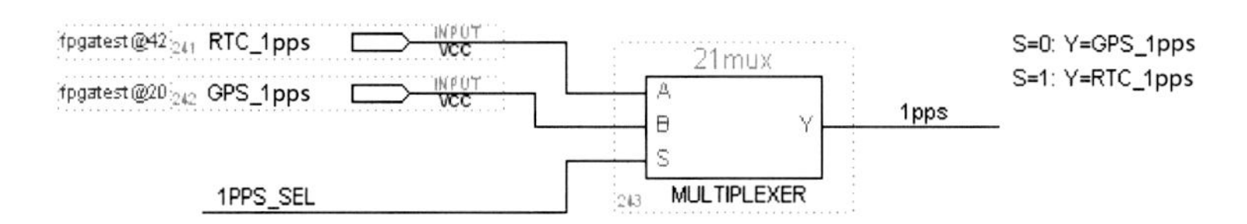

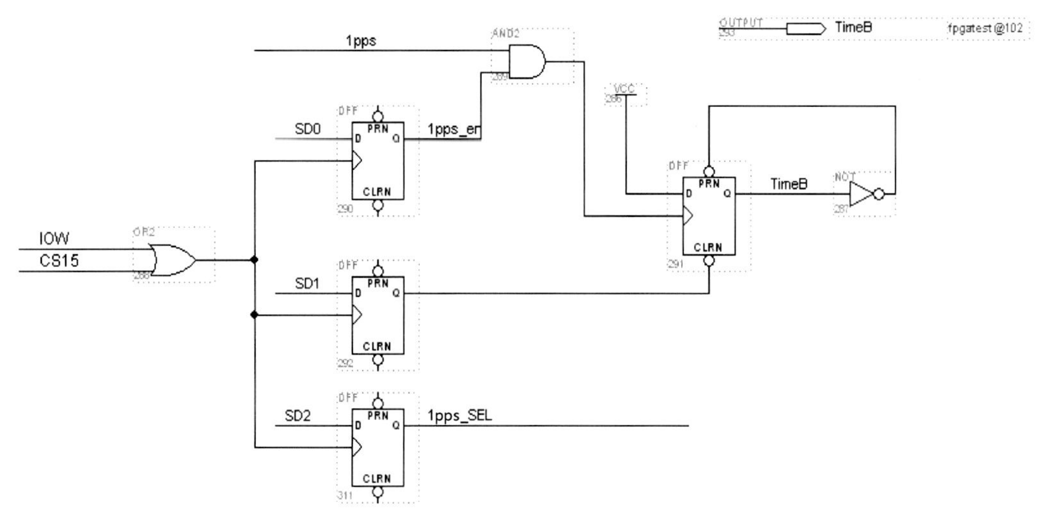

图 2.45 秒脉冲同步触发电路

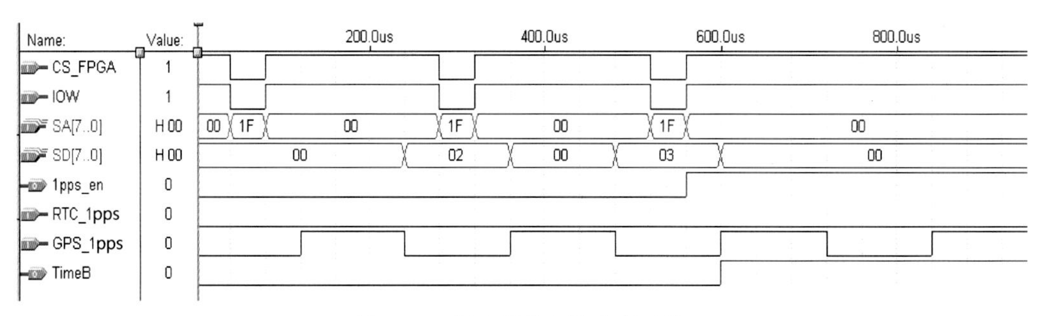

图 2.46 同步触发电路仿真时序

2.5.3 分布式无缆遥测地震仪采集站结构设计

2.5.3.1 分布式无缆遥测地震仪采集站逻辑结构

设计完成的分布式无缆遥测地震仪采集站内部结构如图 2.47 所示，包含以下组成部分：

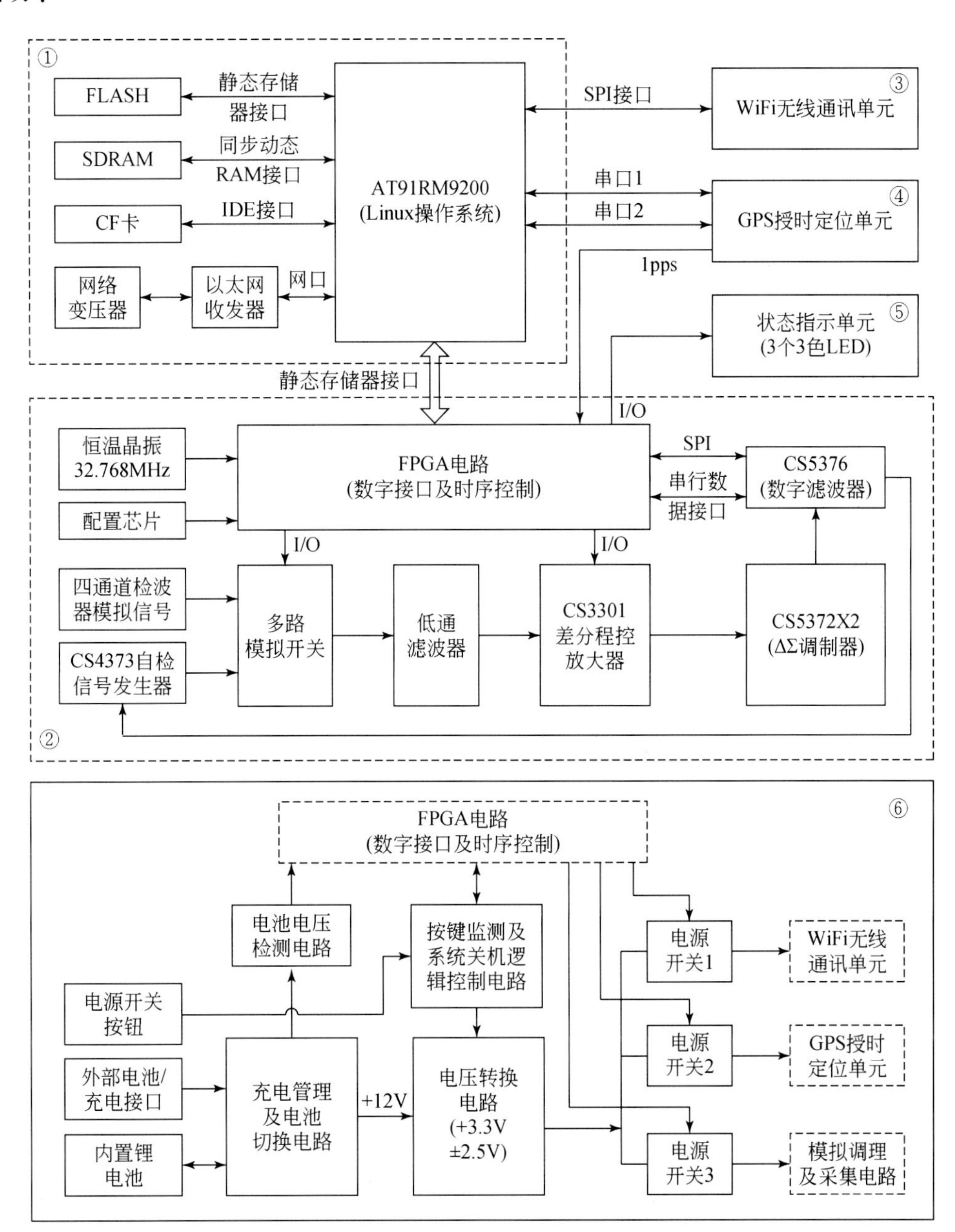

图 2.47　分布式无缆遥测地震仪采集站内部构成

（1）系统主控单元：包含 Flash 程序存储电路、同步动态 RAM 电路、CF 卡存储电路、以太网收发电路、网络变压器电路。

（2）地震信号采集及测试单元：包含数据采集电路、自检信号发生电路、FPGA 数字电路、恒温晶振电路、配置电路。

（3）WiFi 无线通讯单元：包含 WiFi 数据收发电路和通讯天线。

（4）GPS 授时定位单元：包含 GPS 卫星信号接收电路和 GPS 接收天线。

（5）状态指示单元：包含 3 个 3 色 LED 灯。

（6）电源管理电路：包含充电管理及电池切换电路、电压转换电路、电池电压检测电路、按键监测及系统关机逻辑控制电路、模块供电控制电路。

2.5.3.2 分布式无缆遥测地震仪采集站电磁兼容优化

分布式无缆遥测地震仪由中央控制系统、采集电路、GPS 接收电路、WiFi 通讯电路、DC/DC 电源转换及管理电路构成，电路工作基准频点有 1.5GHz、2.4GHz、180MHz、32.768MHz、25MHz、18.482MHz、32.768KHz 及其多次谐波，电磁辐射环境复杂，电磁耦合模式多变，GPS 接收电路和 WiFi 通讯电路容易受到干扰而降低系统灵敏度、地震采集通道极易受到干扰而影响地震信号质量，如何保证多个系统之间不因相互干扰而产生故障或造成性能下降是很困难的。

GPS 天线干扰问题：在采集站系统研发调试完成之后，进行总装实验时发现 GPS 接收电路在组装之前，系统工作正常；而总装完成之后，GPS 接收电路发生故障：GPS 始终定位失败；而拆开仪器分开放置之后，系统恢复正常工作。反复测试结果显示：组装完成之后 GPS 接收电路受到干扰，无法正常工作。经电磁扫描测试后确定，采集电路和电源管理电路 25MHz 基波的多次谐波辐射，干扰了 GPS 卫星信号的接收，造成 GPS 天线电路无法正常工作。项目组拟采用电源完整性设计、隔离、屏蔽等措施进行攻关。

1. 系统电源的完整性设计

电源的完整性设计的目的是要给系统提供稳定、干净、安全的电源。电源的工作不会产生对于系统有影响的噪声，如果电源产生的干扰对系统产生了影响，将会使系统工作出现异常，造成逻辑错误，电源产生干扰的危害主要有以下几方面：

①成为干扰信号，同有用信号一起被接收；

②影响脉冲质量；

③造成信号延迟不确定性。

为了消除电源产生的干扰噪声，采取以下几方面进行设计；

（1）消除公共阻抗引起的干扰。

直流电源要同时对几个芯片进行供电，很容易产生公共阻抗耦合干扰，而且公共电源阻抗越大，产生的干扰就越大，为了降低公共阻抗引起的耦合干扰，通过减小阻抗的办法，具体为可以加大电源线的宽度、减小其长度，公共电源阻抗降低，产生的耦合干扰也会随之降低。

（2）去耦合旁路电容的应用。

去耦合旁路电容主要作用是减小共模辐射能量，降低开关类元器件在开关时所引起电流瞬变而产生的电源纹波，由于电容具有充放电的作用，也可以使得电源给芯片进行供电时，电压比较稳定，不会产生比较大和强烈的振荡。如在电源与地之间放置一个 0. 1uF 电容，可以选择几个电容并联的形式；电容引线的电感特性的电感的大小是随着引线长度的变化而变化的，所以在进行去耦合旁路电容选择时，要选择电感小的电容，同时降低引线的长度。

（3）降低环路电磁辐射干扰。

当电源内流过的电流发生变化时就会向外部辐射干扰波，通过前面的论述可以知道，产生辐射干扰波的强度与环路的尺寸、电流的频率和大小成比例。所以，可以通过减小环路的尺寸来降低电源产生的干扰，合理的方法是在芯片的电源引脚与地线引脚之间放置去耦合电容，通过去耦合电容的放置来减小环路的尺寸。

（4）减小电压与电流的变化率

要减小电流变化率 di/dt 和电压变化率 dU/dt，可以通过改变 MOSFET（Field Effect Transistor，场效应管）G 极上的电阻值来增加缓冲电路，在 G 极上增加电阻，就相当于增加了一个低通网络，可以降低 MOS 开通时电压变化率。

2. PCB 电磁兼容设计

1）叠层设计

电源和地的作用是给电子电路提供正常运行所需要的电压，同时电源和地还有另外一个非常重要的功能，那就是给信号一个回流的路径。任何电流，都必须要通过某一途径返回源端，构成一个回路，电源和地在提供稳定的电源和地的情况下，还必须提供最佳的回流路径。

地震仪数据采集系统的 PCB 共有 4 层，第一层为顶层布线层，可以在这一层进行元器件放置和走线，第二层为分割了的地层，第三层为分割了的电源层，第四层为底层布线层。

在顶层布线层与地层之间有厚度为 12. 6mi① 的介质层，称为 Prepreg，由于对称性，在电源层与地层布线层之间也存在厚度为 12. 6mi 的介质层，在地层与电源层间存在厚度为 12. 6mi 的介质层，被称为 Core，如图 2. 48 所示。

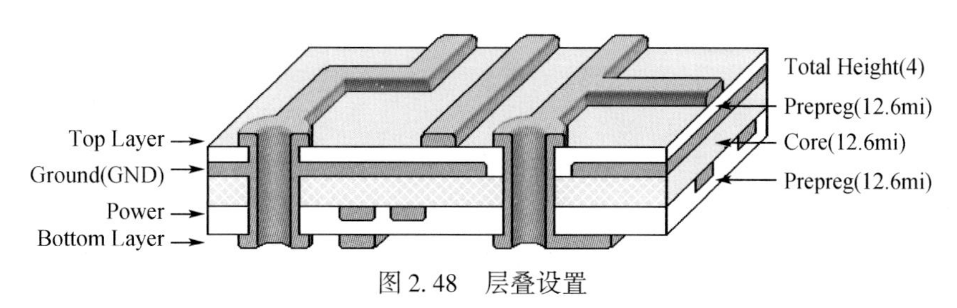

图 2. 48　层叠设置

地震仪的数据采集系统含有电源种类较多，又同时包括数字电源和模拟电源，因此也就同时具备模拟地和数字地，数字电源与模拟电源应分开处理，数字地与模拟地也应分开，但是为了减少层数，我们采取将电源层与地层分割的方法来处理，同时节

① 1mi = 1. 609344km。

约 PCB 成本。

减小两层之间的距离，能够增大电容值，阻抗就会降低，这是我们希望看到的结果。同时采用 $20H$（H 为两层之间尺寸）的原则，即将电源层与地层相比，向内缩进 $20H$ 距离，可以大大减小 PCB 的边缘辐射效应。

2）PCB 布局设计

布局的主要工作为系统进行分区，然后在已经分区的区域内进行元件的布局，每个分区选取一个芯片为核心元件，其它部分都围绕着这个核心进行布局，因为地震仪数据采集系统含有模拟信号和数字信号，在分区时应首先考虑如何来避免两种信号间的互相干扰，混合信号的设计十分复杂，布局的合理与否以及电源和地线的处理好坏都将直接影响到 PCB 电磁兼容性。

首先对地震仪数据采集系统进行模块化，进行功能分区，将各模块分开处理能够很好的减小模块间的干扰。可以将数据采集系用分为电源部分、外部信号输入部分、A/D 转换敏感模拟部分、高速数字处理部分以及数字 I/O 接口部分。将模拟部分与数字部分按模块化进行分区能够有效地防止数字部分对模拟部分的干扰。

在采集系统的 PCB 设计时，考虑系统所包含模拟部分与数字部分，就两者相对来说，数字部分有较强的抗干扰能力，不太容易受到外来的干扰，而模拟部分却很容易受到数字部分的干扰，因此进行功能分区是必须的，将外部信号输入部分与 A/D 转换部分放在一侧，电源部分与数字部分放在一侧能够有效减小干扰。实际电路板布局如图 2.49 所示。

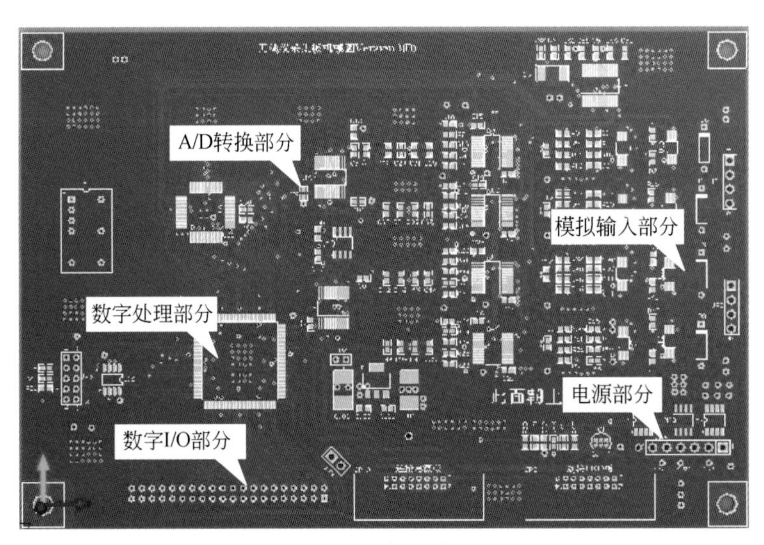

图 2.49　地震仪电路板布局

地震仪数据采集系统电路工作速率较高，一个微小的数字部分的干扰如果进入到模拟部分都会产生比较严重的影响，从而降低模拟部分的性能，为了抑制干扰，进行了模拟部分与数字部分的分区，将模拟地与数字地分开，并防止回流信号跨分割区域的问题。将数字信号严格限制在数字部分，避免其对模拟电路产生干扰。

3）PCB 布线设计

手动布线时，要避免信号的输入端与输出端相邻平行，很容易产生反射干扰，减小信号长距离的平行走线，如果存在一组高频信号，可以在信号线间插入地线加以隔离，并采用 3W 原则，使得线间距为线宽的 3 倍。

由检波器检测到的地震信号转换为差分信号送入地震仪的数据采集系统中，信号的输入、放大及 A/D 转换都是差分模式的，因此在 PCB 设计中使用了大量的差分技术，由于两路差分信号的回流路径不可能是完全一致的，这样就会产生共模电流，共模电流能后产生较强的共模辐射干扰，影响整个 PCB 的性能。为了防止电路中产生较大的共模干扰电流，进行 PCB 的差分布线时，使用以下规则：差分信号线的两条走线的长度差值限制在很小的范围内，尽量保持相同长度；差分信号现在同一层内进行布线，且尽量对称；如果差分对要换层，那么就要在同一地方放置过孔，一起换到另一层；差分对的两条线要尽量的靠近，且增大差分信号线的宽度。

另外，尽量低密度布线，如果信号线的走向、宽度以及线间距的设计不合理，都容易产生干扰。而且信号线的粗细尽量一致，这样对于阻抗匹配有利，在进行布线时，无法避免的会遇到走线转弯以及需要过孔的情况，这些都会使阻抗变得不连续，因此在设计过程中要采取一些有效地措施，PCB 走线在拐弯出一定不能使用 90°的拐角，应该使用 135°或者更圆滑的拐角。当走线需转弯时，可采用斜面拐弯技术（Chamfering Corner）。信号现在转弯时会增加倒显得宽度，从而也就增加的等效电容，斜面转弯能够有效地减小因拐弯产生的电容。

同样的，在进行布线时，不可避免的过孔和焊盘的存在都会造成阻抗的不连续，因此，为了减少过孔和焊盘带来的影响，要对过孔及焊盘附近的导线连接进行缓慢变化处理，即使阻抗连续。

3）WiFi 干扰兼容性设计

分布式无缆遥测地震仪带带有 WiFi 无线通讯模块，使用开放的 2.4GHz 直接序列扩频，数据传输最大速率为 54Mbps，如果存在干扰情况，传输速率会自动调整，能够保证网络通讯的稳定，WiFi 模块完成对地震仪数据采集的实时监控，且可以通过通讯模块实施无线数据回收，但是也会产生高频辐射干扰，其产生的高频电磁波耦合到采集电路将产生干扰，影响系统噪声水平，采用屏蔽加合理接地的方法来给予解决。

分布式无缆遥测地震仪的 WiFi 天线属于高频干扰，因此采用电磁屏蔽进行屏蔽，屏蔽体的屏蔽性能用屏蔽效能来表示，屏蔽效能定义为在没有采取屏蔽措施的情况下空间某点的电场强度 E_0（磁场强度 H_0）与该点屏蔽后的电场强度 E_1（磁场强度 H_1）的比，经常用对数表示为

$$SE = 20\lg\left|\frac{E_0}{E_1}\right|,\ SE = 20\lg\left|\frac{H_0}{H_1}\right| \quad (\mathrm{dB}) \tag{2.47}$$

当电磁波经过屏蔽体时，将会与屏蔽体发生作用，电磁波传播到屏蔽体的过程如图 2.50 所示。

图 2.51 表示场强的变化，S_1 和 S_2 为屏蔽体金属板的两个界面。

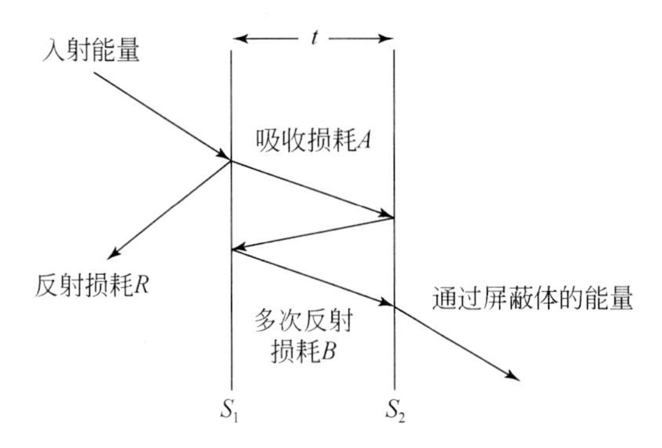

图 2.50　电磁波与屏蔽体作用过程

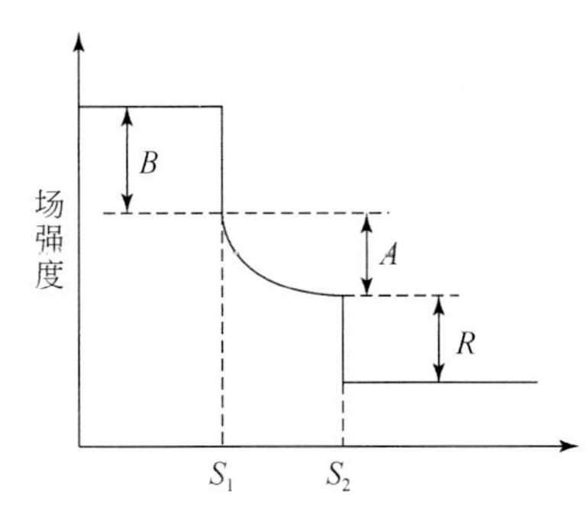

图 2.51　场强度变化过程

屏蔽体金属板两侧皆为空气介质，因而在左右两个界面上都会出现波阻抗突变现象，入射的电磁干扰波在界面上就发生反射现象和透射现象。电磁波入射到屏蔽体时，一部分电磁能量就过屏蔽体的反射重新回到空气中。从电磁屏蔽的效果来看，屏蔽体对电磁波起到反射作用，即反射损耗，用 R 来表示。

经过屏蔽体反射后剩余的电磁波则进入金属板内，沿着金属板继续向内传播，众所周知，当电磁波在金属介质中传播时，其能量随着传播深度按指数衰减。从电磁屏蔽的效果来看，屏蔽体对反射后剩余电磁波起到了吸收衰减的作用，即吸收损耗，用 A 来表示。

通过屏蔽体的反射损耗与金属板的吸收损耗，仍有电磁能量能够达到金属板的另一侧界面，在这个界面上将会继续发生反射损耗，反射回来的电磁波在金属板内传播再次发生吸收损耗，电磁波就这样在金属板两个界面之间不停反射，到最后只能有很少的一部分电磁波能够穿过屏蔽体，进入到屏蔽体内部。从电磁屏蔽的效果来看，电磁波在金属板的两个界面之间的多次反射损耗与吸收损耗现象，即多次反射修正因子，用 B 表示。

有时单层屏蔽的屏蔽效果很难满足要求，这时就需要采用两层或多层合金屏蔽，两层屏蔽的效果如图 2.52 所示；常用的多层屏蔽是在金属的外层镀高电导率的金属膜，或者加上高磁导率的材料，使得屏蔽体具有较好的屏蔽效果。

分布式无缆遥测地震仪采集站采用分层多级屏蔽技术和空间分隔方法来抑制电磁干扰，增强系统的稳定性；对产生强辐射或电磁干扰的电路进行隔离，以压制其对周边电路的干扰；对敏感模拟电路进行多层屏蔽保护，抑制采集站内部其他电路辐射和

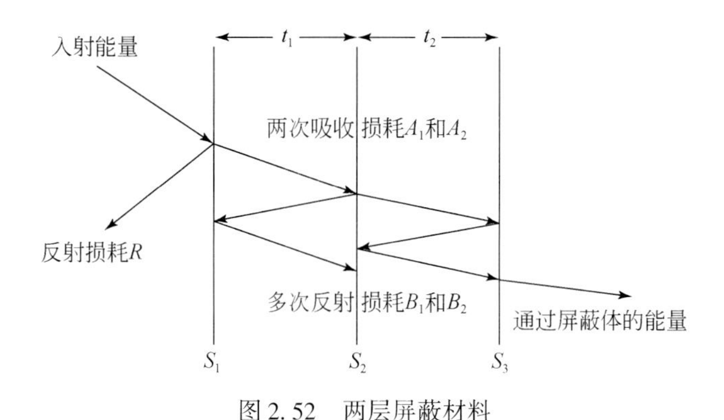

图 2.52　两层屏蔽材料

空间电磁干扰；同时，在空间布局上，将干扰源和敏感电路分离布置。分布式无缆遥测地震仪采集站内部干扰源有：WiFi 接收天线、WiFi 射频基带电路、高频数字时钟及相关数字电路、GPS 接收电路；敏感电路有：地震采集模拟电路、GPS 接收电路、WiFi 接收电路；电磁兼容优化结果如图 2.53 所示。

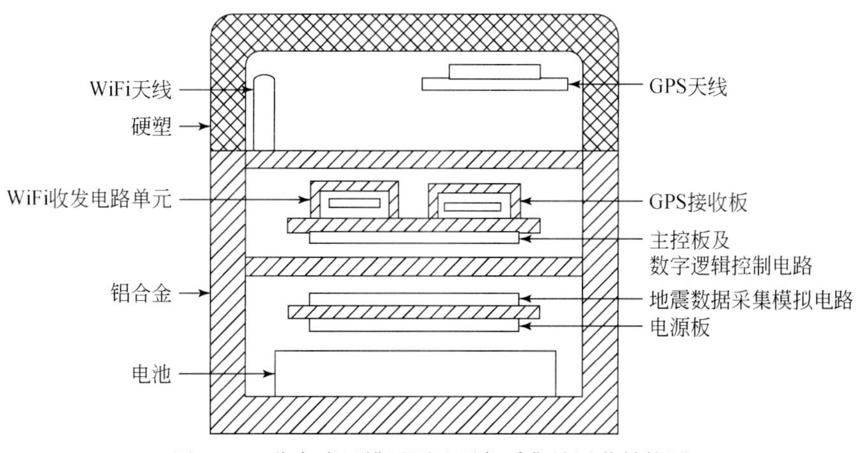

图 2.53　分布式无缆遥测地震仪采集站屏蔽结构图

采用 3cm 铝屏蔽板将仪器内部分为 3 个仓室：天线室、数字室、采集室；天线室用于放置 GPS 接收天线与 WiFi 收发天线，数字室安置高频时钟及其相关电路、WiFi 接收电路和 GPS 接收电路，采集室放置采集站的核心电路——地震采集电路，其远离射频天线，并与高频时钟电路保持电磁屏蔽隔离，将最大限度降低外部干扰，降低采集电路自身噪声水平。

考虑到天线处于顶端对电磁信号接收效果更好，天线室设计在顶端，为降低 GPS 天线与 WiFi 天线之间的相互干扰，将棒状 WiFi 天线置于仪器左侧，GPS 接收天线靠右侧放置；二者信号引出线通过屏蔽电缆线引入数字室。

数字室内高频时钟及其相关电路产生的时钟多次谐波会对 WiFi 接收电路和 GPS 接收电路造成干扰，降低接收系统的灵敏度；为此，将 WiFi 接收单元和 GPS 接收单元进行独立模块化设计，并分别用独立的 2cm 厚铝质屏蔽盒进行单独放置。

第3章 无缆遥测地震数据采集与管理

3.1 无缆遥测地震仪的通信系统

分布式无缆遥测地震仪的特点是没有大线，施工方便；精确定位，精确时钟同步；长时间数据自动存储，后期统一回收处理。但是，由于没有现场的数据传输，无法实时监测地震仪的地震勘探数据质量，同时也无法在现场进行有效地控制和干预，因此在实际野外地震勘探过程中，野外现场数据质量监控技术对于分布式无缆遥测地震仪是至关重要的。为分布式无缆遥测地震仪研制地震勘探数据质量无线监控系统，重点解决：①小道数、近距离资源勘探时，现场数据回收和质量监控问题；②多道数、大规模资源勘探情况下，各地震仪状态现场监测、短时单炮记录现场回收以及施工控制问题。

为了实现数据质量监控，必须实现无缆遥测地震仪与控制中心的通信。根据地震勘探工作区域范围大，工作情况复杂多变的特点，本章介绍4种不同通信方案用于解决各种情况下通信困难。首先，在远程通讯网络覆盖区域（卫星通讯网络、移动通信网络），可优先选择远程通信方案（北斗卫星通信方案、3G/GPRS移动通信方案），发挥其施工方便、快捷的特点。其次，对于非远程通讯网络覆盖区域，可以自行建立WiFi网络。在自行建立的WiFi网络中，针对通信距离间隔较长（几公里以上）的情况，可以采用基于大功率天线的WiFi远距离通信方案；针对需要通讯距离不长（2km以内）的情况，可以采用基于多跳自组网架构无线通信方案。此外，基于多跳自组网架构无线通信方案也作为补充和拓展，与远程通信方案联合使用。

3.1.1 北斗卫星通信方案

基于北斗的分布式无缆遥测地震仪远程监控系统结构示意图如图3.1所示，监控系统由主控中心、北斗卫星、采集站3个部分组成，主控中心通过上位机软件和北斗指挥机完成对采集站远程的控制及状态数据的回收工作，并对接收到的数据进行管理和存储。北斗卫星是控制及反馈信息传递的媒介。北斗卫星是控制指令及反馈信息传递的媒介。采集站完成对地震波信号的采集的同时，通过北斗通信单元可接收来自主控中心端的控制命令，并反馈执行结果信息。

如图3.2所示，主控中心由上位机、打印机、存储器、北斗指挥机模块和发电设备组成。上位机完成监控命令的选择及按北斗数据传输格式打包发送，及对采集站反馈信息的接收、显示、存储和打印处理。北斗指挥机模块解析上位机的通信请求命令

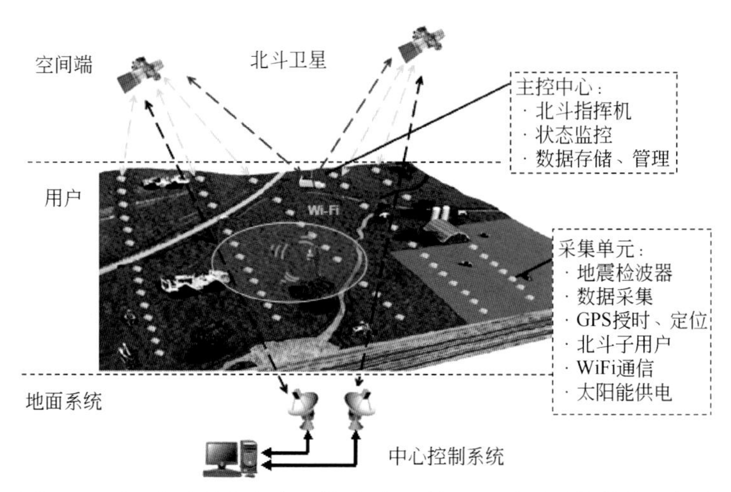

图 3.1　基于北斗的分布式无缆遥测地震仪远程监控系统结构示意图

后，通过北斗天线将信息内容广播式的发送到对应的用户机地址，并将执行结果发送反馈到上位机，同样，对于采集站反馈的信息，北斗指挥机模块将接收信息解析后将来信地址与信息内容上传到上位机中，发电设备输出 220V 的交流电压，为上位机及其外设供电。

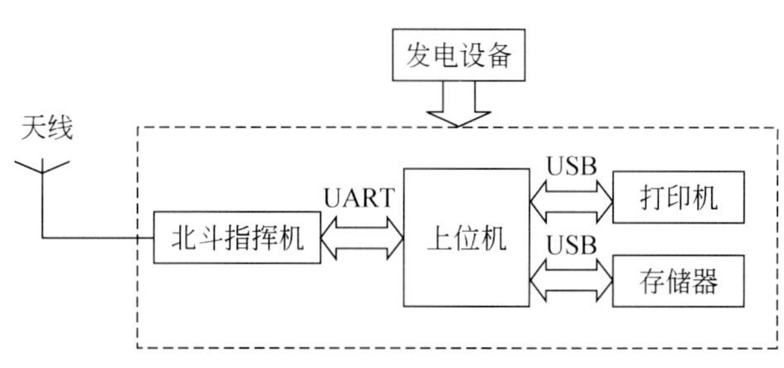

图 3.2　主控中心结构组成框图

上位机远程监控管理软件由状态监测区、控制命令区、日志管理区 3 个部分组成，状态监测区显示工作中采集站的各项信息，其中包括：站号、站状态、CF 卡存储空间、站电量、卫星定位情况、经纬度、增益、采样率、检波器状态、程序版本信息。控制命令区完成监控命令的选择及打包发送，其中包括信息查询命令：查询所有信息、查询程序版本信息和查询自检结果信息。状态控制命令：停止预热、停止采集、开始采集、休眠、唤醒、通道测试、复位和关机命令。参数设置命令：设置采样率、设置增益和设置道数。日志管理区记录和存储主控中心与采集站间的交互信息，便于操作人员对远程控制系统的维护。其程序流程如图 3.3 所示。

图 3.4 为基于北斗的分布式无缆遥测地震仪硬件原理框图，地震检波器将地面振动信号转化为模拟电信号传输到 FPGA 数据采集单元，完成数据的采集、缓存，并提供必要的测试、控制功能。AT91RM9200 作为中央处理器，读取 FPGA 中存储的数据，并转存到 16G 的 CF 存储卡中，通过 SPI 接口与 WiFi 模块连接，实现采集站无线网络的建立

和近距离无线数据传输功能，通过 UART 与 GPS、北斗模块连接，为采集站提供高精度的授时、定位、远程通信功能，完成数据同步采集、位置信息获取、工作质量远程监控。采集站也可通过以太网接口与电脑终端连接，完成数据的回收及参数设置、检查工作。采集单元在野外应用时采用太阳能和内置锂电池两种供电模式，电源智能管理系统会根据采集站当前工作的天气条件转换供电模式，保证仪器可靠、稳定的工作。

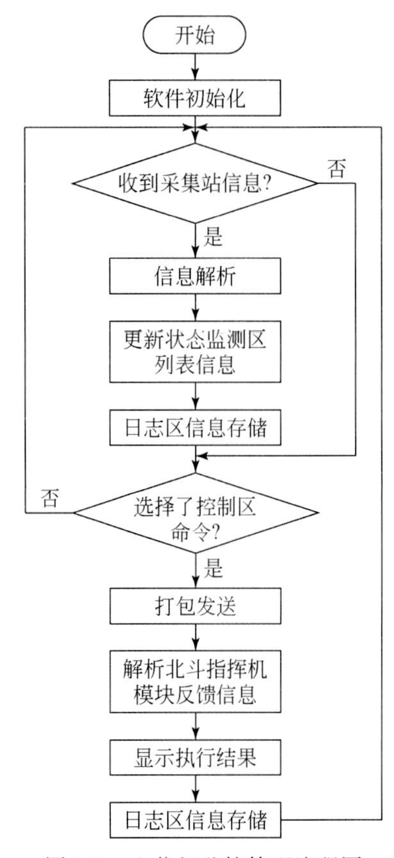

图 3. 3　上位机监控管理流程图

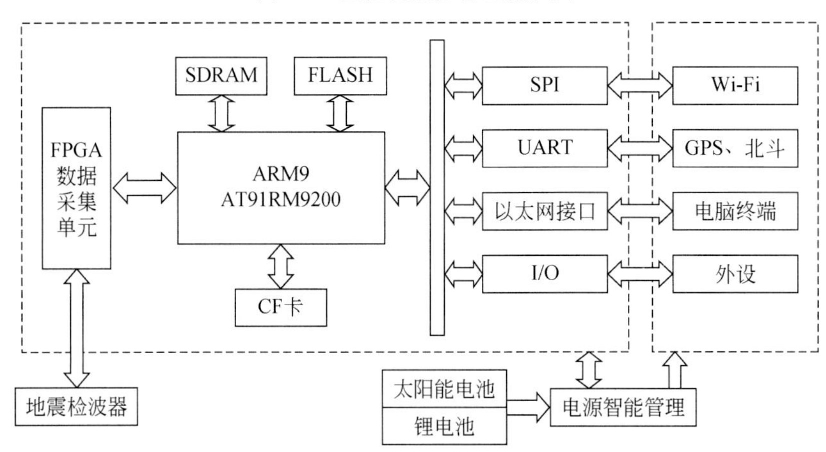

图 3. 4　基于北斗的分布式无缆遥测地震仪硬件原理框图

采集站与北斗用户机模块通过串口连接，北斗用户机模块将接收到的主控中心传来的控制命令上传给采集站主控芯片 AT91RM9200，AT91RM9200 系统会根据北斗数据传输的格式将信息进行解析，根据指令内容执行相应的任务，后将执行结果信息打包下发到北斗用户机模块，由北斗用户机模块完成反馈信息的发送。采集站北斗通信进程程序的编写完成采集站状态的初始化，硬件信息的读取和对北斗用户机模块接收信息的解析，完成对控制命令的执行，及执行结果的反馈，如图 3.5 所示。

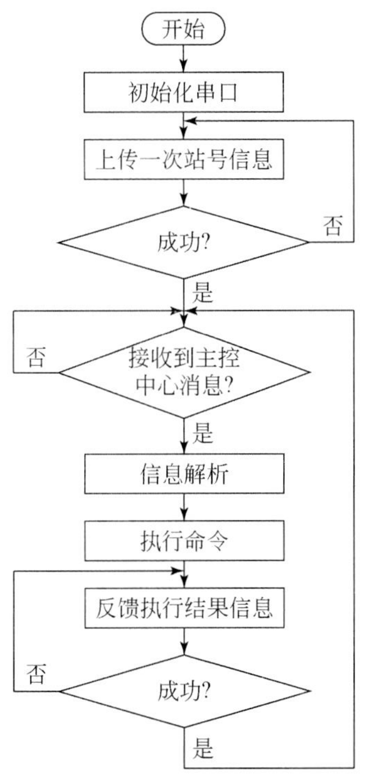

图 3.5　北斗通信进程程序流程图

北斗数据传输的基本格式见表 3.1。

表 3.1　北斗数据传输格式

指令内容	长度	用户地址	信息内容	校验和
40bit	16bit	24bit	最长 728bit	8bit

指令内容以十六进制 ASCII 码表示；长度为从指令内容开始到校验和为止的总字节数；用户地址为与地震仪相连的用户机 ID 号；信息内容用二进制源码表示，包括信息类别、目标地址、电文长度、应答标志和电文内容，电文内容的第一个字节是电文种类的标志信息（汉字/普通代码/混发）；校验和是整个通信内容按字节异或的值。

3.1.2 3G/GPRS 移动通信方案

基于3G/GPRS 移动通信网络的远程监控系统网络拓扑结构如图3.6所示，在现有无缆存储式地震仪中引入3G/GPSR通信模块，在控制中心建立网络服务器，控制终端通过接入互联网络实现对无缆存储式地震仪采集数据的回收，运行状态，工作参数等的远程查询与修复，同时开发基于Android系统的移动短信控制终端，完成对移动网络服务器IP的远程设置及特殊情况下对3G/GPRS质量监控的补充。

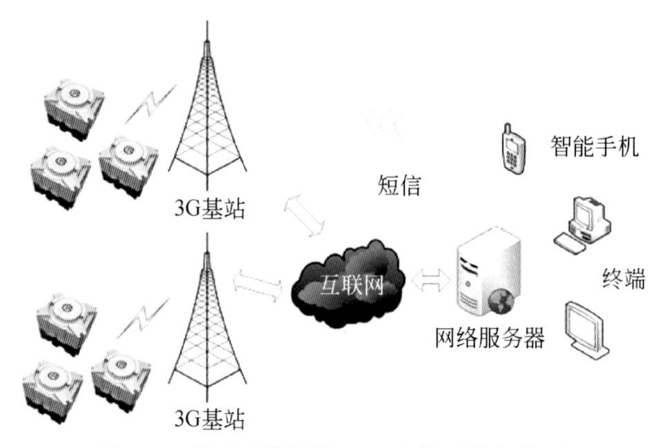

图3.6 移动通信网络远程监控系统拓扑图

GPRS/3G 模块的硬件结构如图3.7所示，GPRS/3G模块为网络通信的核心部件。GPRS中它的作用是接收AT命令，然后对AT命令进行识别和执行，相当于采集站ARM的一个协处理器，与采集站主控芯片通UART连接；3G中它的作用是响应采集站主控芯片的拨号上网命令，并经互联网登陆到主控中心的服务器，模块通过USB与主控芯片连接。RF天线接口处主要是匹配天线的阻抗网络电路。复位及LED显示电路的设计便于整机组装时GPRS/3G模块的调试工作。GPRS/3G通过SIM卡接口电路读取SIM卡中存储的客户信息，完成网络的注册和连接。电压转换电路为GPRS/3G模块及SIM卡提供稳定的输入电压，以保证模块可靠的工作。

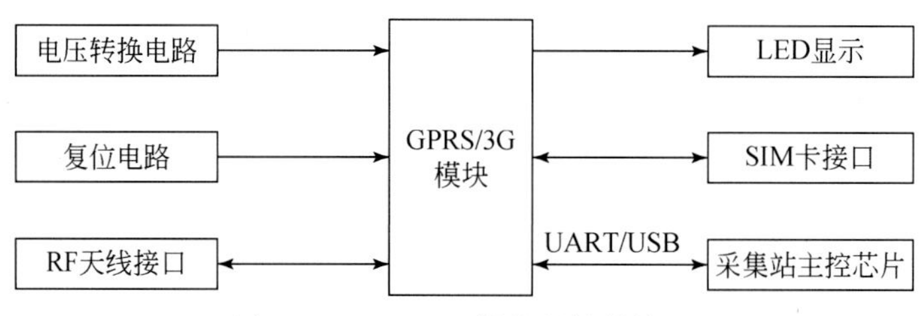

图3.7 GPRS/3G 模块硬件结构图

针对移动通信网络的分布式无缆遥测地震仪采集站的实际应用多为长期的野外监测，所以特色的设计了低功耗模式。基于移动通信的分布式无缆遥测地震仪采集站低功耗设计硬件结构图如图3.8所示，该设计主要由主控芯片AT91RM9200、GPRS模块、

430 单片机、开关电路以及电源模块等组成。430 单片机工作功耗 160uA，休眠功耗仅为 0. 3uA，因此采用低功耗的 430 单片机作为采集站主控芯片 AT91RM9200 的协处理器，负责接收 GPRS 模块的短信或拨号信息，来完成采集站的关机与开机操作。当采集站工作在休眠模式时，可以通过手持终端以短信的形式发送关机指令，GPRS 模块接收到上位机关机指令后，将上位机指令以串口通信的形式发送到 430 单片机，430 单片机控制开关电路关闭，从而实现主控中心断电，达到关机、降低功耗的目的；当采集站需正常工作时，手持终端发送开机指令，430 单片机控制开关电路开启，主控中心重新上电开机。正常状态下，GPRS 模块工作在休眠状态，只有接收上位机指令才处于待机状态，从而进一步达到降低功耗的目的。以下是采集站工作在几种不同状态下的功耗大小。

①采集站正常工作，GPRS 处于待机状态，功耗为 2. 14 ~ 2. 27W；

②采集站正常工作，GPRS 休眠，功耗为 1. 89W 左右；

③采集站休眠，GPRS 休眠，功耗为 1. 26W 左右；

④采集站关机，GPRS 休眠，430 单片机工作，功耗为 0. 02W 左右。

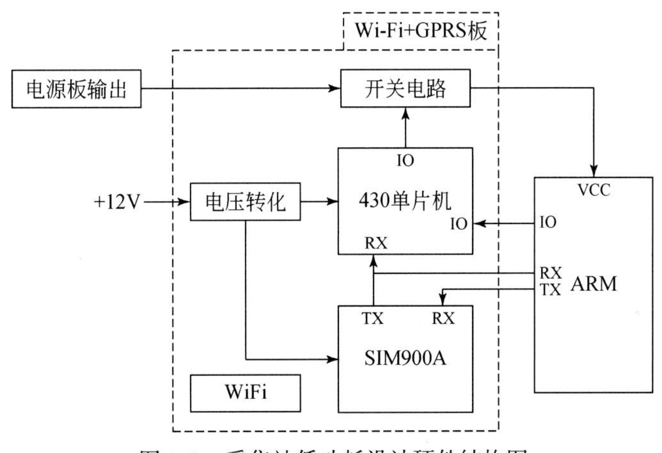

图 3. 8　采集站低功耗设计硬件结构图

3. 1. 3　基于大功率天线的 WiFi 远距离通信方案

为达到 WiFi 网络覆盖，需在施工区域安置无线基站，保障数公里范围内分布式无缆遥测地震仪的 2. 4GHz 无线接入。但对于测线长度增大，需覆盖距离更远，或者测线区域遮挡严重等复杂情况，就需要应用网桥设备扩展网络覆盖范围，尤其在几十公里的超远距离通信方案中尤为重要。

本书课题设计的无线分布式网络通信系统由数据控制中心，中心网桥（全向，单对多)，中继节点（定向网桥)，双频基站（2. 4GHz/5. 8GHz)，野外车载系统和分布式无缆遥测地震仪组成，实现了监控系统与用户终端，以及地震仪采集站之间的数据通讯，其网络拓扑结构如图 3. 9 所示。

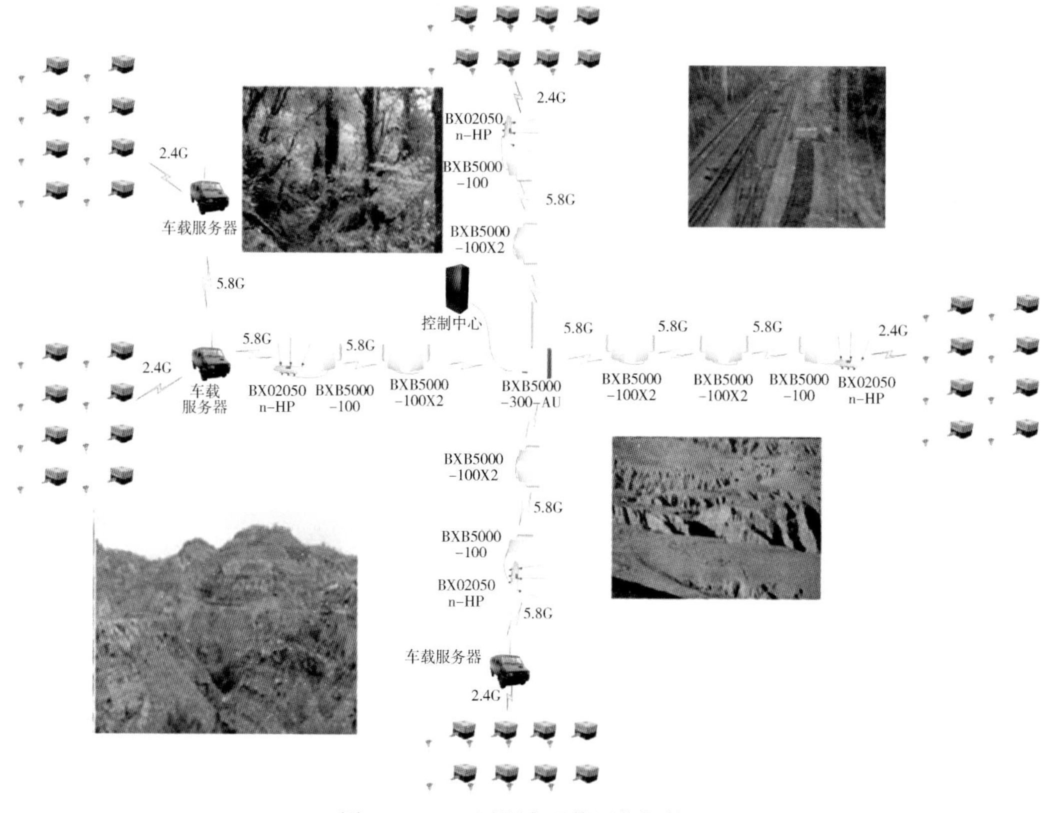

图 3.9　WiFi 远距离通信网络拓扑图

中心网桥，其工作频率为5.8GHz，覆盖距离可达几公里甚至几十公里，数据控制中心连接至中心网桥，由中心网桥通过中继节点延无线链路连接至终端节点，终端节点连接双频无线基站以覆盖2.4GHz无线网络，最终实现数据控制中心与地震仪采集站之间的数据通讯。整体系统由两部分构成：其一是终端节点与中心网桥之间建立的无线通讯链路，其工作频段为5.8GHz；其二是无线基站与分布式无缆遥测地震仪采集站建立的无线通讯链路，其工作频段为2.4GHz，每个无线基站可接入单个或多个地震仪采集站。

作为中心站的无线网桥设置于网络的中心位置，工作在5.8GHz频段，频率范围为5.725G~5.850GHz。它能够提供出色的覆盖、容量与接入特性组合，可提供非视距大容量面向各种地表条件的点对多点接入能力，速率高达300Mbps。采用高级OFDM技术，能够克服诸如树林与建筑等多种障碍，实现快速轻松的无线网络部署。该无线网桥包括一个小型室内单元、抱杆安装的室外单元和全向天线。室内和室外单元之间使用超5类室外屏蔽双绞线电缆连接，用于传输电源、信息数据和管理控制信号。室外单元主要是信号的发射装置，为了扩大中心站的覆盖范围，提高无线通讯质量，应将发射天线架设在尽可能高的位置。室内单元通过一个标准千兆以太网接口连接到有线网络。数据控制中心通过有线组网连接进行分布式无缆遥测地震仪工作状态的实时监控。

网络的第二级为无线路由站，一个中心网桥负责与多个中继节点通讯。双频基站通过 5.8GHz 频段相互通信并同时覆盖 2.4GHz 频段无线网络，与地震仪采集站终端通讯。由于分布式无缆遥测地震仪无线芯片发射功率的限制，WiFi 的有效覆盖半径最大为 100m，因此应将无线基站安装在地震仪采集站附近，无线路由站的数量取决于中心网桥的接入能力、无线基站本身的带载能力以及地震勘探的野外施工环境（如测线长度、有无遮挡等）。

网络的第三级为分布式无缆遥测地震仪采集站、PDA 和现场监测用移动计算设备等，这些设备均通过 WiFi 无线网络进行通讯。

3.1.4　基于多跳自组网架构无线通信方案

为实现复杂地形条件下、高分辨率、大道数野外地震勘探数据的快速、便捷、实时、无缆化回收，通过对野外无线通信系统、节点接入技术及组网技术的深入分析，围绕野外地震勘探无线网络通信技术，构建了基于多跳自组网架构的无线通信系统。该通信方案为复杂条件下的地震勘探数据的无线回传提供支撑，可以在中短距离时、无大功率无线设备的情况下，实现地震仪状态信息和数据质量的无线监控。

3.1.4.1　多跳自组网的整体架构

为了实现仅通过将采集装备进行合理布设，就能够达到通讯信号绕过障碍物的目的，同时支持自行组网以减少现场工作人员的工作量，本小节设计了一种应用于地震数据采集工作中的多跳自组网协议。无缆遥测地震仪使用该协议实现地震采集装备通讯系统的无盲区覆盖和轻便化布设。

在实际施工过程中，往往需要多条测线进行地震数据采集。根据该特点，处于同一条测线的无缆遥测地震仪被设置组成一个自组子网，以便实现测线管理和高实时性。在该多跳自组网中，每个子网的 SSID 为 JLU_XXXX，其中 XXXX 为子网中汇聚节点的站号，共 4 个字符，用于区别不同测线（扩展网）。在实际施工时，每个工作人员负责一条测线，将地震仪依次布设在先前设计的位置并开机。由于地震勘探时，测线间的距离往往明显大于一条测线上两个相邻地震仪的距离，尤其在宽方位角地震勘探中更为突出。所以，每个地震仪在开机后搜索网络，选择出所有 SSID 前 5 位字符为 JLU_的网络，并接入其中信号强度最大（其他测线的扩展网因距离很远而信号强度弱）的一个网络。这样就可以使一条测线上的地震仪都加入一个自组子网中。随着施工人员的依次将每个地震进行合理的放置并开机，处于同一条测线上的地震仪一个接着一个的加入代表该测线的子网，并接受控制中心的管理与控制。多跳自组网的工作示意图如图 3.10 所示，图中黄色节点代表无缆遥测地震仪，蓝色箭头代表多跳自组网的无线链路。

由于自组子网在地震采集工作中通常被布设成一条近似直线的形状，为了在满足自行组网和灵活布设的条件下实现最简单的管理策略，一种不分叉的树状结构被选择

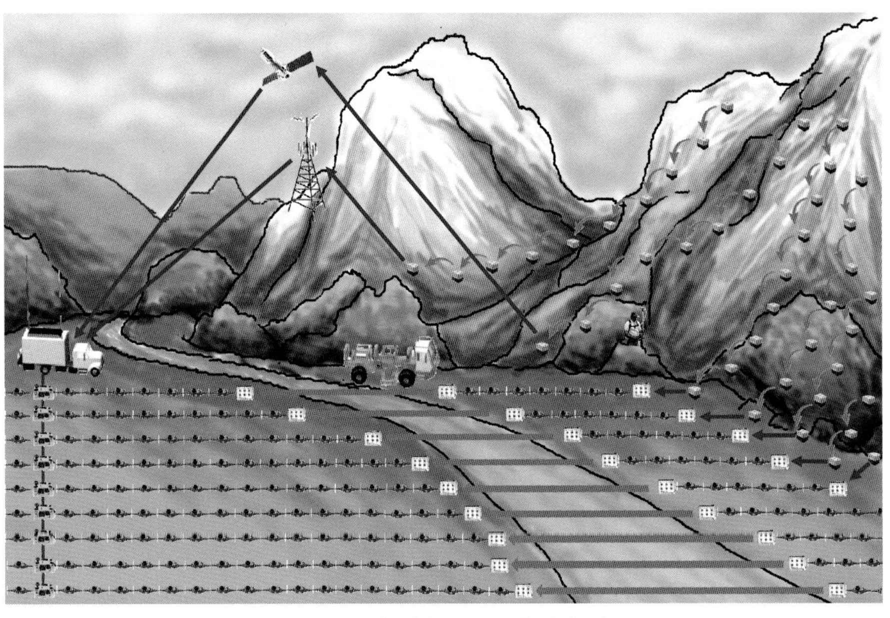

图 3.10　多跳自组网工作示意图

为多跳自组网的网络拓扑结构，即在一个自组子网中所有的节点最多只能拥有一个子节点。

在多跳自组网的具体结构设计中，采用了近些年才被提出的 NDN（Named Data Networking）架构的设计思想。美国国家科学基金会（NSF）于 2010 年启动了未来互联网架构（FIA）研究计划，NDN 为 FIA 计划支持的 5 个研究项目之一。由于互联网中的用户量越来越大，同时每个用户对互联网中数据的需求量也逐渐增大，所以如果一直采用当前这种基于端对端通信的 TCP/IP 网络架构将来一定会出现某部分网络反复传输相同数据的现象，降低了网络资源的利用率。此外，随着用户的增加，IP 地址所需的长度也要随之增大，这样也降低了对网络带宽的利用率。因此，NDN 架构的设计思想是将目前以 IP 为核心传输架构的转变成以数据内容为核心的传输架构，从而提高网络的使用效率。在目前的地震采集装备通讯网络中通常使用 IP 地址进行寻址。而地震采集装备节点较多，往往需要占用多个网段，不便于控制中心进行管理。此外 IP 地址还占用路由层每个数据包中的 4 个字节。对于控制中心来说，最关键的信息是地震数据，而不是代表着网络位置信息的 IP 地址。因此，多跳自组网不使用传统的 TCP/IP 网络架构，而使用 NDN 提出的以数据内容为核心的传输思想。多跳自组网先将自己网内的所有地震数据按照不同的采样点进行分类，给不同采样点采集到的地震数据分配不同的十六进制编号。在实际工作中，每个自组子网依次递增地为每个采集站分配十六进制 ID 号，即子节点的 ID 为父节点 ID 加 1，从而实现控制中心对数据的索引、回收。每个 ID 号占用两个字节。所以，一条测线上（亦即一个自组子网）最多可容纳 65535 个采集站，足够满足实际需求。

多跳自组网在分层设计上采用了以数据内容为核心的传输架构，并且借鉴标准

TCP/IP 协议分层思想，将网络分为 4 层，由上至下分别是：传输层、内容层、链路层和物理层。由于扩展网主要目的是为了实现自行组网，所以本协议只涉及到了传输层和内容层两部分，而链路层和物理层则与标准协议一样。多跳自组网的协议栈的分层结构见图 3. 11。

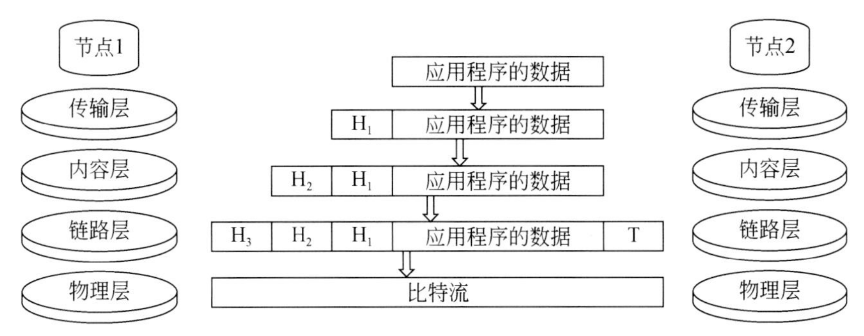

图 3. 11　协议栈的分层结构图

内容层主要负责对数据内容进行索引和对数据内容的类型进行分类。对于不同类型的、处于不同位置的数据采用不同策略进行传输，从而提高传输效率。内容层传输的单元为数据包。数据包结构如图 3. 12 所示。内容层的数据包由内容层首部和内容层数据两部分组成。内容层首部由 4 部分组成：ID_1 、ID_2、数据包类型、数据长度，共 8 个字节。内容层数据是由传输层传来的数据报构成。内容层的数据包一共有 9 种类型，分别是入网请求包、入网应答包、确认包、入网完成包、心跳包、掉线包、重连包、数据上行包、传输保障包和数据下行包。其中，入网请求包、入网应答包、确认包、入网完成包、心跳包、掉线包和重连包用于无缆遥测地震仪的组网与网络管理，直接由内容层发起，没有接收传输层的数据报，所以没有内容层数据，其内容层首部的数据长度项等于 0。这 7 类数据包的 ID_1 项和 ID_2 项的定义见表 3. 2。入网请求包、心跳包、掉线包都是广播。数据上行包、数据确认包和数据下行包用于控制中心与采集设备的信息交互，其内容层首部的数据长度项等于传输层数据报的长度。根据地震数据采集工作中的特点，数据下行包都是控制中心发向采集装备，控制中心一般会对相邻的采集设备进行一对多操作，所以数据下行包 ID_1 为被选中设备的最小 ID 号，ID_2 为被选中设备的最大 ID 号。当采集设备收到数据下行包时首先判断 ID_2 是否大于本机 ID，若大于则立即向子节点转发该包。然后再判断 ID_1 是否小于等于本机 ID，若小于等于则将

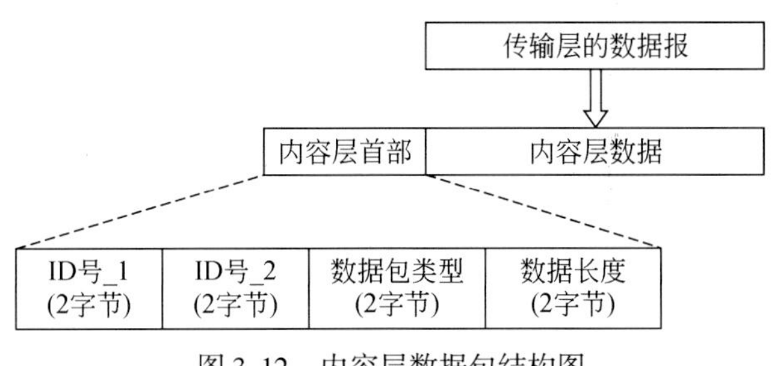

图 3. 12　内容层数据包结构图

数据包进行拆包得到传输层的数据报，并交给传输层。数据上行包都是各采集装备发给控制中心的，ID_1 代表着本机是第几次发送数据上行包，ID_2 为本机 ID。当采集装备收到数据上行包时，直接将数据包整体交给传输层进行处理。传输保障包用于完成采集设备间传输层的信息交互，确保地震数据、仪器反馈信息等数据能够被高效率的、可靠的传输。传输保障包的 ID_1 项为目的 ID，ID_2 项为本机 ID。

表 3.2　部分数据包 ID_1 和 ID_2 的定义表

数据包名称	ID_1	ID_ 2
入网请求包	无意义	无意义
入网应答包	无意义	本机 ID 号
确认包	本机站号	本机 ID 号
入网完成包	目的 ID 号	本机 ID 号
心跳包	无意义	本机 ID 号
掉线包	无意义	本机 ID 号
重连包	无意义	本机 ID 号

传输层主要负责对具体数据进行封装或者提取，即从应用程序中获得数据并对其进行分块、封装后传给数据层或者是从数据层传来的数据包中提取出数据并完成数据拼接后交给应用程序进行处理。传输层的传输单元为数据报。数据报结构如图 3.13 所示。一个传输层的数据报由传输层首部和传输层数据两个部分组成。传输层首部分为 5 个部分，分别是：序号、总长度、CRC 校验码、数据报类型和数据长度，共 12 个字节。传输层数据为被分块后的应用程序数据。进行一次发送或接受的应用层的数据如果超过 4K 字节（根据目前使用 WiFi 模块的缓存而定）则需在传输层进行分块或拼接。传输层首部的序号代表应用层数据在分块后，该段数据为原数据的第几部分。总数据长度代表原数据（被分块之前）的数据长度。CRC 校验码是整个传输层数据报（除 CRC 校验码外）的 32 位循环冗余码校验值。数据报类型占用 2 字节，用于区分不同应用。数据长度为传输层数据的长度。

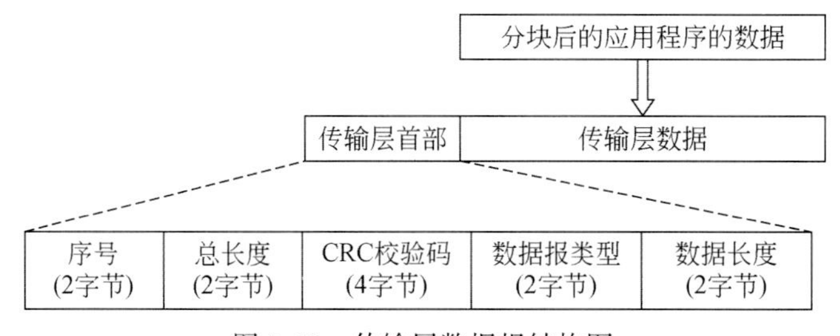

图 3.13　传输层数据报结构图

3.1.4.2　多跳自组网的管理机制

1）网络的组建

为了实现处于一条测线上的各采集设备能够以前文提到的树状拓扑结构接入自组

网中，设计了如图 3. 14 所示的自组网入网认证过程。首先，采集站开机后先搜索网络，通过选择合适的 SSID 加入到数据与该测线的无线网络中。然后，在该网络中广播入网请求包。当处于该自组子网中当前 ID 号最大的采集站收到了入网请求包后，从中获取发请求包采集站的 MAC 地址，并向其发送入网应答包。申请入网的采集站在收到入网应答包后，从中获取发应答包采集站的 ID 号，之后将其加 1 作为本机 ID，并把该采集站作为自己的父节点，同时向父节点发送确认包。该父节点采集站在收到确认包后，从确认包中获得发包采集站站号，把发确认包的采集站作为子节点，并向其恢复入网完成包。同时，该父节点采集站创建一个传输层的数据类型为新站入网的数据上行包。该数据上行包的结构如图 3. 15 所示，被发送到树状拓扑结构的根节点，并由根节点通过核心网将新入网采集站的站号和 ID 转发到控制中心，使控制中心得到该自组子网的最新网络动态。而在子节点采集站接收到来自父节点的入网完成包后每隔 2s 广播一次心跳包，用来检测网络的连接情况。在入网过程中，入网请求包和确认包都采用超时重发的机制，在发送后设置超时时间，如果在超时时间内没有接收的回应（即入网应答包、入网完成包)，则继续重发入网请求包或者确认包，以避免因丢包而导致入网失败。

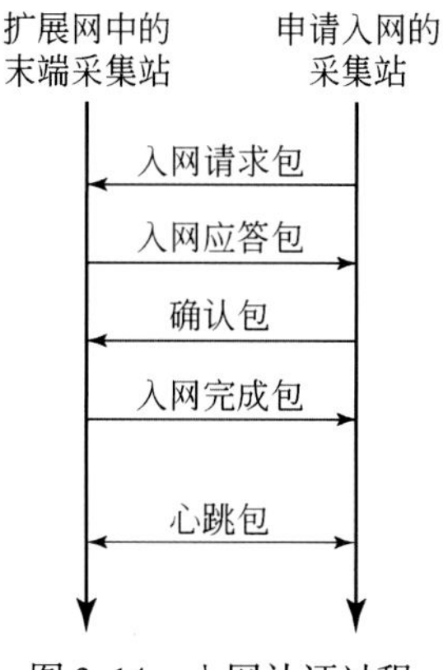

图 3. 14　入网认证过程

内容层首部（8 字节）				传输层首部（12 字节）					传输层数据（4 字节）	
				内容层数据（16 字节）						
ID 号_ 1	ID 号_ 2	数据包类型（内容层）	数据长度（内容层）	序号	总长度	CRC 校验码	数据报类型（传输层）	数据长度（传输层）	新入网采集站的站号	新入网采集站的 ID 号
XX	本机 ID	数据上行包	16	1	4	XXXX	新站入网	4	XXXX	XXXX

图 3. 15　新站入网包结构图

2）网络的容错技术

对于多跳自组网建立以后可能因仪器故障等意外情况出现的掉线情况，设计了网络维护机制以实现处于故障设备后面的采集装备能够在断网后重新加入多跳自组网，使采集装备通讯系统具有较高的容错度和鲁棒性。

首先，需要发现断网的位置。所有加入自组网的采集站都广播心跳包。如果作为父节点的采集站连续 8 次没有接收到来自其子节点采集站的心跳包，那么父节点则认为子节点失去连接，并创建一个传输层的数据类型为连接断开的数据上行包。该数据上行包的结构与新站入网包的结构基本相同，只是传输层的数据报类型由新站入网变为了连接断开。该数据上行包被发送到树状拓扑结构的根节点，并由根节点通过核心网将断开连接的采集站的站号和 ID 转发到控制中心，控制中心将认为该采集站及其后面的采集站都已经离开该自组子网了。同时，该父节点采集站将删除其子节点相关信息，并成为自组子网的末端采集站（ID 号最大）。如果作为子节点的采集站连续 8 次没有接收到来自其父节点的采集站的心跳包。那么子节点则认为其父节点已经离开网络。该子节点则广播掉线包。

在发现网络断开的位置后，设计了如图 3.16 所示的多跳自组网重连机制。当故障节点的子节点广播掉线包后，如果是故障采集站的后代节点（即接收到广播的采集站 ID 号大于发掉线包采集站 ID 号）收到掉线包时，将掉线包直接丢掉；如果是故障采集站的父节点（即接收到广播的采集站 ID 号小于发掉线包采集站 ID 号，并且该采集站目前无子节点）收到掉线包时，则向发送广播的采集站发入网应答包。之后，故障采集站的父节点和故障采集站的子节点按照正常入网的过程进行认证，直到故障采集站的父节点发送新站入网数据上行包。当故障采集站的子节点在接收到入网完成包后向自己的子节点发送重连包，对自己的子节点重新分配新的 ID 号。之后，二者按照正常的入网过程。故障采集站的子节点发送新站入网数据上行包，故障采集站的后代节点再接到入网完成包后向其子节点发送重连包，以此类推，直到测线最后一个采集站重新连入自组子网中。在此过程中，掉线包、重连包和确认包采用定时重发机制，以避免因丢包而导致采集站重连入网失败。

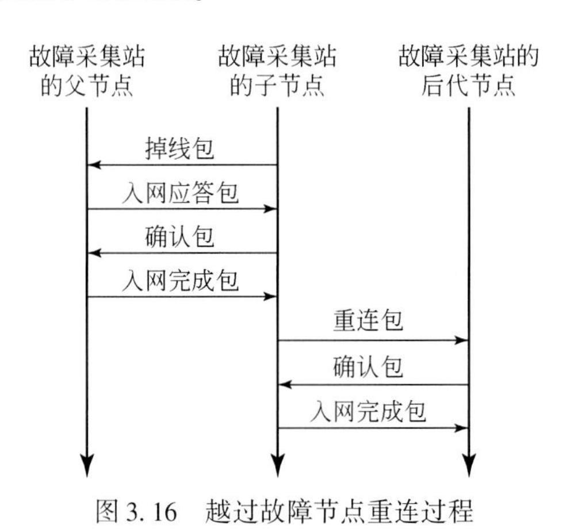

图 3.16　越过故障节点重连过程

3.1.4.3　多跳自组网的数据传输机制

丢包现象在目前的通讯系统中是无法避免的，传输过程中的误码、数据帧在发射时的冲突以及一些其他未曾预料到的原因都会导致丢包。因此，为了实现成功的地震数据实时采集，采集站采集到的地震数据需要可靠的、及时的被回收。这就要求被丢掉的数据包能够被快速的恢复，数据传输协议需要具有可靠性保障机制。此外，在一个自组子网中，采集站的数量可能是几十个，也有可能是成千上万个。所有采集站处于自组子网中的采集站都需要将其采集到的数据传输到该子网的根节点上，而且地震数据量往往较大，那么越靠近根节点的位置，数据传输就会变得越拥挤，而产生拥塞就会导致丢包，降低网络的吞吐量，还增加了能量的消耗。因此，拥塞问题直接影响了网络的性能和系统的功耗。为了提高网络整体的传输性能，就需要传输协议具有拥塞控制机制，避免拥塞的产生。

1）可靠性保障机制

近些年，在无线传感器网络领域有许多具有可靠性保障机制的传输协议被提出。这些协议如果按照所使用的保障技术大体可以分为两类：重传保障协议和冗余保障协议。重传保障协议是保障数据可靠性传输的传统方法，它的基本思想是：当发包的节点在发包结束后等待接收节点回复确认包，如果在一定时间内没有收到确认包则认定发生了丢包，同时将要发送的数据包再发送一遍。冗余保障协议的基本思想是：发包的节点在发送时加入一些对数据内容进行编码的冗余信息，接收节点在接收后利用这些冗余信息对数据内容进行校验，并对其中出现问题的数据位进行校正。这些具有可靠性保障机制的传输协议还可以按照传输方法可分为端对端保障协议和跳间保障协议。端对端保障协议可以被认为是一种连接导向机制，只有目的节点负责对源节点的数据进行校验，提供可靠性保障，而中间节点只负责转发。目前标准的TCP/IP协议就是属于端对端保障协议。跳间保障协议可以被认为是一种链路导向机制，其可靠性保障功能是由每一段链路所提供的，即从源节点到目的节点每一跳都要保证数据的可靠性。

目前，由于用于野外环境监测的无线传感网络的计算资源有限并且其无线通信环境比较恶劣，所以普遍应用重传机制作为其可靠性传输的解决方案。在地震数据采集中，也存在着采集设备计算资源有限和通信环境恶劣的情况，所以本书采用重传机制。如果在传输过程中可能存在着较高的丢包率，那么端对端的保障机制会频繁要求从源节点到目的节点进行重发，占用了大量的通讯资源。然而，如果系统采用跳间保障机制，则只会在丢包发生的那一跳进行重传，而非从源节点处，因此节约的通讯资源。而跳间保障机制的代价是需要每一跳都进行验证，占用了一定的计算资源。由于自组网中存在着很大的跳数，而且野外工作环境复杂多变，可能存在较高丢包率的情况，因此，端对端的保障机制不适于多跳自组网。跳间保障机制虽然每一跳都需要进行校验，但是无缆遥测地震仪使用的是ARM9处理器，校验的开销可以被忽略；同时，减少了丢包发生时对通讯资源大量的占用。因此，多跳自组网采用跳间保障机制。综上所述，设计了一种基于重传机制的跳间保障协议，以实现地震数据的可靠传输。

在多跳自组网中，可靠性保障机制用于保障数据上行包，因为数据上行包属于关键信息。数据上行包在传输层有4种数据类型，分别是：新站入网、连接断开、仪器信息反馈和地震数据。在本书设计的自组网协议中，用于完成可靠性保障的数据报类型有3种，分别是发送结束、数据确认和数据请求，他们都属于内容层的传输保障包。本文设计的可靠性保障机制如图3.17所示。每个采集站都有一个大小为526848字节的数据缓冲区(最多可以缓冲128个数据上行包)。当采集站在接收子节点传输来的数据上行包时，先将整个内容层的数据包放进缓冲区中，然后等待子节点的发送结束包。当其接收到子节点的发来的该组数据包的发送结束包后，根

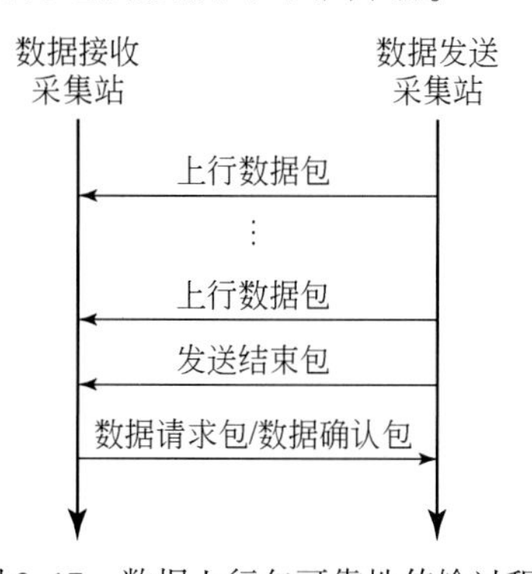

图3.17 数据上行包可靠性传输过程

据 ID_1 项和数据的源 ID 选择相应的数据包组，然后通过该组数据包的序号项和总长度项检查其数据是否接收完整。发送结束包的数据结构如图 3.18 所示，数据完整性检查的流程如图 3.19 所示。如果该组数据完整，采集站则向子节点发送数据确认包，并向父节点发送该组数据；子节点在接收的数据确认包后，将该组数据全部从缓冲区中清空。如果采集站检查后发现该组数据不完整，则先将缺失数据包的序号放进数据请求包中并向子节点发送数据请求包；子节点在收到数据请求包后先根据数据请求包的内容将已成功接收的数据包从缓冲区中清空，再向该采集站发送缺失的数据上行包，之后发出发送结束包，以此类推，直到该采集站成功接收完该组数据（即子节点收到数据确认包）为止。数据请求包的数据结构如图 3.20 所示。数据确认包的数据结构与发送结束包的结构类似，只是数据报类型为数据确认。为了应对发送结束包、数据确认包或数据请求包发生丢包的情况，发送结束包也采用超时重发的机制，即在设定的时间内如果没有收到回应（数据确认包或数据请求包），就把发送结束包进行重发。

<table>
<tr><td colspan="4" rowspan="2">内容层首部（8 字节）</td><td colspan="5">传输层首部（12 字节）</td><td colspan="2">传输层数据（4 字节）</td></tr>
<tr><td colspan="7">内容层数据（16 字节）</td></tr>
<tr><td>ID_1</td><td>ID_2</td><td>数据包类型（内容层）</td><td>数据长度（内容层）</td><td>序号</td><td>总长度</td><td>CRC 校验码</td><td>数据报类型（传输层）</td><td>数据长度（传输层）</td><td>本组数据的源 ID 号</td><td>本组数据的 ID_ 1 项值</td></tr>
<tr><td>目的 ID</td><td>本机 ID</td><td>传输保障包</td><td>16</td><td>1</td><td>4</td><td>XXXX</td><td>发送结束</td><td>4</td><td>XXXX</td><td>XXXX</td></tr>
</table>

图 3.18　发送结束包结构图

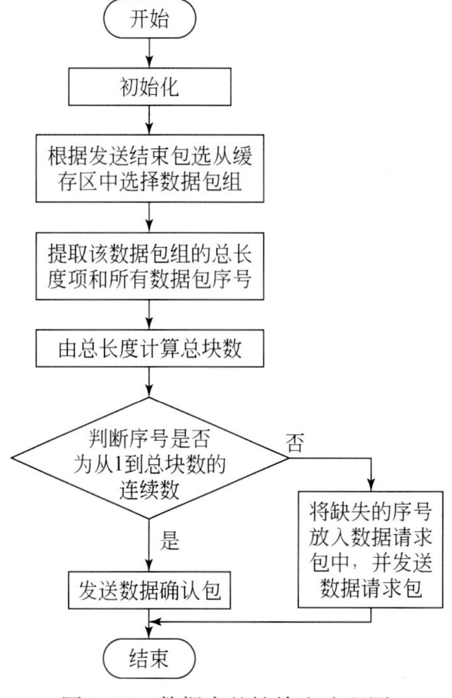

图 3.19　数据完整性检查流程图

<table>
<tr><td colspan="4" rowspan="2">内容层首部（8 字节）</td><td colspan="5">传输层首部（12 字节）</td><td colspan="3">传输层数据</td></tr>
<tr><td colspan="8">内容层数据</td></tr>
<tr><td>ID_1</td><td>ID_2</td><td>数据包类型（内容层）</td><td>数据长度（内容层）</td><td>序号</td><td>总长度</td><td>CRC 校验码</td><td>数据报类型（传输层）</td><td>数据长度（传输层）</td><td>本组数据的源 ID 号</td><td>本组数据的 ID_ 1 项值</td><td>缺失数据包的序号</td></tr>
<tr><td>目的 ID</td><td>本机 ID</td><td>传输保障包</td><td>XX</td><td>1</td><td>XX</td><td>XXXX</td><td>数据请求</td><td>XX</td><td>XXXX</td><td>XXXX</td><td>XXXXX</td></tr>
</table>

图 3. 20　数据请求包结构图

2）拥塞控制机制

在常用的无线传感网络中，拥塞现象按照其产生的原因不同，可以被分为两类：节点拥塞和链路拥塞。节点拥塞是由缓冲区溢出造成的。当接收数据包的速率大于处理数据包的速率时，节点拥塞就产生了。链路拥塞是由于各节点间竞争、冲突等原因导致的。当网络中存在多个节点在同一时隙、同一信道进行发送时就会产生冲突，导致链路拥塞。为了避免出现拥塞现象，本书从这两种拥塞的成因入手设计了拥塞控制机制。在本书设计的自组网协议中，用于完成拥塞控制的数报类型有 4 种，分别是拥塞通知、拥塞解除、拥塞应答、停止发送和结束等待，他们都属于内容层的传输保障包。

针对节点拥塞的情况，其控制机制通常分为 3 个阶段：拥塞发现、拥塞通知以及拥塞解除，如图 3. 21 所示。本书通过对缓冲区占用率的监测来判断是否会发生拥塞。采集站会预留出缓冲区最后 12348 字节（采集站一次发包最大为 12KB，所以预留空间能够刚好容纳一组最大的数据包）。每当采集站接收到数据上行包时，在传输层都要通过其总长度项来判断该组数据包是否能够放进缓冲区中除预留空间外的剩余空间（前 514500 字节的剩余空间）内。如果经过判断该组数据包能够放入除预留空间外的未占用空间，则将数据包放入缓冲区中，并由传输层可靠性保障机制对其进行操作；如果不能，则判定该采集站即将发生节点拥塞现象，并且向其子节点发送拥塞通知包，同时将数据包放入预留空间中，等待传输层可靠性保障机制对其进行操作。当子节点收到拥塞通知包后，则在发完当前数据上行包后停止向父节点发送任何新的数据上行包

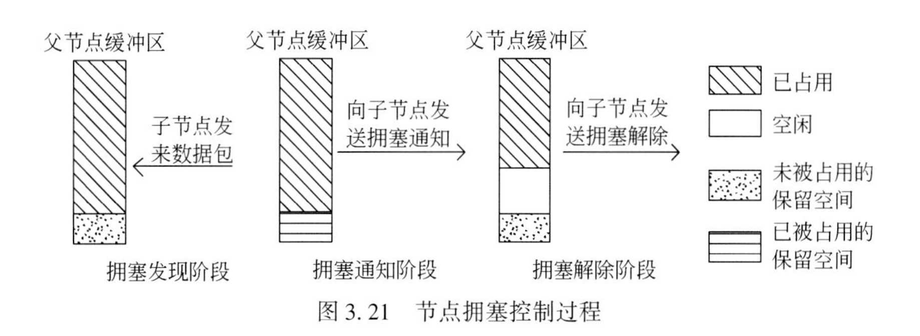

图 3. 21　节点拥塞控制过程

(重发包除外)，同时回复父节点拥塞应答包，处于拥塞状态的父节点工作流程如图3.22所示。首先，需要等待其除预留空间之外的缓冲区中有12348字节的未占用空间，然后将暂存在预留空间内的那组数据包复制到缓冲区中除预留空间外的未占用空间中，之后清空预留空间，并向其子节点发送拥塞解除包。当子节点收到拥塞解除包后，先回复父节点拥塞应答包，再向其发送自己缓冲区内的数据包。此外，为了确保子节点能够收到拥塞通知包和拥塞解除包，拥塞通知包和拥塞解除包也采用上文提到的定时重发机制。

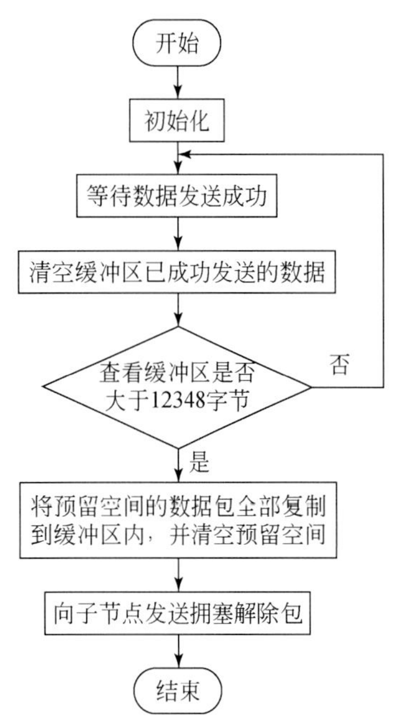

图3.22　拥塞状态的节点工作流程图

在地震数据采集时，每台采集站每秒钟采集到的数据量通常在十几KB左右（一台采集站以1000Hz采样率采集1s3分量的地震数据为12000字节），而且多跳自组网采用的是一种不分叉的树状拓扑结构。所以，在地震数据回收时，多跳自组网内处于同一个区域的多个采集站同时发送大量数据，很容易造成链路拥塞。本书中采集站在数据回收时从地震数据文件中一次读取1s所采集到的地震数据。每次先在读到的地震数据的前面加上站号和当前发送的次数，之后交给传输层进行分块等处理。本书称采集站一次性交给传输层处理的地震数据为一组地震数据包或一个地震数据包组。为了避免地震数据回收时产生的链路拥塞，结合多跳自组网的拓扑结构和地震数据回收的特点，设计了一种基于数据优先级和时分复用的周期性地震数据回收的方法。该传输方法由传输层给予实现，以时间为单位对各采集站进行协调，从而避免了在地震数据回收时出现一个传输区域内有多个地震同时进行发送的情况，很多大程度上减少了发生链路拥塞的可能性。该方法的整体思路是让自组子网内相邻的采集站交替进行地震数据传输，在一个传输周期中有发送状态和等待状态两个工作状态，从而减少同一时刻发送数据的采集站的数量，降低了节点间竞争、冲突的概率。该方法中采集站的状态机见图3.23。首先，当回收地震数据的指令以数据下行包的方式传输到相应采集站后，采集站先判断本机ID号是否为单号，若为单号则直接进入发送状态，向其发送父节点发送地震数据包，该状态持续300ms，之后进入等待状态；若为双号，则进入等待状态，该状态持续300ms，之后由发送函数扫描缓冲区，发送地震数据包。在发送状态时，按照缓冲区的地震数据的优先级进行发送。优先级1级为最高，优先级的级数越高，就越晚发送。优先级的级数P的计算方法见式（3.1），式中，i为源ID；j为发送次数；k为本机ID。在数据回收时，所有缓冲区中的地震数据都用一个散列进行索引，关键值就是数据包优先级的级数，表头为数据包的源ID。优先级散列的更新流程如图3.24所示。每次发送完数据，在清空数据包的所占用的缓冲区后，在散列中相应优先级的链表中除去其指针。当某个优先级的最后一组数据包的指针删除后，该优先级也在散列中删除。因此，每次发送数据时，从当前散列中第一个优先级开始发送，顺次发送链表中指向的地震数据包。在优先级散列中，优先级为 1 的链表最大深度为 1，优先级为 2 的链表最大深度为 2，优先级为 n 的链表最大深度为 n 和 m 的最小值，式中，m 的计算见式（3.2）；MaxID 为当前自组子网中最大的 ID；k 为本机 ID。

$$P = i + j - k \cdots \tag{3.1}$$

$$m = \mathrm{MaxID} - k + 1 \cdots \tag{3.2}$$

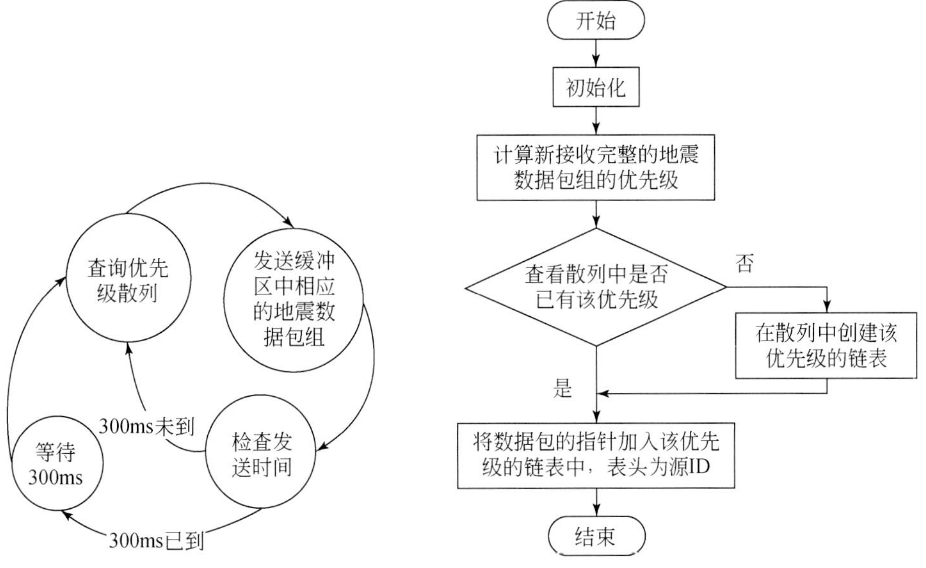

图 3.23　数据回收时采集站状态机　　图 3.24　优先级散列更新程序流程图

3.2　野外现场监控系统

野外现场监控系统作为无缆遥测地震数据采集系统野外施工勘探的控制中心，承担着数据管理，排列管理、数据处理、图形报表、系统调试、任务管理和公用服务管理等工作。该系统可布置在野外车载服务器系统，作为现场施工管理使用。

3.2.1　系统体系结构

野外现场监控系统由 3 个部分组成，包括上位机，网络和分布式无缆遥测地震仪，网络体系结构如图 3.25 所示。上位机由客户端、服务器和数据库组成。客户端根据应用领域和面向用户的不同，可以是图形工作站、笔记本电脑、平板电脑和智能手机等不同选择。服务器主要提供地震勘探数据处理和管理系统的运行环境，响应客户端的请求，并处理与数据库的交互。客户端通过有线或无线网络访问服务器，数据库可以构建在与系统相同的服务器上，也可以部署在单独的数据管理服务器上，通过网络供服务器访问。

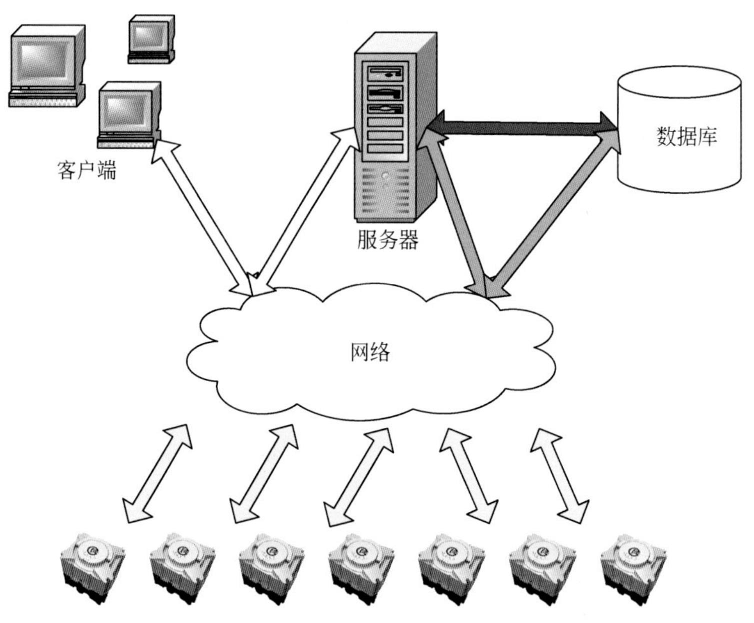

图 3.25　野外现场监控系统网络体系结构图

系统在逻辑上可以划分为 3 层架构：表示层、业务逻辑层和数据访问层。表示层主要负责与用户的交互，表示层主要采用两种方式：PC 端应用程序方式和移动终端应用程序方式。移动终端应用主要用于分布式无缆遥测地震仪调试和业务施工现场监控，并保持与 PC 端应用和服务器数据管理系统交互。业务逻辑层主要集中在业务规则的制定、业务流程的实现等与业务需求有关的系统设计，包括以下几个主要功能模块：数据管理，排列管理、数据处理、图形报表、系统调试、任务管理和公用服务管理等。数据访问层主要负责数据库的访问，可以访问数据库系统、文本及各种形式的文档资料。每层之间通过对应的访问代理连接。系统架构如图 3.26 所示。

3.2.2　系统业务功能模块

按照软件业务功能划分为数据管理，排列管理、数据处理、图形报表、系统调试、任务管理和公用服务管理 7 个功能模块。另外为了使系统更好地满足用户的需求，我们提供了便捷的移动智能终端访问方式和更为人性化的具备触控功能的 GUI 应用以及丰富的图形报表功能。

1. 数据管理

根据设计的数据库结构，高效存储和管理各类数据，包括：地震数据、自检数据、GPS 数据（及解算数据）、日志数据、调试数据和系统文件数据。提供数据的各种维护操作，包括：增删查改及各种条件检索。按数据备份恢复策略进行定期备份，保证数据安全。数据传输时，对于不完整的数据文件，若有完整文件头，则根据文件头中的

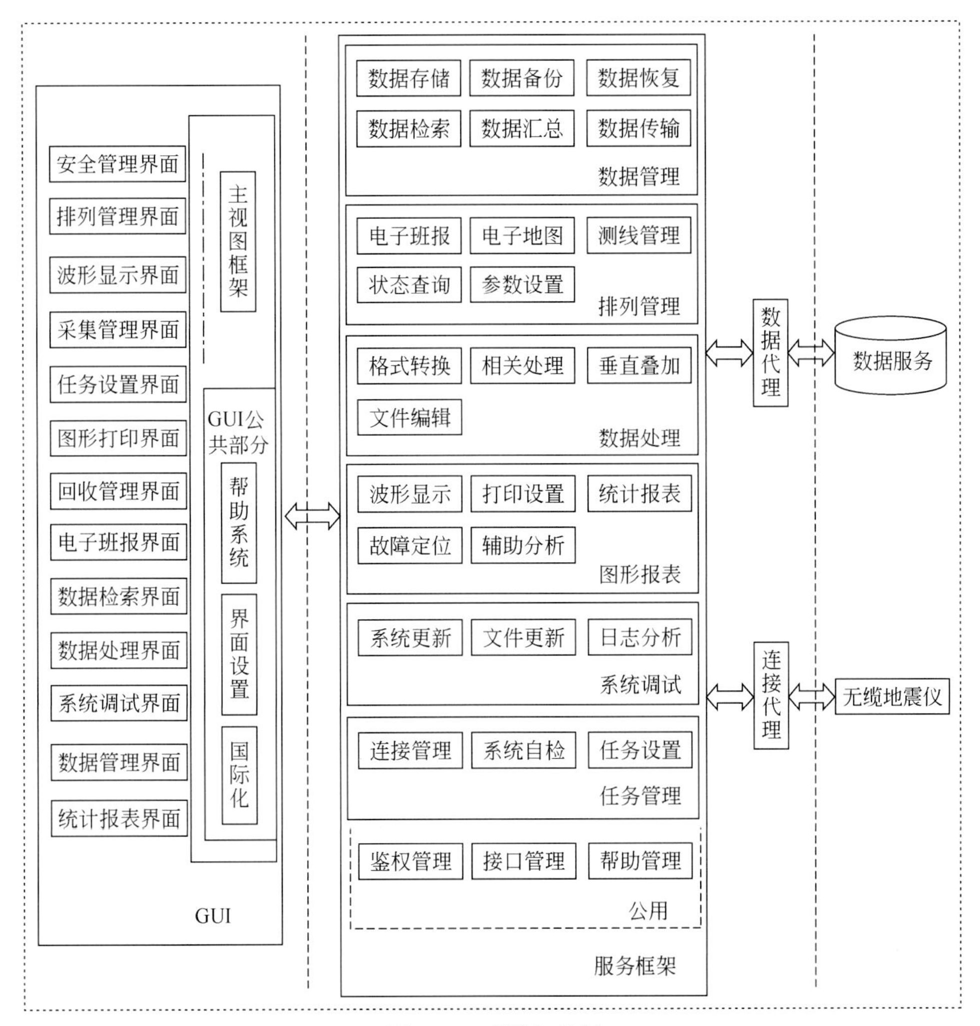

图3.26　系统架构图

采样长度和道数填充0；否则，丢弃。作为数据代理，所有与数据库的交互都需要通过该代理完成，定义与其他需要数据操作的模块之间的接口。提供数据回收策略的制定，并且支持高效的数据下载及数据删除功能。

1）数据传输

（1）设置数据回收策略：

所有站的回收条件都是一样的。对于已回收的地震、GPS和日志文件，会在数据库中标记，重复回收是自动跳过，不影响速度。

①对于GPS文件，检验其文件名，获取文件名标识的时刻。回收选择时段内的所有GPS文件。

②任务文件会根据每台地震仪采集的进行而变化内容，此变化作为后期调查任务完成情况的依据，所以任务文件也需要回收。以天为单位，回收并保存任务文件，当天的任务文件重复回收只保留最后的版本。

③对于地震文件，提供回收条件供用户设定。

④按时段回收；时间值设定为：年月日时分秒。地震文件的文件名标识时间在时间段内时，回收；否则不回收。

⑤全部回收；回收全部地震数据文件。

⑥只回收有效数据；根据记录的电子班报，定位触发位置，只回收有效数据。

⑦对于日志文件，根据所选的时段回收。

（2）数据下载。

调用连接管理的FTP客户端，从连接的地震仪中下载数据，并保存至数据库中。

（3）数据删除。

提供数据删除功能：按用户设定的时段删除，删除该时段内所有地震仪中全部类型的文件。提供全部删除（格式化）功能。

（4）异常处理。

对于长度不足512字节的文件以及文件头信息不完整或无法正确解析的文件设定为坏文件，回收时直接丢弃；对于文件头信息完整，但数据不完整，并且非损坏的文件，回收已有部分，其余数据按长度补0。

（5）数据传输效率。

分布式无缆遥测地震仪采用集中数据回收的方式，数据量较大，数据传输效率的高低直接决定系统的实用性能。

2）数据存储

地震仪中记录的地震数据、GPS数据、日志数据和系统文件数据按不同的分块规则存储。

3）数据备份和数据恢复

数据回收时，地震仪与控制主机的连接依赖于数据回收箱，回收箱根据堆叠个数的不同可以提供数百台的地震仪同时连接，但当参与野外勘探的地震仪的数目超过回收箱的连接数时，为保证系统的工作效率，可行的方案是多台主机通过多台回收箱并行工作，此时地震数据分布于不同主机中，可将其汇总中数据服务器中，也可以采用分布式方式进行数据处理。分布式处理的缺点在于每台主机均需定期备份，并且存在很大的数据安全风险。集中式的方式是设置一台数据服务器，各主机与数据服务器间通过高速网络连接，各主机负责数据回收，然后将数据汇总至数据服务器中，汇总时需按严格的逻辑进行判别控制，此模式下，数据备份定期在数据服务器中进行。数据处理和分析时，各主机可依据自己的数据进行，也可以连接至数据服务器，分析整体数据，同时也支持从数据服务器中下载所需的数据，供单机分析。

4）数据检索

根据数据库中所记录的各种数据特征信息，提供方便、灵活的数据检索方式：

①按数据类型；

②按时段；

③按完整性；

④按故障情况；

⑤按位置；

⑥按分组。

可以按多种数据检索的策略，提供全方位的数据遍历和定位服务。

5）数据汇总

对于地震仪不集中取回，而数据需要定时分析的工况，移动终端的数据回收以及服务器端的数据汇总就发挥其作用了。在空旷地区或者复杂山地，地震仪往往布置在不易靠近的地方，或者为保证其安全性，会将相关设备都埋置在地下，此时可以通过手持智能终端，在每台地震仪 AD-HOC 网络的覆盖范围内，将其采集的数据取回。汇总阶段，与主服务器交互，获取汇总路径，主动上传符合条件的数据，上传结束时，由主服务器根据存储管理策略，重新分配数据文件的存储位置，并且进行各数据特征的提取，统一管理和组织，实现数据的汇总。

6）数据代理

提供统一的数据库访问接口，将所有与数据库交互的操作完全封装，使开发人员专注于业务逻辑的设计与开发，并且使系统在多种数据库管理系统间平滑过渡，同时也将数据库结构扩展和变更的影响降至最小。

2. 排列管理

直观体现各地震仪状态，排列相对位置情况，测线归属，实验进度等信息。

1）电子班报

对于野外施工，班报记录了整个观测系统的坐标信息，其作用至关重要。常规的地震勘探，在施工开始前，都会有专业人员利用几天时间在施工现场实地测量，然后按施工设计，在标志性的间隔位置设立标识桩，桩的标号与该点经纬度坐标精确对应。布站时可沿着桩的位置和间隔直线摆放。但对于分布式无缆遥测地震仪，其优势就是内部集成了高精度 GPS，从而省去了测量的时间和消耗的人力物力。实际施工过程中，会有施工人员定期在测线上查站，然后手工记录站号和站序，电子班报中编辑了这些站序，这也是后期同步截取单炮记录的重要依据。但人为的记录失误在所难免，即便分成若干小组，只管理很少的站，也难免有错记、漏记等混乱的情况，那么系统自动生成的准确的站序和排列信息是建立电子班报最可靠的途径。分布式无缆遥测地震仪中记录了采集过程中详尽的 GPS 位置信息，基于该信息，可以有效地获取各站在各时刻对应的经度、纬度和高程数据，同时支持东坐标、北坐标等不同参照。GPS 位置信息又分为两种，分别对应不同的应用。若面对电子班报中站序的排列，则可提取快速定位信息，其定位精度在米级，5m 的距离可分辨；对于后期精确的地震数据处理，这种级别的精度就会导致处理结果的偏差，所以可以对完整的 GPS 数据文件进行解算，以获取厘米级别的位置信息。

2）电子地图

电子地图主要是依据各地震仪的位置信息，计算其相对位置信息，在图形化视图中显示，直观地体现地震仪的排布信息，帮助使用者掌握测线施工的整体信息，及时做出战略调整。同时，跟踪各测线的施工进度，并通过各地震仪控件的参数设置调整其测线归属。在数据回收阶段，电子地图显示的是所有网络中连接的地震仪信息，按站号顺序排列，如图 3. 27 所示。

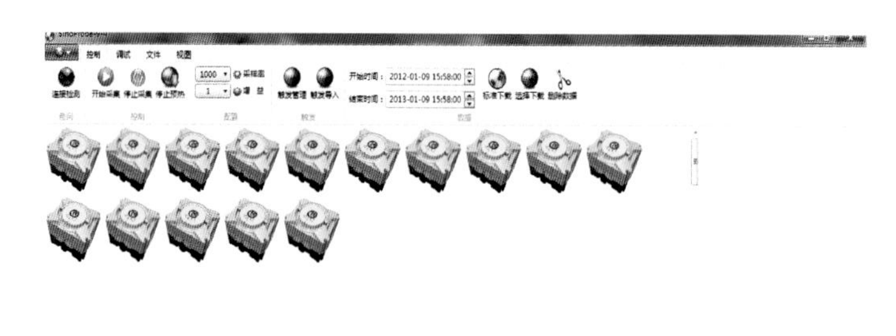

图 3. 27　排列管理

3）测线管理

实时监控的工况下，在电子地图中依据实时获取的各地震仪的经纬度信息，换算成相对坐标显示，初始状态下，所有地震仪都在一条缺省测线上，用户可根据实际施工需要调整各地震仪的测线归属。同时，测线管理视图中还标识了炮点信息和更为详细的道信息，包括当前炮点、起始接收道、偏移距、激活道数以及滚道提示，实现施工控制。并且实时检测测线上的噪声信息，当噪声较大时，不易放炮；在噪声水平处在合理范围时，提示允许放炮。

4）状态查询

排列管理视图中，地震仪以图形化控件的形式显示，控件可表示当前激活状态、工作状态、电池电量以及操作状态等信息。选择某台地震仪时，可在属性视图中显示更为详细的属性信息，包括分布式无缆遥测地震仪的站名、电池电量、无线信号强弱、工作状态、采样的道数、通道测试状态、GPS 硬件状态、AD 硬件状态、检波器状态、采样率、增益、经度、纬度、高程、GPS 星的个数、存储空间使用情况、驱动版本号、通讯版本号和采集版本号等。

原始图标编号颜色为黑色；命令执行成功时，地震仪图标编号变为绿色；命令执行失败或发生异常时，地震仪图标编号为红色。全部地震仪执行完毕后，提示处理结果，成功或失败及异常详情。

5）参数设置

支持电子地图上对于地震仪属性的设置，包括增益、采样率和 GPS 时长等信息，对于断电再开机的地震仪，记忆上次设置的参数。

3. 数据处理

1）格式转换

提供多种常用地震数据格式（包括 RAW、SEG-2 和 SEG-Y）的解析及相互转换。

2）相关处理

对于采用可控震源的施工，在获取触发信息的同时，可以采集可控震源的原始振动信号，以此作为参考信号，参考信号和测线上激活道中所记录的信号的互相关处理可以更为有效地压制噪声，揭示更细致的振动信息。对于采用炸药等无法直接获取参考信号的施工，可以在震源附近埋置地震检波器，以此作为参考信号进行相关处理。

3）垂直叠加

地震数据的处理过程还包括滤波和叠加，其根本目的都是为了进一步压制噪声，同一观测系统的多次振动记录的垂直叠加是常用的地震勘探手段。

4）文件编辑

后期数据处理与数据交流的时候，经常需要对已有文件进行微调，其中比较常用的就是在已有的数据文件中：

①抽取指定的地震道。

②重组道排列顺序。

③将同类数据文件横向或纵向拼接。

4. 图形报表

1）波形显示

如图 3.28 所示，显示地震数据波形，横轴为道号，每 4 道显示一个数字；纵轴为时间（可以是相对时间（任何情况下都从 0 开始）也可以是绝对时间（如果 RAW 文件或 SEG 文件中包含其实点的绝对之间信息）），时间的最小单位是毫秒。支持伸缩和平移。

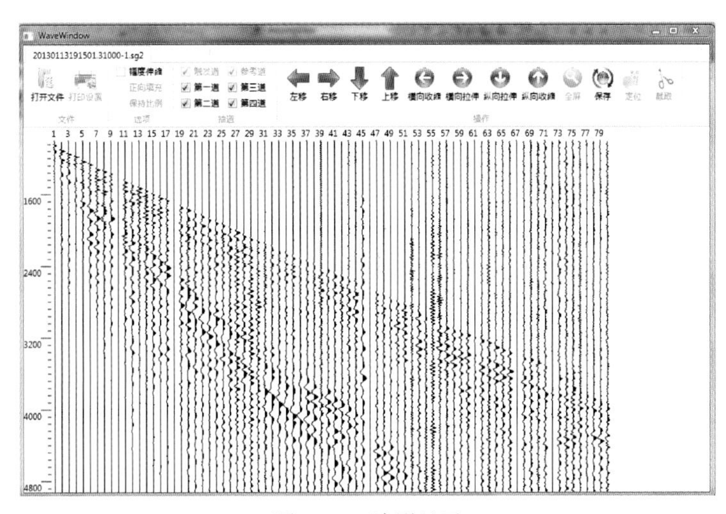

图 3.28　波形显示

2）打印设置

增加对大幅面波形打印的需求，打印设置包括对头信息和波形的参数配置。

3）统计报表

对于可识别实验数据文件，显示数据图形。

对于可识别图像文件，显示数据图像。

对于可识别文本文件，显示文本信息。

支持图像、文本及报表的打印。

4）故障定位

（1）连接故障定位。

①连接检测时判断哪台地震仪未正常连接。

②交互过程中定位任何异常的连接失效。

（2）自检故障定位。

①自检时反馈失败信息，提示用户自检故障。

②回收并显示自检数据，计算各自检类型警戒阈值，若超出则提示。

（3）记录故障定位。

通过报表分析，按任务、时段或其它检索条件统计数据文件不完整或日志中包含故障信息的地震仪，协助用户准确定位并排除故障，也为后期设计采集任务提供依据。

5）辅助分析

需要满足基本处理流程，并提供对文件操作及信息显示的支持，同时应用辅助显示功能以方便用户查看和管理数据。

①属性信息显示。在右键上下文菜单中增加显示采样率、采样长度、起始时间、道数等信息显示的选项。

②鼠标信息显示。当鼠标进入波形区域时，显示该位置的幅值（实际值或换算值）和时间信息（绝对时间或相对时间（同纵轴））。

③日志信息显示：地震仪执行采集任务时生成 asdlog 日志文件。当全部任务执行完毕或关机时，日志记录结束。需注意的是，地震仪中嵌入的 LINUX 系统默认每记录 30s 自动存储，所以当关机时或意外断电时，可能会遗失最后 30s 的日志信息。在图形显示的视图中，在右键上下文菜单中，添加日志查看选项，提供日志文件的文本显示。

①显示模式：单纯波形曲线或正向填充。

②时间定位：设定起始时间，快速定位至该点。

③采样点定位：设定起始采样点，快速定位至该点。

④局部放大：将鼠标拖拽的区域放大。

5. 系统调试

供管理员使用的用于设备开发期间调试、设备使用期间的升级维护以及设备故障期间分析对比的功能模块。

1）系统更新

对于支撑地震仪运行的基本系统文件包括驱动，均可通过系统更新模块，快速便捷地进行替换更新，支持地震仪的重启和关机操作以及更新失败的初始状态恢复。

2）文件更新

对于异常的地震数据文件或者实验室调试阶段需要放置在地震仪中的测试数据，可以通过文件更新模块进行上传和替换，提供图形化的文件更新操作。

3）日志分析

日志文件对整个系统有着不可或缺的重要意义。同步日志中包含时钟同步信息，是地震数据同步，获取单炮记录的重要依据；系统运行日志包含了系统从启动到关机所有环节的工作信息，可根据里面记录的参数和异常及故障提示获取关键信息；触发日志存在于触发站中，记录了炮点的触发时刻及各种参数数据。

6. 任务管理

1）连接管理

负责管理网络连接；提供 UDP 数据包的收发；提供 FTP 客户端，供上传和下载。

（1）连接检测：返回 IP 和 SN，SN 用于唯一识别地震仪。

地震仪的有线网络 IP 地址和无线网络 IP 地址与 SN 号绑定，设置于两个不同的 B 类网段中。

每次连接检测，上位机主动发起扫描，在整个网段中 UDP 广播，对于已连接的地震仪，形成地震仪组的 IP 及 SN 列表（供排列管理使用）。扫描开始后，设定 0.5s ~ 5s 超时，达到超时则终止连接监测操作，返回正常状态；扫描期间禁止其他网络相关操作。对于已网络连接但没有查找到的地震仪，则由用户手动检查其是否正确连接或是否存在故障。

当连接检测完毕后，可预连接一定数量的 FTP，以节省下载时频繁的连接、关闭等操作时间；同时开启预定数目的 FTP 连接线程数，以保证最大的网络和系统资源利用率。

（2）连接控制：

①广播 UDP 数据包；

②接收 UDP 数据包；

③启动 FTP 客户端；

④FTP 下载文件；

⑤FTP 上传文件；

⑥FTP 断点续传；

⑦维护连接列表；

⑧多线程下载；

⑨线程控制。

2）系统自检

系统初始化功能可根据后期需求适当调整（增删改），在用户界面中提供用户选项，可执行全部初始化任务或者其中某些任务。

地震仪自检：为检测地震仪数据采集部分是否正常工作，需要对地震仪进行自检。具体工作流程为：首先由上位机下发自检命令，地震仪返回收到命令数据包。地震仪执行完自检操作后，反馈自检结果数据包。若自检成功则由上位机启动 FTP 客户端，连接地震仪，下载自检文件（geop. bin，ISOI. bin，ISOII. bin，sin. bin，noise. bin，有可能增加共模自检）供存储和显示（按自检类别显示波形。显示前需要计算各警戒阈值，若超过阈值，则红色显示该站波形）；若自检失败，则提示。FTP 支持断点续传。下载失败时也提示用户。

回收成功后，触发对于自检信息的解析、计算与显示。自检信息包含 4 道，每道 2048 个采样点。每个自检文件都包含正常 512 字节 RAW 文件头。

每种自检数据都设定一个警戒阈值，当计算结果超过该阈值时，提示用户。

命令执行期间，不接受其他命令的请求：收到全部命令反馈结果或超时之前，不允许任何命令下发及数据下载的操作；在执行 FTP 下载时，也禁止其他任何与地震仪交互的操作。

下载自检数据前，为保证地震仪完整写入文件，需适当延时。

采用分组的方式进行自检信息显示，对于这 5 类数据，按每次选定的类别，将所连接的地震仪所有 4 道信息显示在一起，并根据横轴坐标区分信息归属。同时，支持鼠标显示性能参数值：当鼠标进入某道（或站）的区域时，显示该道（或站）的性能参数值。若超过阈值，则红色显示该站波形。

3）任务设置

上位机为每个地震仪设定的任务都是完全一致的。每个地震仪的 ID 都是唯一确定的，并且是固定的。根据其 SN 是否可以判断其 IP。

仪器在出野外或者实验之前都要进行参数设置，主要包括采集模式、采集率设置、GPS 设置等。对于各种时间参数的设定，初始值采用系统当前时间的年月日时，分和秒采用 00：00。对于增益、采样率和 GPS 时长，以及事件触发条件、任务时长、间隔等设定，记录上次设定的历史值。

7. 公用服务管理

提供支撑系统运作的基础公共服务。

1）鉴权管理

负责管理权限设置，根据权限识别用户等级，指派相应模块处理用户请求。通过匹配用户名和密码的方式分辨用户权限。对于普通用户支持用户的注册、登录、注销、信息修改；对于系统管理员，支持对用户权限的分配、修改和删除用户。

2）接口管理

（1）内部接口。

①提供统一的客户端至服务器的访问接口，适应各类客户端的并发请求，自动分配功能模块处理。

②提供统一的数据库访问接口，封装了不同数据库的差异，在不同数据库间平滑过度，支持更为方便的数据操作方式。

（2）外部接口。

①提供统一分布式无缆遥测地震仪访问接口。

②提供绘图仪接口。

3）帮助管理

提供系统使用帮助、实验设备帮助和实验方法流程帮助等。

所有用户均有权限查看帮助信息；系统管理员具有更新帮助信息的权限。

（1）帮助信息显示。

提供文本及图形图像方式，也可采用音频及视频方式对系统操作和各实验相关信息进行提示。支持分类显示和自定义查询。

（2）帮助信息更新。

提供更新接口，支持系统管理员权限更新，包括文本及多媒体信息更新。

3.2.3　手持移动终端控制系统

作为大道距或应用于长期观测的野外施工控制系统的组成部分——手持移动控制终端在实际野外施工中承担了野外现场分布式无缆遥测地震仪监控的主要任务。

WiFi、蜂窝网络、卫星网络等技术的集成解决了分布式无缆遥测地震仪系统无法现场监测地震勘探数据质量的问题，也为基于便携式手持终端设备进行地震仪状态监测、数据回放等需求提供了便捷的技术手段。勘探施工过程中，手持设备是中心控制主机的一种有效的辅助设备，用以帮助施工人员和技术人员在现场进行监测和处理，所以应力求简单、轻便，更为重要的是易于获取。智能手机和运行智能操作系统的平板电脑的逐渐普及，提供了一个良好的公用平台，为监控应用的开发提供了有力的支撑。智能移动终端和无线网络的配合，有效地将显示控制部分从系统中分离出来，并且提供了一种方便、快捷的数据获取和访问控制途径。

3.2.3.1　应用领域

（1）作为地震仪开发阶段室内调试辅助设备，协助开发人员更好地掌握地震仪状态和工作方式。

（2）检测检波器、线缆等器件质量。利用DEMO实时采集数据的图形化显示，能够获取当前通道的状态，从而检测通道中检波器及线缆等器件质量。

（3）在野外工作现场，方便工作人员获取地震仪工作信息，对地震仪进行控制操作。

3.2.3.2　功能描述

（1）监测分布式无缆遥测地震仪电池电量、工作状态、当前时间，无线信号强弱、采样率、增益、经度、纬度、高程等信息。

（2）对分布式无缆遥测地震仪进行控制，实现采集、关机、重启等操作。

（3）实现任务文件的上传及地震数据文件的下载。

（4）实现文件的构建、存储和解析，进行地震数据处理。

（5）实现图形化数据辅助分析功能，波形图显示采集得到的地震数据以及Demo模式下分布式无缆遥测地震仪上报数据；饼图显示分布式无缆遥测地震仪存储空间使用情况。实现对地震数据波形图的缩放、拖拽等手势操作。

（6）实时观测，Demo 模式下图形化显示地震仪实时采集数据。

（7）触发编辑、分发。下载触发站内触发文件，获取触发信息并以列表的形式展示给用户，用户可以对列表中触发时长进行编辑，同时可以将编辑完成的列表保存为文件并以邮件形式发送。

（8）时窗编辑，用户可以通过对时窗进行编辑，设定地震仪不同的工作模式，同时能够达到节能目的。

（9）地震事件监测，手持终端监听地震事件端口，当某个事件发生超出了设定阈值范围，则认为有事件发生，提醒用户。

（10）分布式无缆遥测地震仪自动扫描定位系统。提示用户当前是否加入地震仪网络，若加入网络则自动重复广播命令以获取网络中地震仪信息，帮助用户定位地震仪，获取地震仪工作信息。非常适用于地震仪埋在地下等不可见情况。

3.2.3.3 系统软件设计

IOS 数据监控系统包括 3 个主要功能模块：交互控制模块、数据管理模块和图形化显示模块，各模块之间相互配合，与视图控制器协同工作，系统框图如图 3.29 所示。

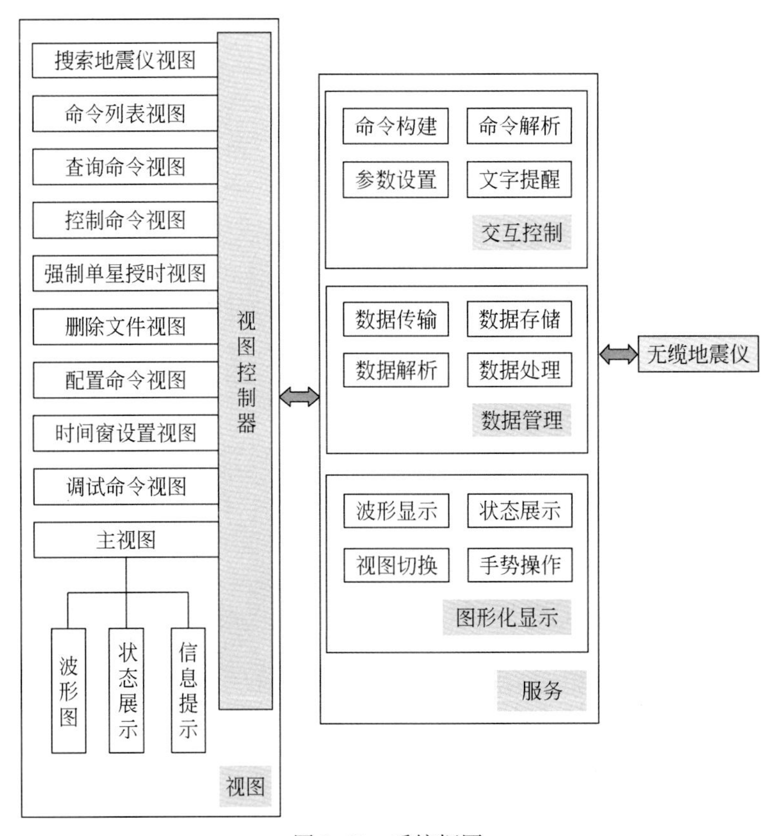

图 3.29　系统框图

交互控制模块主要用来获取分布式无缆遥测地震仪的状态信息（如查询状态命令），对分布式无缆遥测地震仪进行控制（如开始采集命令）以及配置分布式无缆遥测地震仪参数（如配置采样率命令）。首先，确定 IOS 数据监控系统与分布式无缆遥测地震仪的 IP 地址和通信端口，在充分考虑由于网络不稳或其他外在因素导致丢包等状况的基础上，制定严密的接口规范。IOS 数据监控系统命令构建和命令解析完全按照制定的接口规范进行，一些命令在构建时需要用户进行参数设置（如删除文件命令）。命令交互成功或失败都会对用户进行文字提醒，命令交互成功后会在主视图中显示命令交互成功提示，命令交互失败有很多种原因：命令交互未在规定时间内完成提醒用户超时；命令交互冲突时分布式无缆遥测地震仪会拒绝执行该命令，IOS 数据监控系统解析拒绝原因并显示给用户；命令交互时分布式无缆遥测地震仪返回结果校验失败，提示用户失败的具体原因。

数据管理模块用来管理 IOS 数据监控系统与分布式无缆遥测地震仪间的数据信息，包括数据传输、数据存储、数据解析和数据处理。数据传输指 IOS 数据监控系统与分布式无缆遥测地震仪间地震数据文件下载和任务文件上传过程中数据的传输，数据传输基于 FTP 协议实现。IOS 数据监控系统下载地震数据文件时，将数据按与分布式无缆遥测地震仪中数据文件相同的格式存储，生成任务文件时，将数据存储为 TXT 格式文件，都保存在 IOS 数据监控系统指定目录下。对于下载的地震数据文件，进行数据解析后，将解析得到的数据进行数据处理，如进行归一化。

图形化显示模块以图标和文字形式展示分布式无缆遥测地震仪的状态信息，如分布式无缆遥测地震仪的电池电量、无线信号强弱等。对于数据管理模块中数据处理后的地震数据，以采样点的值为横坐标，地震数据幅值为纵坐标绘制成波形图，同时，波形图支持各种手势操作，如缩放、拖拽、双击全屏，在对波形图进行手势操作时，横坐标采样点的值会随之变化。

视图控制器中展示了各类视图，包括搜索地震仪视图、命令列表视图、查询命令视图、控制命令视图、强制单星授时视图、删除文件视图、配置命令视图、时间窗设置视图、调试命令视图和主视图，其中主视图主要包括波形图、状态展示和信息提示，各视图间切换通过导航控制器实现，导航控制器使各视图层次分明，能够高效地展示各视图内容，方便用户浏览。

交互控制模块、数据管理模块和图形化显示模块相互配合，与视图控制器协同工作，实现了对分布式无缆遥测地震仪的状态查询、命令控制、任务设置、故障定位等操作，同时，提供地震数据回收功能，方便用户实时监控。

3.2.3.4　图形化显示

实现分布式无缆遥测地震仪状态的图形化展示、数据信息的图形化辅助分析，进行视图间切换。

1）状态展示

需要展示的分布式无缆遥测地震仪状态信息主要包括分布式无缆遥测地震仪的站

名、电池电量、无线信号强弱、工作状态、采样道数、通道测试状态、GPS 硬件状态、AD 硬件状态，检波器状态、采样率、增益、经度、纬度、高程、GPS 星的个数以及当前时间等。对于其存储空间、数据类型及资源分布等信息，可采用空间饼图的形式表示，利用空间饼图将分布式无缆遥测地震仪存储空间使用情况直观地表现出来，增强界面美观性。分布式无缆遥测地震仪状态的图形化展示如图 3. 30 所示。

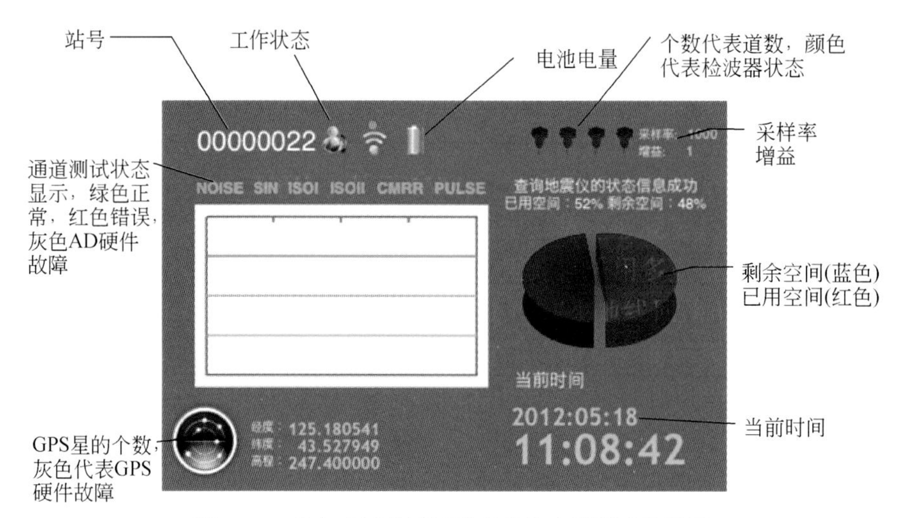

图 3. 30　分布式无缆遥测地震仪状态的图形化展示

2）图形化辅助分析

图形化辅助分析包括地震数据的图形化辅助分析和 Demo 模式下图形化显示。

（1）地震数据的图形化辅助分析：

地震数据的图形化辅助分析主要以波形图的形式呈现，通过对 FTP 下载得到的地震数据文件进行解析，得到地震相关数据，依据数据处理逻辑进行数据处理后，以采样点的值为横坐标，地震数据幅值为纵坐标，将地震数据绘制成波形图。

波形图支持各种手势操作，如缩放、拖拽、双击全屏，当进行手势操作时，横坐标采样点的值会随之变化。同时，通过点击不同按键，可以实现不同地震数据文件波形图的切换。

（2）Demo 模式下图形化显示：

Demo 模式下的图形化显示是当分布式无缆遥测地震仪处于 Demo 模式下，会定时向 IOS 数据监控系统上报数据信息，IOS 数据监控系统通过解析数据信息并按照一定数据处理逻辑将其绘制成波形图。Demo 模式下图形化显示如图 3. 31 所示。

3）时窗设置

用户在配置命令下的时间窗视图中可对时间窗列表进行编辑，如图 3. 32 所示。编辑时间窗列表有两种方式，即单个添加任务和批量生成任务。单个添加任务方式需考虑开始时间、结束时间、采样率和增益 4 个因素，要求开始时间小于结束时间。批量生成任务需考虑开始时间、结束时间、采样率、增益、任务时长和任务间隔 6 个因素，批量生成任务中，按任务时长和任务间隔分割从开始时间到结束时间的时间段，生成

00000028
采样率：1000
增益：1
NOISE SIN ISOI ISOII CMRR PULSE
开启DEMO模式成功
已用空间：27% 剩余空间：73%
当前时间
2012:06:02
11:25:43
经度：125.180582
纬度：43.527913
高程：255.300000

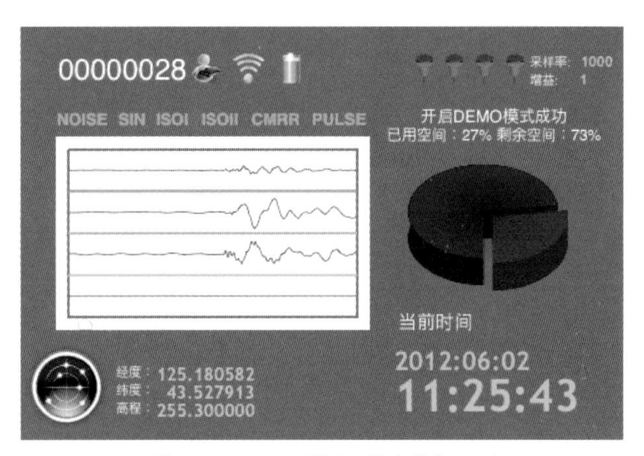

图 3.31　Demo 模式下图形化显示

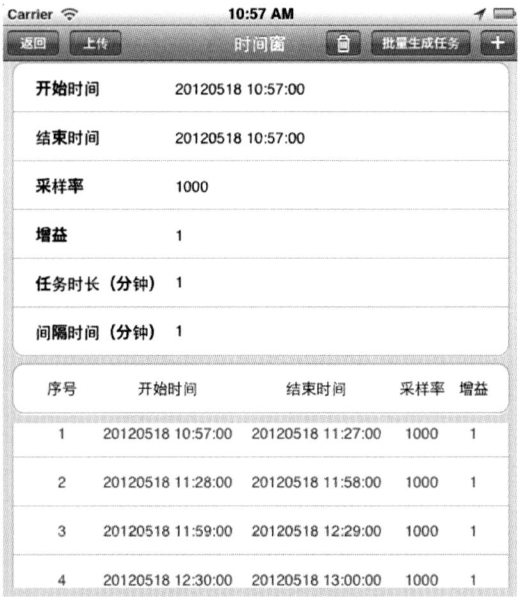

Carrier
10:57 AM
返回
上传
时间窗
批量生成任务
+
开始时间　20120518 10:57:00
结束时间　20120518 10:57:00
采样率　1000
增益　1
任务时长（分钟）　1
间隔时间（分钟）　1
序号　开始时间　结束时间　采样率　增益
1　20120518 10:57:00　20120518 11:27:00　1000　1
2　20120518 11:28:00　20120518 11:58:00　1000　1
3　20120518 11:59:00　20120518 12:29:00　1000　1
4　20120518 12:30:00　20120518 13:00:00　1000　1

图 3.32　时间窗视图

多个任务，要求任务时长和任务间隔都不小于 1min，开始时间小于结束时间。

编辑时间窗列表时，单个添加任务和批量生成任务可同时进行，要求任务间不可冲突，即各任务开始时间和结束时间不能重叠，时间窗列表按时间先后顺序排列。对生成的时间窗列表中任一项任务可进行删除操作。

3.3　海量数据存储及回收技术

长期观测是分布式无缆遥测地震仪的优势，但长期的记录意味着存储更大的数据量。以 2kHz 采样率为例，连续采集 72h，则单站数据量可达 8GB。若单条测线上

500台地震仪同时施工，则总的数据量将达到4TB。若施工任务包含多条测线，则数据量会进一步成倍数扩张。兴城野外实验中，共设置5条测线，最长测线使用400台地震仪，最短测线使用200台地震仪，采集时间从24h到72h。5条测线总的数据量达到10TB。因此，在野外实验时，面临的最大压力是在整个勘探周期稳定、可靠地记录所有数据，在有限的时间内回收完所有的数据，并且在安全的期限内，实现数据的完全备份。面对海量数据，存取容量、存取速度以及网络数据传输速率是至关重要的性能指标。

3.3.1 海量数据存储技术

对于海量数据的存储包括地震仪端大数据量长时记录和上位机端所有地震勘探相关数据的海量存储管理。

3.3.1.1 大数据量长时记录

分布式无缆遥测地震仪由于没有电缆线，地震数据不能实时传输至主控站，需要一个海量数据存储设备存储地震勘探数据。由于数据采集频繁、文件数目多、数据量大，如何进行高效的存储管理，严格保证数据存储的可靠性，成为系统是否可行的关键。

（1）存储容量。分布式无缆遥测地震仪选用大于8GB的CF卡，以8GB存储容量计算，单站单次任务可以记录的最长样点数为7.15×10^{8}点，若采用1kHz采样率，可连续记录198h（8天）。分布式无缆遥测地震仪支持最大64GB的CF存储卡，提供了更为充足的存储空间。

（2）数据分块。分布式无缆遥测地震仪的优势在于长时记录，地震仪端会记录大量的数据，为保证数据的安全和可靠，尤其是意外断电时不丢失数据或尽量减少数据丢失的损失，可配置分布式无缆遥测地震仪按要求进行数据分块。其分块规则可依据文件大小进行分块，也可依据记录时长分块。

（3）无人值守。分布式无缆遥测地震仪提供两种适合长时记录的采集方式：直接记录和预设时窗记录。对于这两种方式，根据不同的配置和操作，提供长期的无人值守。为保障采集任务的持续稳定进行，存储空间可循环使用，当数据达到存储允许的最大容量时，不应停止采集工作，可自动覆盖已存储的最早的数据文件。

（4）存储结构。文件类型的多样性和分块的策略，导致了长时间记录会产生较多的文件数量，为保障存储的效率和遍历、检索及数据传输的效率，良好的文件目录存储结构是必须重视的核心问题。分布式无缆遥测地震仪支持按数据信息的类型划分目录，并且在每种类型中以具体的日期时段为依据细化。

（5）数据清理。分布式无缆遥测地震仪支持按时段、按类型等方式快速删除数据，以保障充裕的存储空间。

3.3.1.2　海量数据存储管理

分布式无缆遥测地震仪海量地震勘探数据存储管理系统的硬件计算平台需求和传统的高性能计算不同，传统的高性能计算注重尽量多的计算节点数以及各计算节点间共享交互的内存；而对于海量数据管理系统，更注重海量数据的存储、管理和分析。所以对于计算平台的需求就可以具体为达成数据中心的全线速、无阻塞、低延时的网络接入应用；为服务器及存储系统提供高速数据接入；保证业务高可用运行。

计算平台由数据中心和车载移动计算中心两部分组成。数据中心提供高速数据传输，承担海量地震数据联合处理和复杂图形显示。数据中心的拓扑架构如图 3.33 所示。整个数据中心的数据存储工作全部依赖于 SAN 架构的存在，利用 IBM SAN B24 交换机链接到 IBM DS5020 存储服器上，存储服务器外挂大容量扩展柜。4 台 3850×5 服务器分别安装双口的 HBA 卡，通过 RDAC/MPIO 链路到 SAN 交换机。DS5020 拥有持续高可用的两个存储控制器，在任意控制器失效、HBA 卡或者 FC 光纤链路失效时，可无缝切换到对等控制器、HBA 卡或者光纤链路上，有效保证业务高可用。利用 x3850x5 服务器的高效双口千兆以太网卡，链路到 IBM G8052 交换机，并绑定网口属性为负载均衡模式，即使某网口或者交换端口出现故障，亦可保持链路有效，并充分保证每一个采集节点快速、高效传送数据。

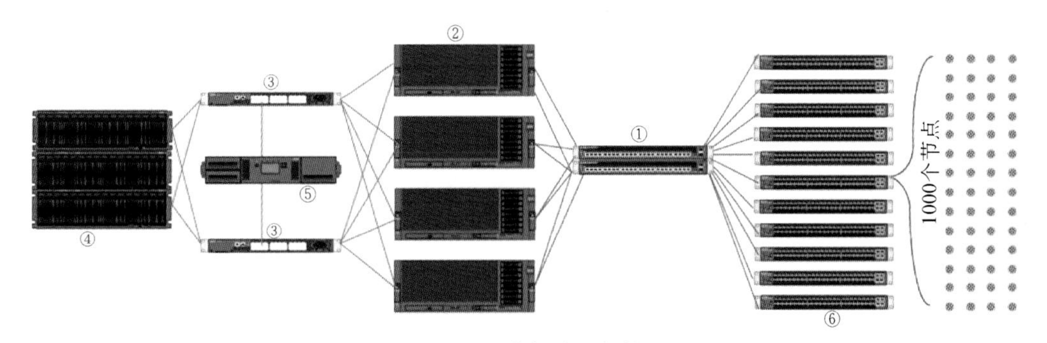

图 3.33　数据中心架构

车载移动计算中心的拓扑架构如图 3.34 所示。车载系统提供便捷、高效的野外现场车载移动地震数据回收——管理系统，快速搭建野外现场数据管理环境，可在工程车上直接工作，亦可将车载系统搬运至主控中心，快速建立移动中心环境。移动中心所有设备均采用双电源冗余设计，保证系统高可用。工程车上装备车载发电机，保证系统供电。配备车载 UPS，在车载发电机及外部供电突然中断时，保证系统安全持续工作，并可在无外部电力供应情况下，持续工作 2h，保证有效的施工任务。车载系统依据最小化型数据中心的特性，同样运用上链端口为万兆的 IBM G8052 交换机，提供了后期的网络扩展性。车载系统采用 IBM DS3512 磁盘阵列处理外采节点的数据，2 台 3650M4 服务器采用 8Gb FC HBA 直接链路到 DS3524 的双控制器上，为车载业务高可用提供有效保证。1 台 DELL R5500 图形工作站提供了野外现场高效图形显示、分析能力。

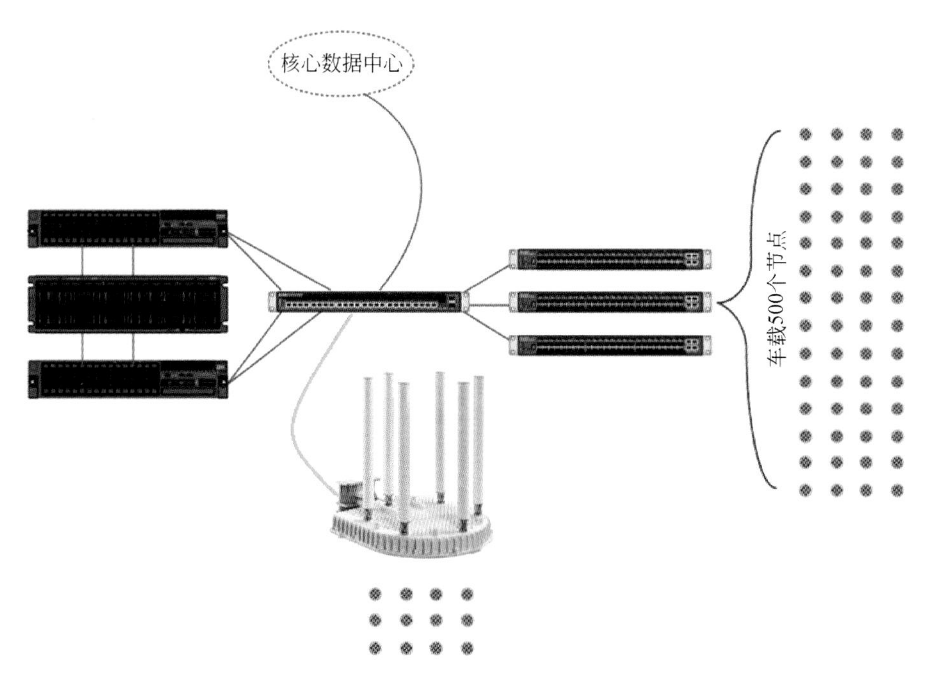

图 3.34　车载移动计算中心架构

容量充足的存储服务器采用存储局域网（SAN）架构，所有服务器或工作站在SAN中共享巨大的存储空间。存储功能的调控由操作系统和存储管理系统处理，但实际存储区的管理工作是由主控系统执行，这些存储区会以不同的方式向各服务器或工作站暴露访问接口，同时为了保证数据的高可用性，底层的存储管理系统会将数据分散复制在不同的存储区磁盘中。当数据被查询命令取出时，存储接口会由其中一台磁盘驱动器中取出数据，在回传到前端之前，数据会保存到缓存中以应对常用的数据访问；当数据被写入时，会写到缓存服务器中，并且写入指令与数据被分散至不同的存储区，以将数据并行写入到磁盘中保存，还可以利用存储区同步化的能力，将分散在不同存储区的数据进行更新，以保持数据的高可用性。

从保障数据安全的角度出发，数据的备份也是海量数据存储管理的核心问题。备份的第一原则就是冗余。系统在多个数据存储环节采用了冗余的设计，全方位保护数据的安全：

（1）移动存储，在传统的备份方式中被广泛采用，对于小量数据或支持USB3.0或者更快数据通道的情况下，可以采用多块移动硬盘对关键数据进行冗余备份。

（2）存储服务器，主要的数据存储容器，采用光纤通道，支持4Gbps或8Gbps的数据传输速率。车载系统中配备的SAN存储，共安装12块2TB SAS磁盘，其中10块组成Raid 5，另2块热备，共可提供近17TB的存储容量。但随着野外勘探的规模越来越大，勘探周期越来越长，参与施工任务的分布式无缆遥测地震仪越来越多，需存储的数据量也会飞速增长，因此，系统配置了备用的同型号存储。对于是选择扩展柜还是选择存储柜机头的问题，由于施工完毕后，会将所有数据汇集到数据中心，一方面可以应用高速以太网络汇集数据，另一方面也可以直接将存储接入到SAN 光纤交换机中，应用更快的速度汇集数据，并且，备用的存储也可直接放置在数据中心机柜中，作为数据中心的存储使用，选择完整的存储柜机头的方案无疑更加灵活和便利。

（3）磁带库，是数据中心定期数据备份的渠道。磁带库支持 LTO5，单盘容量 1.5TB，支持的压缩容量可达 3.0TB，并且写入速度达到了 140Mbps，也适合长期数据保存，同时磁带的价格比较低廉，是性价比非常高的备份方式。

（4）数据库管理服务器，对于 MySQL 数据库管理系统，采用 2 台服务器主从同步的方式，一台作为主服务器，后台自动同步到从服务器。在主服务器发生故障时自动切换至从服务器，此时从服务器成为新的主服务器，原主服务器修复故障后，可重新切换回，或者作为新的从服务器接入。并且，为缓解数据库读写的压力，该方案亦可将读写分离，主数据库服务器负责写，从服务器只负责读。

地震数据的传输、存储和备份是分布式无缆遥测地震仪的核心技术之一，其性能指标决定着整个系统的实际应用能力。分布式无缆遥测地震仪由于采集时间长，采样率高，所以存储的原始地震数据文件一般会比较大，并且当采用成百甚至上千台分布式无缆遥测地震仪同时进行长时间探测时，数据量会达到非常高的级别。另外，野外实验周期一般比较长，存储的数据量会快速增长，对于数据服务器存储和备份以及数据的网络传输等负荷的压力会非常大，因此，在现有的网络传输和数据存储及备份的条件下，比较有效的解决方案就是采用适当的压缩算法，快速、高效地对地震数据进行压缩，以有效降低数据的存储量和网络中的数据传输量。很多经典的数据压缩的算法可以应用于地震数据的压缩。尤其对于分布式无缆遥测地震仪记录的原始 RAW 文件，除去文件头，其数据可以表示成一个二进制数组成的二维矩阵，并且由于长期记录，所以记录的绝大多数数据都是背景噪声，压缩会达到比较理想的效果，采用的一些经典变换、量化和编码算法组合的压缩效果，可以不同程度满足地震数据压缩的要求。

3.3.2　海量数据回收技术

上位机与分布式无缆遥测地震仪通过回收箱（图 3.35）采用有线的方式进行连接或者通过 WiFi 以无线的方式交互。对于有线的连接方式，1 台回收箱可同时连接 20 台分布式无缆遥测地震仪，并支持回收箱的级联方式（图 3.36），以方便扩展更多的受控节点，并且在有线连接的状态下，高速数据通信的同时，回收箱也提供分布式无缆遥测地震仪的充电；对于无线方式，同时处于网络管理状态的分布式无缆遥测地震仪数目与无线基站的并发连接节点数和扩展程度密切相关。当分布式无缆遥测地震仪连接至上位机时，上位机可对其进行监控和数据回收；不论有无连接的情况，开机状态下分布式无缆遥测地震仪均会执行预先设定的采集任务。

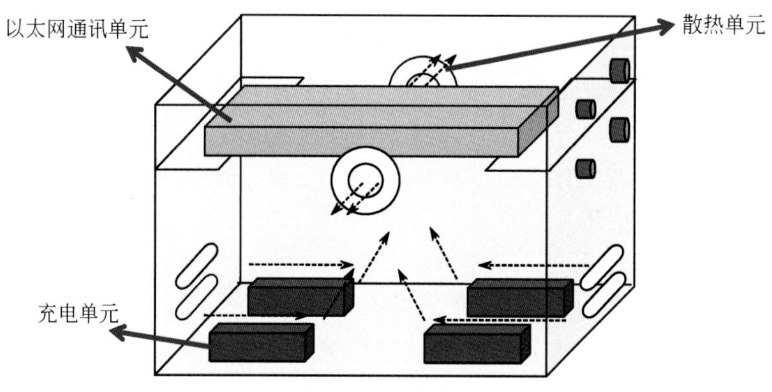

图 3.35　回收装置

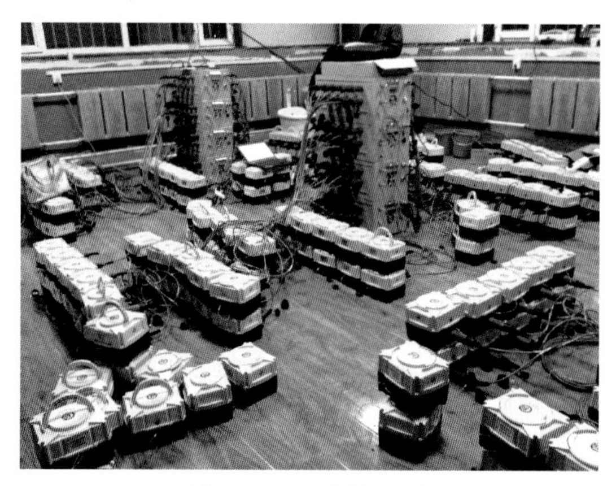
图 3.36　回收箱级联

3.3.2.1　基于高速网络的数据回收技术

上位机与分布式无缆遥测地震仪部署于高速网络架构的两端，通过回收箱采用有线的方式进行高速连接，也可通过 WiFi 以无线的方式交互。

完成测线的施工任务后，施工单位会将分布式无缆遥测地震仪汇总至数据管理室，连接回收箱，进行充电和数据回收。数据回收的目的是将地震仪中所存储的数据汇总至野外车载移动计算中心的存储中，并将各类数据的特征参数写入数据库，供后期的分析和处理。

分布式无缆遥测地震仪中存储的数据主要有地震数据，GPS 数据、日志数据和系统数据，回收过程中，会首先依据回收条件检索所有在线地震仪中符合的数据文件，形成对应的文件列表，然后并行下载。对于地震数据文件，下载过程中会判定其文件头信息，若不完整则直接丢弃；若完整，则获取其描述参数，对于不完整的数据文件补 0，然后将描述信息，连同文件存储路径一起记录入数据库。对于日志信息，下载完成后会对其进行详细解析，将关键参数记录入数据库中，尤其是同步信息。触发信息记录在触发日志中，其核心参数是触发时刻以及采样率。与触发站相同采样率的采集站中的数据为有效数据。在提取单炮记录时，会先设置查询条件，获取该测线中符合条件的触发记录，由于通过电信号连接以及人为的误操作情况，所以经常会出现误触发，那么就需要对触发信息进行编辑，排除误触发，并设置每炮的触发时长；然后导入站的排列顺序，站序可依据电子班报获取；对应排列中的各地震仪编号，到数据库中检索每条触发时刻对应的同步时刻，定位至对应的地震数据文件和采样点位置，再依据触发时长，获取该段数据，这些数据拼接在一起，形成最终的单炮记录。若需要进行相关处理，则以触发站中记录的参考道作为参考信号。

分布式无缆遥测地震仪采用集中数据回收的方式，数据量较大，数据传输效率的高低直接决定系统的实用性能。通过对以往数据的分析，采集的数据中 90% 以上为冗余的噪声信息，真正于震源激发相关的数据量不到十分之一，对于不同的应用领域，可以按不同的规则进行取舍，若背景噪声或微动信息非主要因素，则可采取直接定位至激发时刻的数据，并且在有限的网络中只传输有效数据，以此大幅提升系统的网络数据传输效率。以资源勘探为例，为获取触发时标，可在可控震源处依据 GPS 时钟和高精度时钟控制器记录并计算振动触发时标和振动时长，记录入电子班报，回收时，依据触发时标，快速定位至有效数据起始采样点，依据振动时长获取有效数据段，整个回收过程中，只回收有效数据，可节省大量的时间。后期时间充裕时，再全部回收。

地震仪中记录的地震数据、GPS 数据、日志数据和系统文件数据按不同的分块规则存储，但与最终的海量数据总和相比，均为零散的小数据。所以，相对于每次野外施工动辄数万、数十万甚至上百万的小数据文件个数，再加上不同操作系统文件分区格式对最大存储文件个数的要求，以及后期遍历和使用数据的性能考虑，对数据的存储管理就显得格外突出。对于地震数据来说，以最小分块 1min 考虑，1 天的文件分块数为 1440 块，服务器操作系统对于单目录结构，可以容纳这些文件数，考虑到读写性能和遍历时的效率，再多的文件数会造成较大的性能负担，所以按照类型、日期的方式分目录存储，在地震仪端和上位机端都是比较合理的结构和存储手段。另外，存储管理必须与数据的并发回收同步进行，以保证数据的完整性。也就是说，在数据回收过程中，对于每个下载完成的数据文件，都将被解析，提取相关的特征参数，然后存储入数据库对应类型的表中。

数据回收时，地震仪与控制主机的连接依赖于数据回收箱，回收箱根据堆叠个数的不同可以提供数百台的地震仪同时连接，为保证系统的工作效率，可行的方案是多台主机通过多台回收箱并行工作，此时地震数据分布于不同主机中，元数据集中在数据库服务器管理系统中，这种分布式的处理方式可显著提升数据传输、存储以及后期的管理、处理效率。

对于一些特殊情况，制定针对性的数据回收策略。当野外施工的测线比较长，达到上百公里甚至更长时，并且每天都有数据分析的需求，则必须每天在放炮结束后，将数据取回。对于如此长的测线和如此大规模的地震仪个数，每天对设备的铺设和取回无疑是非常巨大的工作量，并且其汇集到一起再分配的难度更是降低了该方案的可行性。为了实现这一任务安排，可以对地震仪和人员进行分组，每组负责固定的一段测线，负责固定的分布式无缆遥测地震仪，负责每天的取回和铺设。在完成当天的施工任务后，将本组的地震仪汇集到一起，用每组的上位机（可以是笔记本电脑、PC或工作站）进行数据回收。震源端的触发站管理员，利用移动终端，提取触发站中的精确的炮记录，进行编辑后，通过互联网分发至主控中心和各组，各分组直接在本地进行该组数据的分析处理。各分组再根据备份策略，将相关数据备份出来，在空闲时间汇集至主控中心的存储中，进行综合分析处理。

3.3.2.2　基于云管理平台的高速网络数据传输架构

为了维持运营效率并降低数据安全的风险，需要一种能够高效地组织、检索和存储归档数据而无需增加成本的内容管理解决方案。正在研发的基于云计算的归档解决方案，可更加经济高效地索引、搜索、检索和保存归档的内容，更为方便地帮助用户利用信息数据改善决策及野外施工勘探方法方案。

云管理平台可以提供更加可靠的、基于云计算的归档服务，支持丰富安全功能的方式对数据进行分类、索引、搜索和检索，同时实现监管监控和报告的自动化。该解决方案有望提高信息的可用性，简化对信息的访问，以增强决策，更好地实现信息资产的价值，更加经济高效地解决数据管理问题。

基于云管理平台的高速网络数据传输技术是下一阶段研究的重点，我们设计了云管理平台的网络拓扑结构和存储传输架构。云管理平台的物理网络结构如图 3.37 所示，该设计是一个高安全性，使用者可充分管理的云计算基础架构服务，并兼具灵活的扩展能力和经济效益的专用服务器计算及存储方案。

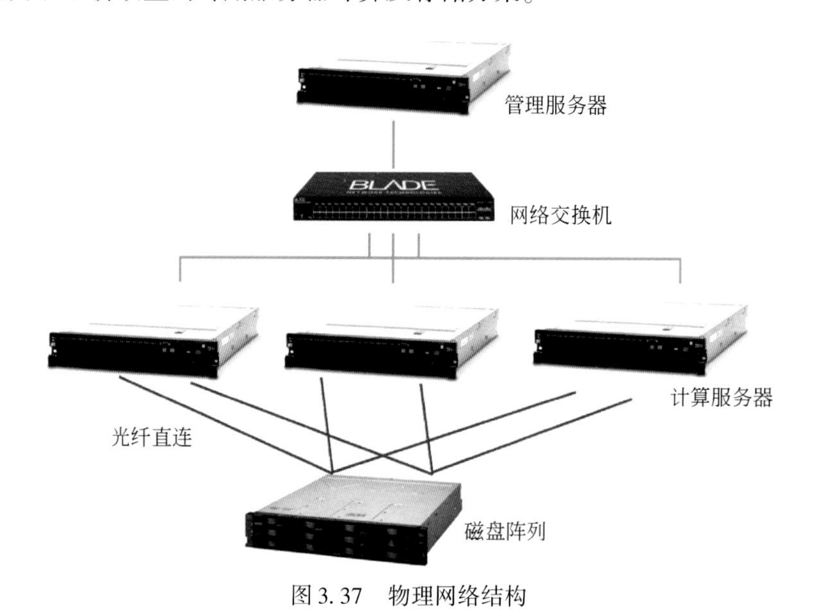

图 3.37　物理网络结构

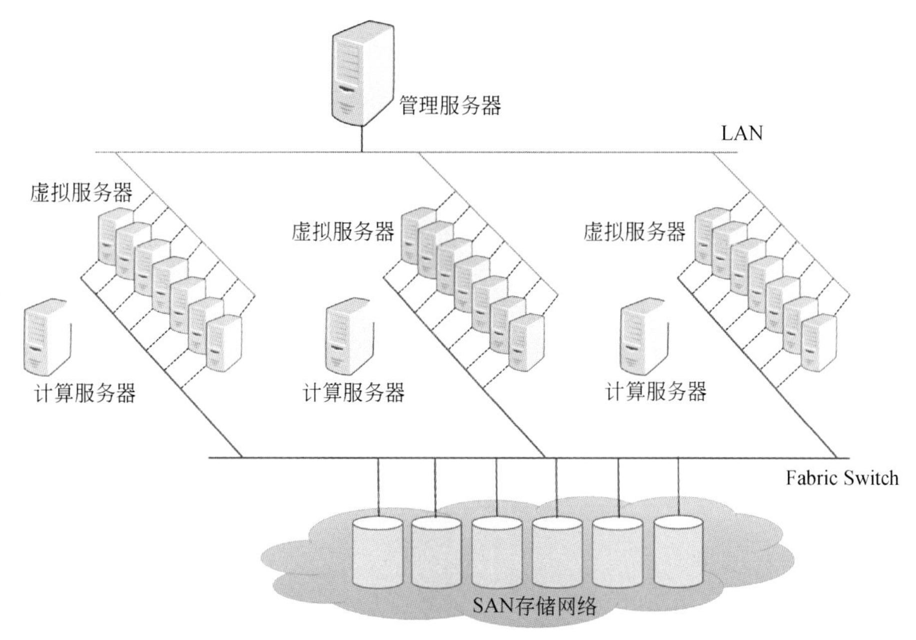

图3.38 虚拟化云管理架构

服务器虚拟化技术就是将服务器物理资源抽象成逻辑资源，让一台服务器变成几台甚至上百台相互隔离的虚拟服务器，不再受限于物理上的界限，而是让CPU、内存、磁盘、I/O等硬件变成可以动态管理的“资源池”，从而提高资源的利用率，简化系统管理，实现服务器整合。云计算（Cloud Computing）是由分布式计算（Distributed Computing）、并行处理（Parallel Computing）、网格计算（Grid Computing）发展来的，是一种新兴的商业计算模型。云计算为使用网络提供了几乎无限多的可能，为存储和管理数据提供了几乎无限多的空间，也为完成各类应用提供了几乎无限强大的计算能力。虚拟化技术是云计算系统的核心组成部分之一，是将各种计算及存储资源充分整合和高效利用的关键技术，尽管云计算和虚拟化并非捆绑技术，二者同时使用仍可正常运行并实现优势互补。云计算和虚拟化二者交互工作，云计算解决方案依靠并利用虚拟化提供服务。如图3.38所示，3个计算服务器与SAN网络存储可组成一个私有云，每个计算服务器虚拟成多个计算节点（虚拟服务器），各计算节点在逻辑上分别与管理服务器和SAN存储连接，由管理服务器将任务拆分，分配至各计算节点，各节点同时进行运算，并将结果汇总至管理服务器。运用虚拟化技术，实现各节点并行计算，最大程度上发挥了服务器的性能，提高了对地震数据管理、处理、查询以及分析的工作效率。

传统的高速网络传输方式如图3.39所示，采用配有千兆网卡的计算机与千兆交换机连接，4个数据回收箱两两串联后与交换机连接，每个数据回收箱可同时接入20个采集站。在这种模式下，可同时对80个采集站进行数据回收。继续扩展回收箱，可满足更大数量采集站的同时数据回收。

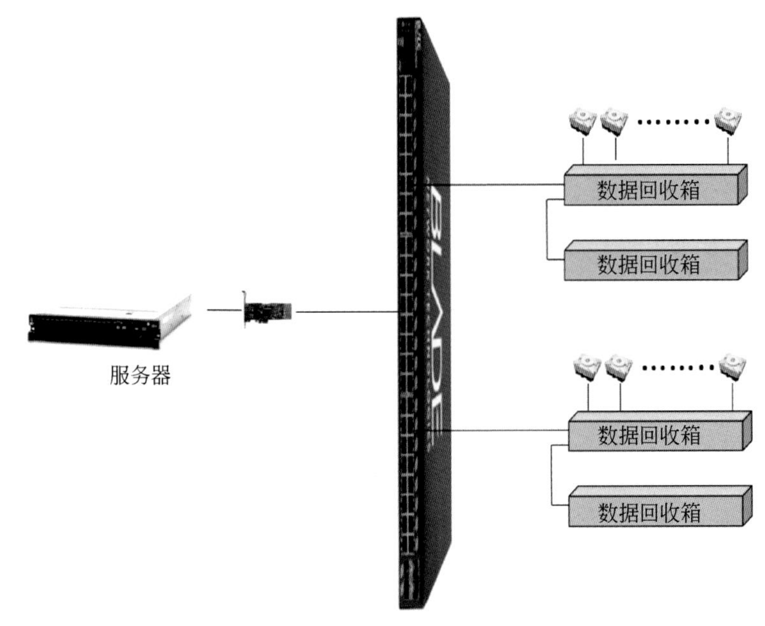

图 3.39　传统模式

将系统部署至正在开发的云管理平台中，其物理结构如图 3.40 所示，每台服务器配有 3 块千兆网卡，4 台服务器共 12 个网络入口，同时接入交换机，这样服务器端共有 12000Mb/S 的网络吞吐量，每个采集站最大上行速率可达 3MB/S，一个数据回收箱

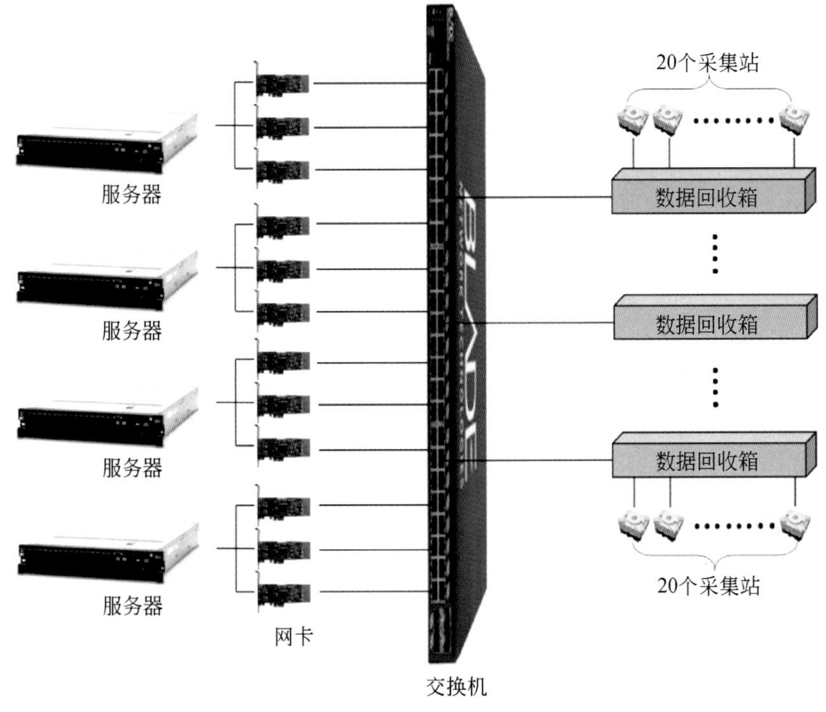

图 3.40　云管理模式

可接入 20 个采集站，从而每个数据回收箱的上行速率最大为 480Mb/S，因此该方案理论上可同时接入 25 个数据回收箱，满足 500 个采集站均以最大上行速率进行数据回收。考虑到数据中心空间布置，采集站支架的实际摆放能力，电力供应能力以及网络设备实际数据传输能力及管理节点控制和资源分配等因素，在实际应用中，系统可以满足 1000 道（250 台采集站）的同时管理和数据回收。

3.4　海量数据提取及预处理技术

3.4.1　数据存储与提取分析

完成测线的施工任务后，施工单位会将分布式无缆遥测地震仪汇总至数据管理室，将分布式无缆遥测地震仪连接至回收箱，进行充电和数据回收。数据回收的目的是将地震仪中所存储的数据汇总至野外车载系统的存储中，并将各类数据的特征参数写入数据库，供后期的分析和处理。

分布式无缆遥测地震仪中存储的数据主要有地震数据，GPS 数据、日志数据和系统数据，回收过程中，会首先依据回收条件检索所有在线地震仪中符合的数据文件，形成对应的文件列表，然后并行下载。对于地震数据文件，下载过程中会判定其文件头信息，若不完整则直接丢弃；若完整，则获取其描述参数，对于不完整的数据文件补 0，然后将描述信息，连同文件存储路径一起记录入数据库。对于日志信息，下载完成后会对其进行详细解析，将关键参数记录入数据库中，尤其是同步信息。

触发信息记录在触发日志中，其核心参数是触发时刻以及采样率。与触发站相同采样率的采集站中的数据为有效数据。在提取单炮记录时，会先设置查询条件，获取该测线中符合条件的触发记录，由于通过电信号连接或人为误操作，所以经常会出现误触发的情况，那么就需要对触发信息进行编辑，排除误触发，并设置每炮的触发时长；然后导入站的排列顺序，站序可依据电子班报获取；然后对应排列中的各地震仪编号，到数据库中检索每条触发时刻对应的同步时刻，定位至对应的地震数据文件和采样点位置，再依据触发时长，获取该段数据，这些数据拼接在一起，形成最终的 SEG-2 和 SEG-Y 文件。若需要进行相关处理，则以触发站中记录的参考道作为参考信号。

3.4.2　数据预处理分析

1）格式转换

系统支持多种常用地震数据格式的解析及相互转换：

①RAW to SEG-2；

②RAW to SEG-Y；

③SEG-2 to SEG-Y。

RAW 是分布式无缆遥测地震仪记录的原始地震数据文件格式，由文件头和数据组成。文件头定义了文件版本号、滤波器类型、相位类型、道数、采样长度、采样率、时钟、采集日期、采集时间等信息。RAW文件中文件头后面紧挨着地震数据。有效的地震数据被保存为4字节有符号整型数，第24~32位为符号位，第1~23位为数据位。保存的数值为模数转换器输出的原始数据，可以将其转换为标准的浮点数电压幅值。

SEG-2是一种常用的记录长时观测记录的地震数据文件格式，也作为分布式无缆遥测地震仪单炮记录的文件存储格式。SEG-2由文件头、道头和道数据组成。文件头中包含道数和采样率等关键信息；道头中记录了与单条记录道相关的参数信息；道头后面紧跟着道数据。与RAW格式不同的是，RAW是采集时的数据记录格式，根据采集的顺序，按每道1个采样点顺序记录；SEG-2格式的道头和道数据是对1道数据的描述。

SEG-Y更多用于地震数据处理的中间格式，数据的存储方式也是按道排列。其文件头中表达了更多的观测系统参数，如采样率、道桩号等。这就需要勘探相关的数据支持，而SPS文件记录了每个桩号（包括接收点和炮点）的属性和每炮的接收排列。SPS文件包括接收点文件，炮点文件，交叉参考文件。接收点文件和炮点文件分别记录了接收点和炮点的详细信息，交叉参看文件用于指明每一炮的记录号以及记录道与接收点之间关系。每个类型文件都有多个头段数据，这些头段含有该文件随跟随的相关信息，控制参数等。在数据转换时，可利用施工勘探SPS文件的相关参数信息，将RAW和SEG-2文件转换为SEG-Y文件。

数据解析的核心就是通过对文件头、道头等信息的提取，获得关键参数信息，然后定位对应的数据记录位置，按数据组织方式获取每道数据。数据转换主要是将提取的源文件数据按目标文件格式的编码方式重新编辑，然后将源文件的头信息写入目标文件的头中。对于SEG-Y文件的转换需要注意的是，由于SEG-Y中的采样长度有2字节32768个点的限制，所以只提供有效32768以下采样点数地震数据的SEG-Y文件生成；对于超出的请求，提示，如果继续转换，则按32768个点顺序截取，并在文件名中标记_1_2_3等后缀。

2）道重组

数据的截取依赖于测线中的站序和道序排列，由于人为的操作失误、记录失误或者个别地震仪的故障导致的串道及丢道现象在施工过程中也会遇到，道重组可以快速方便地解决这一问题。根据数据的波形图可以查看出该数据文件中的哪些道是问题道，以及哪些道之间是顺序错误的，可直接依据输入的重组条件，剔除问题道，更正道排列顺序。

3）拼接

对于不同地方处理的同批数据，可以使用横向或纵向的拼接模块，将其整理成完整的文件。横向拼接是指所有参与的文件具备相同的采样率、采样点数等信息，对于SEG-2和SEG-Y文件，直接提取出被拼接文件的道头和道数据，直接写入被拼接文件，全部完成后，更改被拼接文件的文件头，修正道数信息；纵向拼接是指所有参与的文件具备完全一致的道数和采样率信息，对于SEG-2和SEG-Y文件，直接提取出被拼接文件的道数据，将其写入被拼接文件相同道的道数据后面，然后修改道头，标识采样点数为两数据采样点数之和，所以道都处理完成后，修正被拼接文件的文件头。

4）抽点

分布式无缆遥测地震仪支持多种采样率的设置，在不同的施工任务中可以多次设置不同的采样率，但在一些联合施工的情况下，由于合作单位采用不同的地震仪器，出于不同的勘探重心，获取的数据可能会在不同的采样率下，当需要数据共享，联合分析的时候，就需要将采样率高的数据文件进行抽点，以达到相同参数的目的。对于成倍数的比例关系，即可在源文件中，对每道数据都每隔倍数个间隔抽取一个点，作为新的数据，然后修正道头和文件头信息。

3.4.3　基于大数据平台的地震数据处理方法

随着地震勘探规模不断扩大，采集节点的增多，地震数据处理的计算量也越来越大，传统的计算模式已无法满足勘探需求。Hadoop 是 Apache 开源组织的一个分布式计算开源框架，其核心的设计是 MapReduce 和 HDFS。MapReduce 是一个分布式编程模型，它提供了友好的用户接口，用户可以很容易将自己的应用部署至 Hadoop 集群上。MapReduce 的数据处理流程如图 3.41 所示。MapReduce 程序主要由 Map 和 Reduce 两个阶段组成，Map 阶段用于把输入数据按照一定逻辑映射成一系列的键值对。Reduce 阶段用于对每个键值对集合进行并发数据处理。MapReduce 是通过键值对来操作数据的，原始的数据按照设定的算法转换成一系列键值对作为 Map 函数的输入，经 Map 函数处理后会输出新的键值对。在 Map 和 Reduce 中间有个 Shuffle 阶段，该阶段将 Map 输出的键值对中具有相同的键的值进行合并，生成一个键值对集合作为 Reduce 函数的输入数据。每个 Reduce 函数会处理多个键值对集合，并分别输出结果。

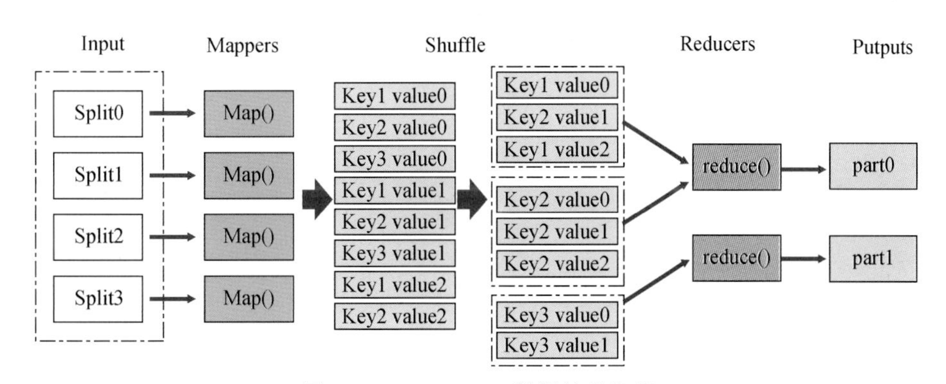

图 3.41　MapReduce 数据处理流程

HDFS 是 Hadoop 架构下的分布式文件系统，具有高容错性，支持高吞吐量数据访问，配置成本低等特点。HDFS 节点分为 NameNode 和 DataNode 两种，NameNode 是主节点，管理文件系统命名空间，处理客户端读写请求；DataNode 是子节点，用来存储数据文件。HDFS 文件存储机制如图 3.42 所示。

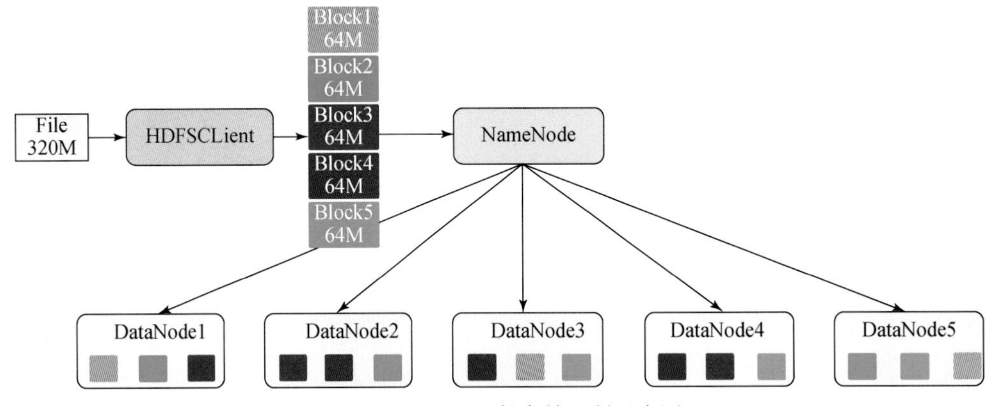

图 3.42　HDFS 文件存储机制示意图

为满足地震数据后期预处理需求，搭建了一个 4 节点的 Hadoop 集群，集群拓扑结构如图 3.43 所示。集群包括 1 台工作站和 3 台服务器。工作站作为集群的主节点，运行 NameNode 和 ResourceManager；服务器作为数据处理和存储节点，运行 DataNode 和 NodeManager。

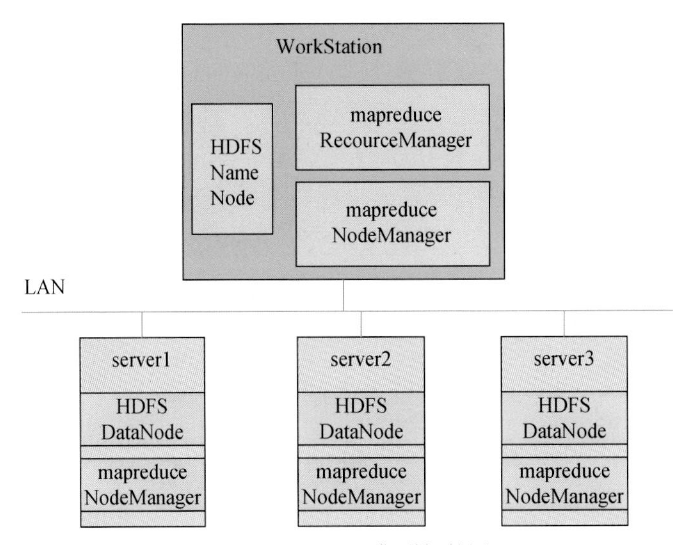

图 3.43　Hadoop 集群拓扑图

以地震数据横向拼接技术为例，介绍利用 Hadoop 平台进行大数据处理的流程。如图 3.44 所示，输入数据为原始地震数据，可利用 HDFS 分布式文件系统来存储输入数据和处理获得的地震单炮记录。地震数据文件名设置为每炮的文件号和该文件在本炮中的道顺序号的组合。例如，若地震数据文件属于文件号为 1 的炮数据，并且该文件对应采集站在该炮的排序为 1，则将文件命名为 1-1.RAW。在 HDFS 中存储了 9 个原始地震数据文件，代表 3 次放炮的数据，每炮数据由 4 个文件组成。Map 函数顺序读入文件；解析文件名，获得文件代表的放炮文件号和排列顺序号；Map 将排列顺序号写入 RAW 数据的第 20～23 字节中，以便 Value 阶段获知每个 Value 在炮数据中的排列顺序；最后以文件号作为 Key，原始地震数据作为 Value 输出键值对。经过 Map 处理后，同一炮的数据会拥有相同的 Key 值。在 Shuffle 阶段，同炮的数据会组合成一个 Key/Value 对集合，作为 value 的输入。Value 函数获取 Key/Value 对集合后，依据每个文件的顺序号合成为一个 SEG2 文件。最后以输入的 Key 值（文件号）作为 SEG2 的文件名，将 SEG2 文件写入 HDFS 分布式文件系统。至此，作业处理完毕。由于 MapReduce 的 Map 和 Reduce 任务都可在处理节点的 JVM（Java 虚拟机）中独立运行。Map 的任务数由输入数据的分块来决定，Reduce 任务由用户设定，这样多炮的数据便可实现分布式计算。

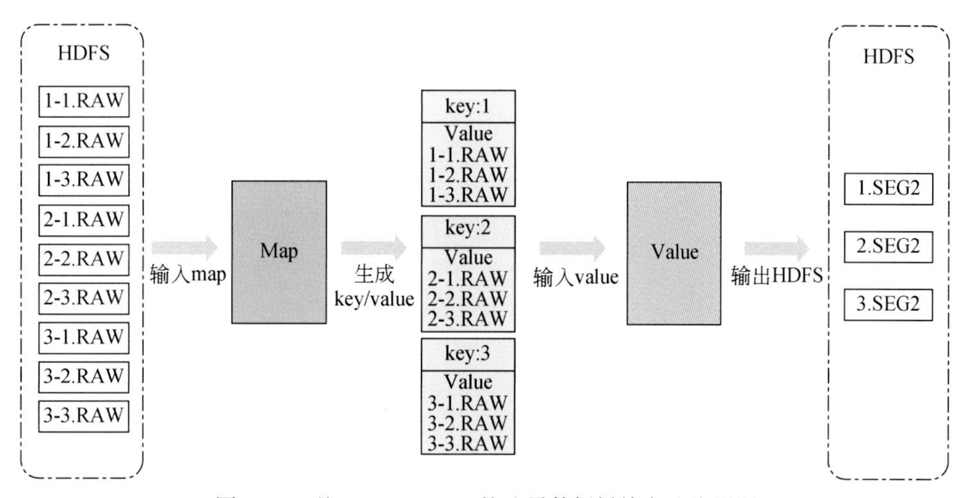

图 3.44　基于 MapReduce 的地震数据拼接方法流程图

第4章　陆上可控震源野外施工选型

震源是地震勘探技术的重要组成部分，是产生地震信号的源头，震源的信号质量直接影响地震勘查效果。传统上我们采用的震源为爆炸震源，爆炸震源是油气勘查中常用的一种震源，具有能量大，产生的脉冲尖锐，并且可以通过控制打井的深度来控制空气波和表面波的形成的优点，但是它对环境具有破坏性和危险性，因此可控震源的研制成为一个热点问题．目前国际上的陆地可控震源主要包括电火花震源、夯击震源、电磁驱动可控震源、液压式可控震源以及精密机械主动可控震源。早在20世纪50年代以前就已开始研究非破坏性的可控震源，这种震源不同于炸药、落锤等冲击震源，其激发波形可由人控制，是将一已知的时间函数关系式激发波用较长时间送入地下，即用可控的小能量、长时间激发波来实现冲击震源瞬时产生的大能量激发波，为高分辨率地下信息探测提供了解决方法。应用非炸药震源，经济效益明显，效率高，费用低。使用非炸药震源的勘探队的月工作量要比使用炸药震源的勘探队的月工作量高50%～100%以上，而每公里的平均成本要便宜得多。

下面介绍电火花震源、夯击震源、电磁驱动可控震源、液压式可控震源以及精密机械主动可控震源这5种可控震源的原理、发展，并且针对于它们各自的特点进行了详细的分析。

4.1　电火花震源

陆地电火花震源的主要用途是作为地震勘探、垂直地震剖面测井（以下简称VSP测井）、井间震和振动采油用的震源。陆地电火花震源与其他震源相比，具有结构简单、安全、能量易于控制和调节、激发地震波的频率较高、激发时间准确、施工效率高等优点，已在地质勘探和石油开采中得到广泛应用。

电火花震源的工作原理是将储存在高压电容器组中的能量通过高压放电开关、放电电极快速在水中释放形成强大的冲击力，此冲击力作用到大地则激发出地震波。

目前，中国科学院电工研究所所研制的电火花震源和湖北荆州长大物探仪器研发团队研制的电火花震源广泛应用于探测地下岩溶、古洞、空洞、埋设物、矿区采空区；查明地下构造、渗透带、水流通道和方位，圈定破碎带位置和范围；建筑物地基、铁道公路路基等不良地质体检测，水电站、核电站选址勘查；桩基质量检测、库坝灌浆帷幕和高喷防渗板墙质量检测、水库、坝基检漏；用于海洋和陆地的浅、中、深地层勘探，建筑桩基和混凝土桥墩，水电效应；跨孔CT，隧道超前探测，面波勘探，以及其它无损检测震源等。

现在主要应用的电火花震源有6种规格，按能量等级划分为以下3类：

（1）500kJ 和 1kJ 等级的震源用于无损检测、科研以及孔间穿透等方面，为整机式设备。

（2）20kJ 和 40kJ 等级的用于工程勘察方面，震源做成大散件，在野外工作时连接好电路即可工作。

（3）200kJ 和 400kJ 等级的震源则用于煤田和石油地震勘探，为车载式，即所有元器件均安装在一个专用厢体内，厢体则固定在汽车底盘上。元器件不可随意拆卸，如有需要，厢体可从底盘吊下，置于船上在水域施工。

电火花震源是进行地震勘探时众多非炸药震源中使用得较多的一种。它可以在浅井、深井、水域中激发，特别是在不允许使用炸药的地方，如居民区、水库中、堤坝附近均可照常使用。电火花震源既能进行油田勘探．它作为井间地震层析成像的震源则具有极大的优越性。但是，在实际使用中存在操作麻烦、安全隐患大、效率低、重复性较差、子波和激发频带不稳定，且劳动强度较大等问题。根本原因是因为电火花震源存在能量传输和释放系统的问题以及同轴放电电缆易损坏、故障率高，电极使用寿命短等问题，还需要进一步研究和改进。

4.2　夯击震源

20 世纪 80 年代由 Barbier 最先提出了夯击震源（Mini-Sosie）勘探的概念．到 90 年代 Park C. B.，Miller R. D.，Steeples D. W. 和 Black R. A. 同时在夯击震源勘探中提出了 SIST 技术，促进了电动机式夯击震源在编码方式和勘探效果技术上的进步。随后 VIBROMETRIC 基于 SIST 编码技术对夯击震源的结构进行了进一步的改进并生产了一系列不同冲击力的夯击震源 VIBSIST-20/50/1000。这使得夯击震源不仅在便携性还在勘探深度上又有了更深的扩展。目前美国的劳雷工业公司生产的 PRS-1 夯击编码震源系统和 VIBROMETRIC 生产的 VIBSIST-50 夯击震源系统（图 4.1）是全世界夯击震源系统的先驱者。

VIBSIST-50 夯击震源系统的技术参数如下：

电源：230V/50Hz；

最大功率：20A；

重复率：每秒 5～18 次冲击，程控；

冲击能量：50J/每冲击；

频带：50～1500Hz；

程控震动特点：PC 控制或预置；

振动时间调整：2.5～30s；

控制器：30＊12＊6cm，重 2kg；

冲击锤：长 76cm，手柄间隔 60cm，重 32kg；

冲击推杆：长 30cm，重 3.8kg；

压力板：60cm×55cm×40cm，重 10kg；

接地耦合板：重 3kg（硬性），1.5kg（软性）。

图 4.1　VIBSIST-50 夯击震源系统

Geometric 公司是美国劳雷工业公司的子公司，近年来研制成功了一种既不贵，又无损的震源技术．这种技术用到建筑工地上常用的打夯机．向地下输入一系列不规则的夯震，结合安置在夯机附近的特殊检波器所接收的参考信号，通过程控编码，然后在相关器中跟接收到的地震记录做相关处理和解码处理，最后获取干净的地震记录。芬兰 VIBROMETRIC 公司生产的 VIBSIST-50 微型可控地震震源，利用“控制振动频率和微振动次数”这一原理精心设计而成；其工作方式类似于常规的小型可控震源。

夯击震源系统是构造调查，浅层油气和地下水资源反射波勘探的理想震源；用普通建筑工地常用的打夯机作为激震源取代危险的炸药震源，具有运输方便，价格低，人工搬运可上山，便于在城市和交通繁忙地段施工等优点。目前，国外在地震勘探中已经广泛使用夯击震源地震技术，但是由于我国研究夯击震源的技术力量还很薄弱，国内对夯击震源的研究还处于初步发展阶段。为了使得夯击震源能够应用到城市、小型物探单位以及城市工程物探单位中，解决中小型地震勘探工作承受不起夯击震源高昂的价格的问题，节约资金，自主研究夯击震源并且自主生产，对于地震勘探领域有着深远的意义，同时夯击震源产品有着广阔的市场前景以及深远的现实意义。

4.3　电磁式可控震源

4.3.1　10kN 电磁式可控震源系统

10kN 可控震源系统由功率放大器、激震器、振动控制器、野外收放装置、发电机等组成，将可控震源各个模块安放在箱式货车内，实现了可控震源的整体联调及野外运输。

10kN 可控震源系统整体框图见图 4.2。

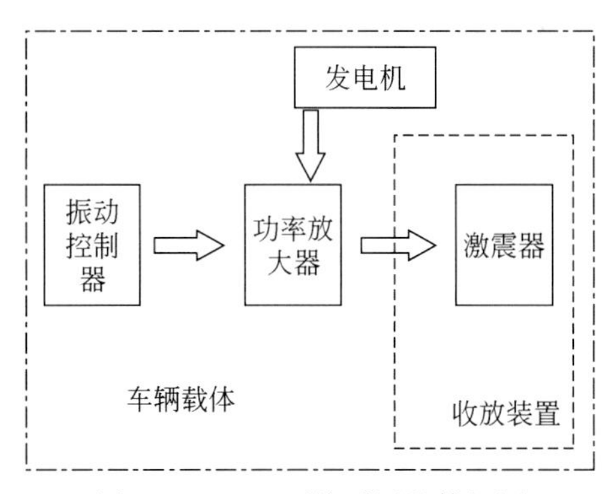

图 4.2　10kN 可控震源整体框图

10kN 电磁式可控震源系统具有以下技术指标参数：

最大输出力：10kN；

探测深度：800 ~ 1000m；

振动控制方式采用单频、线性调频、指数扫描、对数扫描、编码扫描、冲击模式等多种工作方式；

连续工作时间：> 4min；

保护功能：过压，过流，过热；

GPS 时钟同步，同步精度：10μs；

具有良好的防雨、防水功能；

工作温度范围：-20℃ ~ +60℃。

激震器的研制是可控震源的核心部分。激震器是可控震源向大地传递能量的装置，通过仿真得到了激震器的结构设计方案，此方案能够有效地将电磁能量转换成机械振动能量，最终实现了大能量输出的激震器。此外，10kN 可控震源激震器重量达到了 1250kg，为了便于在野外收放装置，将可控震源系统安装于一台箱式货车内，在野外工作期间采用液压收放装置对激震器进行炮点间的移动，保证野外工作快速有效完成。

可控震源的激震器的实际结构图如图 4.3 所示：

励磁线圈在图 4.3 激震器内建立磁场，励磁线圈与直流电源相连，在环形气隙里产生一个高磁通量。驱动线圈部件包括骨架和驱动线圈，悬挂在激震器的环形气隙里。当交流电通过驱动线圈时，在驱动线圈的绕组上产生电磁驱动力，推动激震器向上、向下移动。激震器移动量取决于从振动控制器发出的驱动信号的大小和频率以及激震器的质量。

系统受激震器的最大机械行程、功率放大器电压和电流输出能力的限制。典型举例：功率放大器和激震器系统性能有下列因素限制：在低频段（约 3 ~ 15Hz），这个振动系统受激震器最大位移限制；下一个频率段（约 15 ~ 100Hz）受激震器的速度限制，通常是与功率放大器输出电压有关系，最后频段（约 100 ~ 2000Hz）受激震器激振力

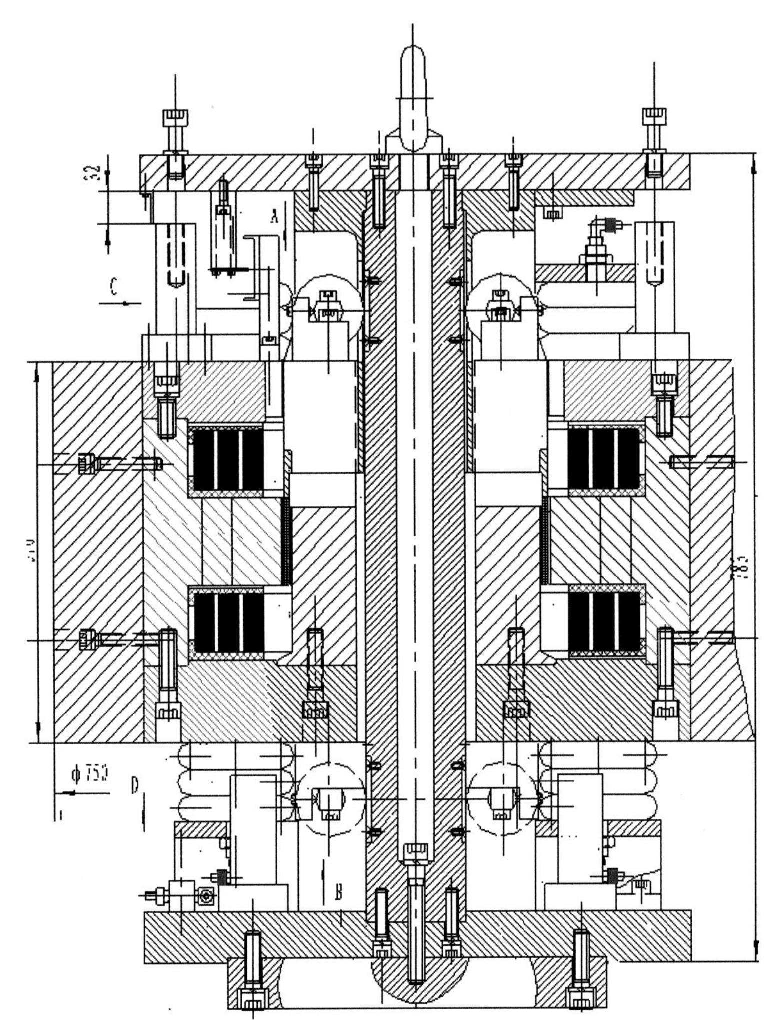

图 4.3 激震器实际结构图

限制，即被功率放大器输出电压和电流所限制。

激震器采用的是垂直激振，激震器下基板与大地连接对大地产生一个激振力。

激震器内部具有保护功能，以防止过位移或过温度而产生的损坏。

根据激震器输出力等设计，激震器由上、下台面、长轴、驱动线圈组件、磁路组件、励磁线圈组件、上导轮组件、下导轮组件、空气弹簧支撑组件、锁紧组件、过位移保护组件、接线组件等组成。

驱动线圈和上台面、长轴相连接，长轴又和下台面连接。驱动线圈通以交流信号，在磁场作用下，产生电磁力。由于下台面连接大地不能动，那么激震器就会产生反作用力，上下就会振动起来，这种振动又通过下台面传给大地，给大地一个激振力，就完成了对大地施加激振力的过程。

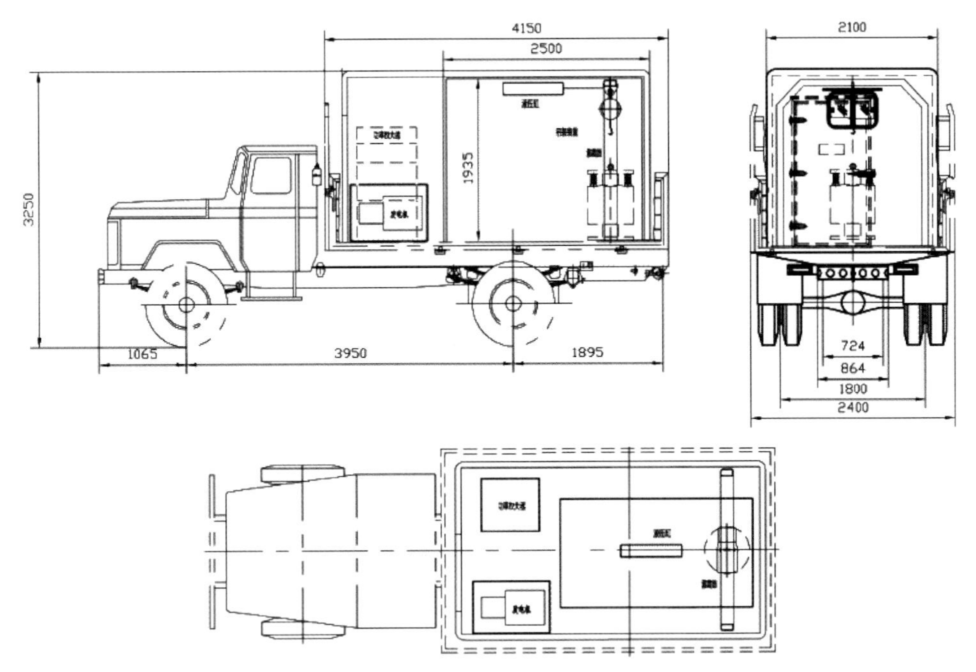

图 4.4　10kN 可控震源车内结构整体设计图

10kN 电磁式可控震源系统包括了发电机、功率放大器、激震器、激震器散热、激震器收放装置等多个模块，其中大部分模块是重量较大的设备。为了在野外施工中实现仪器的快速稳定工作，将可控震源系统整体安装于厢式货车内，保证设备的防雨、防水，采用整体车辆方式方便震源设备的运输及安全性，整体设计图如图 5.18 所示。为了实现震源随着地震炮点的不断移动，采用双液压缸的收放结构，实现激震器的快速收放，液压收放装置结构示意图如图 4.5 所示：

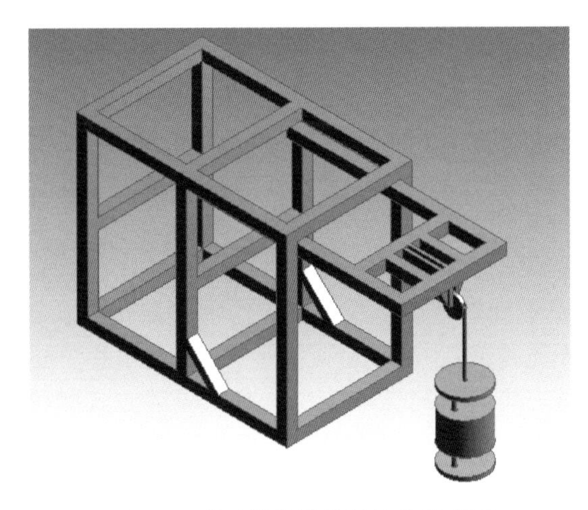

图 4.5　激震器收放装置结构示意图

液压收放装置固定在车辆上，通过液压缸对其进行能量驱动，其中一个液压缸负责将收放装置结构的移动部分前后运动，将激震器移动至车厢外或收回车厢内，另外一个液压缸负责将激震器从车厢高度降落到地面，并且将激震器从地面升起至车厢高度。通过此种工作方式保证了激震器在车厢内和地面之间的快速收放，配合车辆实现可控震源在炮点间移动。

下图为激震器液压收放装置实际照片。

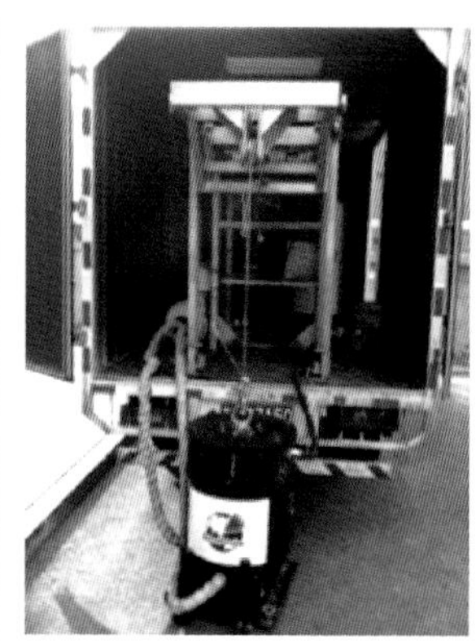

图 4.6　激震器收放装置照片

通过对可控震源系统的野外机械设计，在保证可控震源工作的同时，又实现了野外运输方便和炮点间移动。

4.3.2　轻便化电磁式可控震源系统

为了配合工程地震和油气勘察的浅层地震静校正，1989 年荷兰的 Utrechet 州立大学研制出电磁驱动方式的轻便高频可控震源，其频率范围为 50 ~ 1500Hz，最大输出力为 500N，电控箱体重 80kg，激振器重 100kg。20 世纪 90 年代中期，日本的 OYO 公司也推出了电磁驱动方式的轻便高频可控震源。2006 年，美国地质调查研究所研究员，斯坦福大学教授 Seth S. Haines 设计了一种简单有效的电磁力震动源，叫 EMvibe，其频率范围在 5 ~ 650Hz。在浅层地震勘探中，EMvibe 具有价格低，高分辨率等优点．由于 EMvibe 震源技术是近几年刚刚提出的，现在主要应用于教学实验，没有广泛的应用在地震勘探中。

为了满足城市物探特殊环境的要求，实现浅层无破坏性激发，在国土资源部的帮助下，从 1995 年开始研制浅层地震可控震源。这种震源利用电磁驱动的激振体，向地下长时间的发送频率可调的正弦波（Chirp 信号），再利用相关技术把长时间的扫频信号压缩成只有冲击震源才能形成的脉冲波。与液压驱动方式的可控震源相比，它具有轻便、高频、使用方便等特点，液压式可控震源难以在山区工作，而且其频率也受到限制。目前，吉林大学国家地球物理探测仪器工程技术研究中心已经自行设计、研制出了输出力为 500N 的 PHVS-500 型电磁式可控震源是国内第一台电磁驱的轻便高频可控震源（图 4.7），解决了困扰人们已久的激发地震信号的频谱受到炸药量及激发介质诸因素制约的问题。PHVS-500 型可控震源于 2000 年获国家实用新型专利。同期，研发出了输出力为1000N的PHVS-1000型可控震源，2004年获国家发明专利授权。2010年10～11月，PHVS-500型可控震源在甘肃金昌镍矿采空区与河北廊坊物探所Mnivibe型可控震源进行对比实验，实验结果再一次证明PHVS系列可控震源具有突破性的应用成果。

图4.7　PHVS-500型可控震源

以上两种震源的主要性能指标如下：

PHVS-500型可控震源：

最大输出力：500N；

有效输出信号频率范围：5～1400Hz；

扫描方式：升频、降频、联合扫描；

相位控制精度：±3°（频率在1400Hz时）；

最大振幅：±10mm；

最大允许峰值电流：40A；

配用的功率放大器峰值功率：1500W；

电源箱重量：25kg；

激震器重量：55kg。

PHVS-10型可控震源：

最大输出力：1000N；

有效输出信号频率范围：5～1400Hz；

扫描方式：升频、降频、联合扫描；

相位控制精度：±3°（频率在1400Hz时）；

最大振幅：±10mm；

最大允许峰值电流：80A；

配用的功率放大器峰值功率：3000W；

电源箱重量：75kg；

激震器重量：150kg。

电磁驱动可控震源是一种可控、无损、高信噪比、高分辨率的有效探测工具，在浅层工程勘探中具有高效、无损、探测深度大、适应性强、分辨率高、准确等优点，这是其它勘测方法所不可替代的。它可用在水文、工程、环境等工程勘查项目中推广。吉林大学国家地球物理探测仪器工程技术研究中心发明了电磁驱动方式的轻便高频可控震源，填补了我国在这一方面的空白。

4.4 液压式可控震源

液压式可控震源是用于实现地球物理勘探地震波激发的主要设备之一。它运用液压伺服控制、液压传动、自动控制和电子控制等理论，集液压、机械和电子于一体，是一种具有高技术含量的油气勘探设备。早期研制的可控震源主要用于油气勘查，采用液压驱动方式，频率范围窄（6～180Hz），输出力大（几十 kN）。液压式可控震源工作方式为电控系统与振动器系统是可控震源工作的控制与执行装置。电控箱体设置产生所要求的线性或非线性正弦调频信号，经过电液伺服系统放大，控制伺服阀主阀的开启，高压液压油驱动振动器锤体做往复运动，而与活塞杆及车架相连、落在地面上的平板随之振动，所产生的地震波信号传入大地。

目前陆地地震震源市场中应用最多的震源就是液压式可控震源，液压式可控震源的主控系统是震源电控箱体，法国 Sercel 公司研制的 VE464 震源电控箱体是世界上最先进的震源电控箱体，在该行业中逐渐成为领军者。2008 年，法国 Sercel 公司新一代可控震源车 NOMAD 90W（图 4.8）研制成功。NOMAD 90W 具有更好的性能和适应各种地形的需要。IVI 公司是美国劳雷工业公司专业可控震源设计和制造商，长期从事石油气勘探用大型可控震源设计制造，包括低频和高频震源；同时还设计生产小型高频可控震源，用于环境和工程勘探 IVI 系列震源具有轻便、灵活及多种功能的特点。AHV-IV Command 是美国 INOVA 公司的震源研发团队一致致力于开发、测试先进的震源技术，其大幅降低由于震源震动产生的谐波畸变. AHV-IV Command 采用全新底盘和液压系统设计，可以通过更高带宽产生更强大、更加一致并且可预测的力量，同时改善与地面的耦合. 结合使用 VibPro 控制电子元件的谐波畸变抑制技术（HDR），操作人员将获得更多优势，包括改善的震源控制、谐波畸变的进一步降低以及信噪比的进一步提高。Kz 系列震源是中国石油东方地球物理公司自主研发，就有独立知识产权的可

图 4.8　NOMAD 90W 型可控震源车

控震源．主要用于陆地油气勘探过程中地震波信号的激发。Kz-28 震源是 Kz 系列震源的代表作，在国内外油气勘探具有很好的反响．Kz 震源具有有低畸变输出信号的特点，激发信噪比高；在关键系统上首次应用了冗余结构设计，极大地提高了震源的可用性；整体结构简单，便于操作与维护，低技术支持性要求；强化了复杂环境下的作业能力，可以实现连续、高效作业等特点。

液压驱动可控震源主要应用已从注重机理性研究转入更侧重实用性技术的研究。这是一个新的技术发展思路，也许更能体现未来市场的要求。在此之前可控震源技术的革新与发展更注重体现设备的技术指标，如激发频带宽度、振动输出力大小、信号传输过程的畸变与失真度等。伴随着可控震源应用技术的发展，原来一些纯理论性的初步研究已成功与此同时可控震源在应用过程中的一些概念问题，有力地促进了震源的应用。而目前用户们更关心的是使用成本和由此产生的效益问题。从这一观点出发，液压式可控震源技术的发展则开始追求设备本身的高可靠性、稳定性；维护保养的方便性；使用与操作的简便性、经济性；对施工环境的低公害性、安全性以及操作人员的舒适性．虽然国产大吨位液压式可控震源的研制起点与国外厂家相比略显落后。但是，潜心研究可控震源技术发展的趋势，从设计之初就溶入了现代发展的概念，如可靠性设计、追求维护保养的方便性及使用与操作的简便性，较好的性价比，高温环境下系统的可靠性以及针对复杂工区设计的等张力平板提升机构等。现在看来，这些观点大部分与目前可控震源技术发展的主流相吻合。但是随着各国环保意识的不断提高，环保问题日益重要，液压驱动可控震源主要有：强噪声干扰；尾气排放对环境的污染；野外作业时对植被的破坏等问题，如果这些问题不能够得到满意的解决，那么液压驱动可控震源的一部分技术优势就得不到发挥，液压驱动可控震源的应用范围将受到限制。

4.5　精密机械可控震源

精密控制震源（Controlled Accurately Seismic Source，CASS）以精确控制两台伺服电机带动两个相向旋转的偏心质量体为动力源，在指定时间和地点向地下观测目标输出与设计模式一致的弹性波，通过布置在远端的数据接收系统接收信号，再对接收信号进行处理，提取地下介质信息。精密可控主动震源是一种作用于垂直向、线性作用力的震源。

在国际上有俄罗斯的可控震源（Controlled Vibrator，CV）和日本的精密控制常时运行地震信号源（Accurately Controlled Routinely Operated Seismic Signal，ACROSS）。它们各有特点，其中俄罗斯的可控震源是垂直作用力的线性震源，以作用力大，传播距离远见长，日本的 ACROSS 为水平旋转震源，其显著特点是精密控制、常时运行，这两种震源分别在俄罗斯和日本都有大量应用，并取得大量实用的成果。目前国内主要致力于研究的主要有地震局地震预测研究所、北京港震机电技术有限公司等。

精密控制震源是采用电驱动的机电设备，具有低功耗、低噪音、输出能量小、对周围环境没有破坏等特点，是一种绿色环保震源。在环境破坏和连续监测方面，与爆破等其他人工震源相比，有着不可替代的优越性。它的可控性、稳定性、重复性和一致性高，安装场地要求低，可长时间运行，输出弹性波的传输距离可达到数百公里，适用对地下观测目标进行精细研究及其动态变化监测。精密控制震源对地输入能量强度低，架设环境比较宽松，在人口密集区、城市、水库及地震危险区地下介质物性探测、监测等方面都具有实用性。但是，在实际应用过程中，还存在一些问题，仪器扫描频率低，质量大，不便于运输等；在国内研究精密可控主动震源的厂家还较少，还需要进一步研究。

第5章　地震检波器

地震检波器可以拾取地震振动并将其转化为符合仪器记录系统需要的能量形式，广泛应用于地球物理勘探，地震、海啸等自然灾害的预测分析研究，边防监控，铁路、桥梁、隧道、大型建筑物等的安全监测以及考古研究等。深部地震勘探受地下矿床埋藏深度大、构造形态复杂多变等因素影响，使得地表接收的各类回波具有信号微弱、频带宽、频率成分丰富等特点，要求所需的地震检波器从性能上具有高分辨、宽频带、大动态范围等指标，环境适应性上实现低功耗、微小型化、便携式、高度智能化、抗高低温、抗辐射等。

地震检波器作为地震数据接收和采集的最前端设备，其性能的好坏直接影响地震资料的解释工作。随着地震探测技术的发展，探测能力的提高，大规模地震台阵观测将成为高分辨率深部结构成像的重要手段和发展方向。地震台阵采用高分辨率的地震观测系统。大范围，长时间观测地下微弱地震信号，并利用独特的地震数据处理方法抑制地面噪声，提高信噪比，从而准确反演地球深部构造信息。

常用的地震检波器按照工作原理可以分为电磁式地震检波器、宽频带地震检波器、电化学检波器、基于 MEMS 技术的新型数字检波器、压电检波器以及光纤传感器等。

5.1　电磁式地震检波器

电磁式地震检波器的工作原理是电磁感应定律，常见的以动圈式检波器为代表。动圈式检波器由外壳、磁铁以及悬挂在二者之间的运动线圈组成，线圈两端是接线柱。检波器的构造决定了它必然存在磁电效应和电动力效应，并决定了当检波器外壳随地面震动时，引起线圈相对于永久磁铁运动，两线圈产生感应电动势，感应电动势随检波器外壳的振动变化，从而反应振动的变化，振动幅度越大，感应电动势越大，反之亦然。电磁式地震检波器的工作原理决定了这种检波器的外形一般比较大。

动圈式地震检波器在地震勘探领域已应用很多年，该类型的产品采用惯性体在永磁体提供的气隙强磁场中切割磁力线产生磁感应信号的原理，地震波到达地面引起机械振动时，线圈对磁铁作相对运动而切割磁力线，线圈中产生感生电动势，因检波器的输出电压与线圈相对磁铁的运动速度成比例，故动圈式检波器又称为速度检波器。动圈式地震检波器具有自供电、结构简单、性能稳定、成本低廉等特点，是目前国内应用最广泛的勘探地震检波器品种。当前，勘探类地震检波器的自然频率大多在 10Hz 及以上，存在低频振动时信号灵敏度较低、失真度较高等问题，难以满足国家加大矿产资源的勘探深度、开辟第二找矿空间等问题。

5.1.1 1Hz 动圈式三分量检波器的设计及加工

动圈式地震检波器结构上主要有振动系统、磁路系统及电路部分组成，其中振动系统包括弹簧片、质量体等；磁路系统包括磁钢、磁靴以及回路软铁；电路部分包括线圈及线圈支架；绝大部分情况下，电路部分兼作振动系统的质量体，并被自由支撑在两端的弹簧片之间。检波器工作过程中，悬挂在两弹簧间的线圈企图保持不动，而检波器外壳和它的磁路系统随地面一起运动，线圈在磁场中的运动使检波器的输出端产生了电压。

5.1.2 振动系统弹簧片的设计

弹簧片的设计是动圈式地震检波器设计的关键，其设计的合理与否直接影响到检波器的频带及失真度。由于垂直分量地震检波器的弹簧还要受到惯性体在重力的作用下对弹簧的压迫力，在检波器完全静止时，惯性体两端的弹簧应恰好被压平，三分量动圈式地震检波器的弹簧设计主要是垂直分量弹簧的设计。1Hz 动圈式三分量检波器采用塔形十字形弹簧（spring spider），包含内圈、外圈及内外圈间的三条连接臂，加工方式采用 QBe 铍青铜弹簧带材激光切割并预先成型后热处理制作。图 5.1 是 1Hz 垂直分量地震检波器弹簧片结构图，图 5.2 为 1Hz、1.5Hz 及 2Hz 的垂直分量地震检波器弹簧片照片。

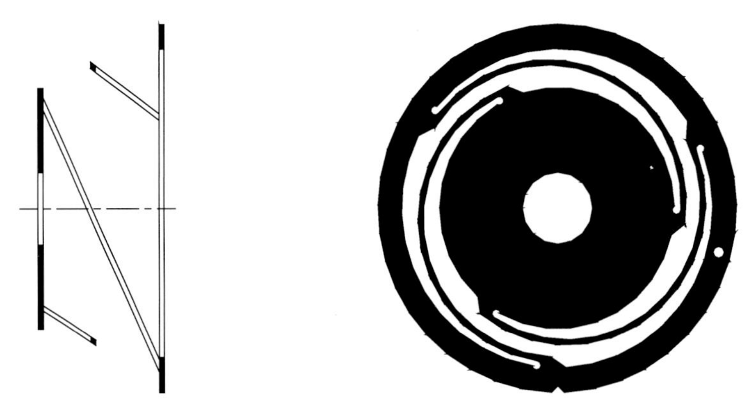

图 5.1 1Hz 垂直分量地震检波器弹簧片

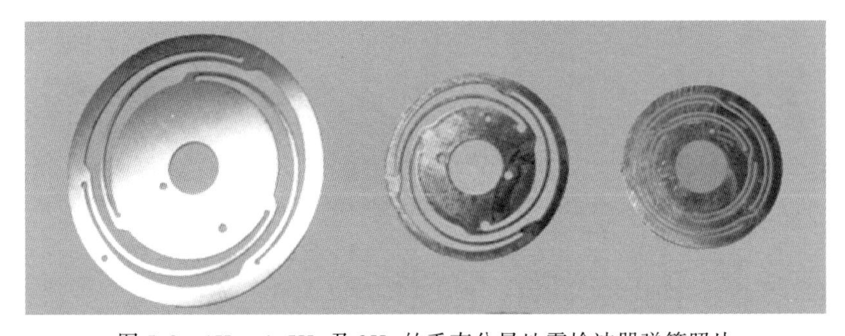

图 5.2 1Hz、1.5Hz 及 2Hz 的垂直分量地震检波器弹簧照片

5.1.3　磁路系统的设计

磁系统的关键点是磁场强度、磁间隙、磁能积及磁密度的设计，线圈在其内部切割磁力线运动，机械振动信号能较准确的转变为电信号。考虑到1Hz检波器频率低、灵敏度高、惯性体位移量大的特点，采取磁套筒连接两个磁钢，并分别在磁钢两端加磁极靴来增强磁场强度和加大惯性体运动量的方式。图5.3为1Hz及2Hz以上的地震检波器磁路照片，从图中可以看出，1Hz检波器的磁路为单独结构，明显区别于2Hz以上的检波器。

图5.3　1Hz及2Hz以上的地震检波器磁路照片

5.1.4　电路的设计

电路的设计包含线圈及线圈支架两部分，线圈设计中通常采用两组绕向相反的线圈相互串联，两线圈具有严格的匹配特性，在保证惯性系统的动态平衡的同时，对外界干扰磁场在线圈中产生的感生电动势相互抵消。线圈线径及线圈匝数的设计要充分考虑到绕制后的线圈整体质量及检波器在工作频带范围内的灵敏度及相位响应；线圈架的主要作用是支撑线圈，并与线圈共同作为检波器的惯性体与检波器弹簧片相连接，设计中要考虑到制作线圈架的材质的强度，密度及电导率等参数，其中，电导率决定检波器的开路阻尼。1Hz动圈式三分量检波器电路由于磁路部分的改进，采用两个分立的线圈支架分别绕制线圈，并设计了线圈连接结构与线圈及支架共同作为检波器的惯性体，该惯性体的质量与检波器的整体弹簧刚度相匹配。图5.4为1Hz及2Hz以上的地震检波器线圈及线圈支架照片，从图中可以看出，1Hz检波器的电路为单独结构，明显区别与2Hz以上的检波器，图5.5为1Hz地震检波器的线圈连接结构照片。

图5.4　1Hz及2Hz以上的地震检波器线圈及线圈支架照片

图 5.5　1Hz 地震检波器的线圈连接结构照片

5.1.5　机械结构设计

地震检波器的机械结构设计中即要考虑到检波器对轴向振动频率的响应，同时也要考虑其对横向振动的响应——假频，该频率为检波器的频带上限，对检波器信号的输出主要来自两个方面的影响：

其一，当地震检波器受到横向振动影响时，检波器内的不均匀的磁力线分布使线圈的一小部分横向切割磁力线产生电压输出，该部分响应值一般很小；

其二，当横向振动频率达到检波器系统的横向固有频率时，弹簧片的簧丝将发生轴向的扭曲，线圈将产生明显的轴向运动分量，严重干扰到检波器对实际轴向运动的响应。

通常，检波器的轴向振动自然频率接近检波器的频带下限，其横向振动假频接近检波器的频带上限，假频频率一般为自然频率的几十倍左右，实现假频对自然频率高比值的检波器比较困难。本课题研制 1Hz 地震检波器，若不考虑如何有效的提高假频，则加工出的地震检波器工作频带上限仅几十赫兹。为了使得 1Hz 地震检波器的频带上限超过 100Hz，检波器在结构设计中采用惯性体两侧各 4 片弹簧结构设计，并在各弹簧片中间加垫片以达到弹簧片形变一致的目的。该结构在保证低轴向自然频率的同时，提高了检波器的横向振动假频，有效的实现了假频与自然频率的大比值。图 5.6 为 1Hz 动圈式地震检波器的 3D 效果图，从图中可以看出 1Hz 低频检波器采用单面 4 片弹簧，图 5.7 为 1Hz 低频地震检波器的整体结构照片。

综合地震检波器在弹簧片、线圈、线圈支架、磁路及机械结构等方面的设计，1Hz 水平及垂直地震检波器芯体被正交安装于密封、防水的仪器外壳内，整体安装照片如图 5.8 所示，实现了对地震信号的三分量测量。

1Hz 动圈式地震检波器：

自然频率 1Hz±10%；

带宽 1～100Hz；

灵敏度 1800mV/(cm·s) ±10%；

阻尼 0.43±10%；

1～20Hz 频带内相位差<±5°；

失真度<0.3%。

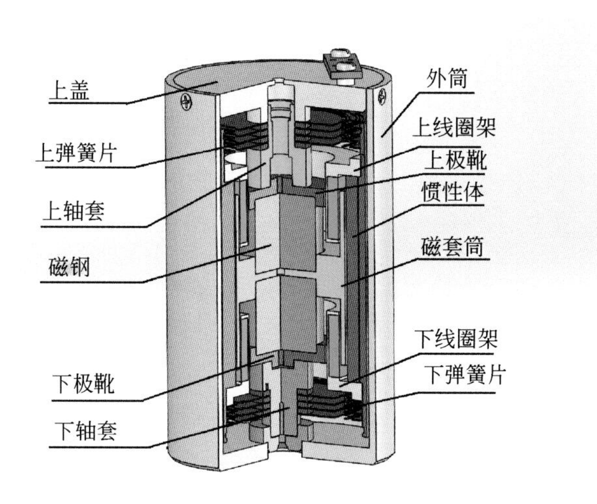

图5.6　1Hz 动圈式地震检波器3D效果图

图5.7　1Hz 动圈式低频地震检波器的整体结构照片

图5.8　1Hz 地震检波器整体安装照片

5.2　宽频带地震检波器

伺服、零极点补偿以及力平衡反馈技术的引入使得检波器能在一个很宽的频带范围内感知地表的运动，因而产生了宽频带地震检波器．宽频带地震检波器大部分是三分量的，这些检波器被应用在被动源实验中，记录来自区域地震和远震的微弱信号以及背景噪声。其中比较典型的宽频带检波器有加拿大 Nanomatric 公司的 Trillium120 和 Trillium240（图 5.9 左上）、英国 Guard 公司的 CMG-1T（图 5.9 右上）、CMG-3T 以及瑞士 Strecheisen 公司的 STS-2，国内港震技术公司的 BBVS-60（图 5.9 左下）和 BBVS-120（图 5.9 右下）。下面是一些典型宽频带检波器的主要技术指标对比：

图 5.9　Trillium240

表 5.1　典型宽频检波器的性能指标对比

检波器型号	自然频率/Hz	动态范围/dB	灵敏度/(m·s)
CMG-1T	0.0027-50	>107	1500
CMG-3T	0.0083-50	>140	1500
Trillium120	0.0083-175	——	1201
Trillium240	0.0042-223	——	1196
STS-1	0.0027-10	>140	2500/2300（垂直/水平）
STS-2	0.0083-50	>140	1500
VSE-355G3	0.008-70	>140	10
CTS-1	0.0083-50	>140	2000
JCZ-1	0-50	>140	2000
BKD-2	0.1-500	——	500
FBS-3A	0.05-40	120	1000
FSS-3M	0.5-50	>120	1000
BBVS-60	0.017-40	>140	1000/2000（单/双端）

续表

检波器型号	自然频率/Hz	动态范围/dB	灵敏度/(m·s)
KS-2000	0.01-50	150	2000
KS-54000	0.003-10	150	2400
FBS-23	DS-50	>100	5V/g
LE-3D/20s	0.05-40	>120	1000

5.3 电化学地震检波器

电化学地震传感作为一种新型的地震传感技术，从原理上摒弃了传统的“质量块-弹簧-阻尼器”感知振动的系统，是地震检波器的革新。电化学地震检波器是利用电解液中带电离子的运动来实现对地面振动的观测，当电解液在外界震动的作用下在管道内移动时，溶液中的离子在阴极和阳极之间发生迁移。与电解液运动速度成比例的附加电流就会流向电极。通过测量该附加电流，可以得到外界加速度的大小，由此可以记录到地震的速度或者加速度。同传统地震检波器使用前需要惯性体解锁、中心校准及水平调节等复杂操作相比，电化学地震检波器汇集众多优点：①采用电化学方法设计的地震检波器的功耗非常小；②增益单元所用惯性体为液体，其地震检波器的输出与惯性体的位置无关，没有惯性体的锁死和中心调节要求；③频带范围宽，能进行极低频率测试；④电化学地震检波器的理论动态范围可以无限大；⑤可以在大倾角范围工作，工作温度范围宽，无需任何维护。

美国PMD公司已经研制成功了电化学旋量地震仪、强震仪、宽频带地震仪以及海底地震仪。此外俄罗斯莫斯科物理工艺研究所也研制了类似的地震检波器，能够检测0.005～1000Hz范围内的振动频率。但是由于器件采用金属铂丝网状电极与多孔陶瓷薄片和陶瓷管组装而成，组装时需要将铂丝网和陶瓷薄片的细小网孔对准，使其工艺复杂、成本高、一致性差、批量化生产能力差、体积大、功耗大，制约着其使用范围。

5.3.1 电化学地震检波器的研制

1. 电化学地震检波器的理论分析及仿真

1）电化学地震检波器的理论研究

低频带电化学地震检波器的采用叠层微电极结构如图5.10所示，传感器的敏感元件置于溶液腔中，溶液腔的两端由弹性阻尼膜密封，整个器件被置于被测物体（一般为地面）上，并随着被测物体一起振动。敏感元件感受外界速度、加速度以及压力的变化导致电极电流的变化，检测电极电流，便可推算出被测物体的振动情况。叠层微电极低频带电化学地震检波器的理论模型分为拾振动力学模型和机电转换模型（即电化学模型）两个部分，研究传感器的理论模型，有助于我们研究传感器的灵敏度、频率范围等性能与敏感元件尺寸结构等参数之间的关系，从而优化结构参数，提高传感器的性能。

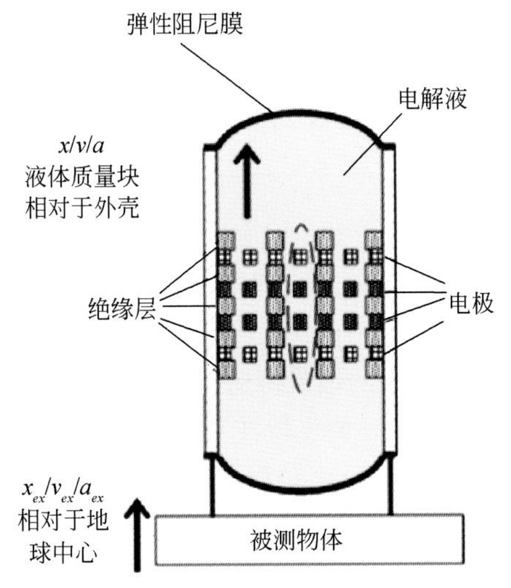

图 5.10　低频带电化学地震检波器模型示意图

传感器的机电转换模型采用两组电极，按照“阳极–阴极–阴极–阳极”的方式排列，电解质溶液选用电化学增益器的常用电解质溶液，即碘化钾和碘单质的混合溶液。通常情况下，溶液中的 I^- 和 I_2 会发生络合反应：$I^-+I_2\leftrightarrow I_3^-$。这个反应大大的提高了 I_2 的溶解度，由于 I^- 的浓度远大于 I_2 的浓度，所以 I_2 主要以 I_3^- 的形式存在，则电化学反应中的氧化剂为 I^-。还原剂为 I^-。

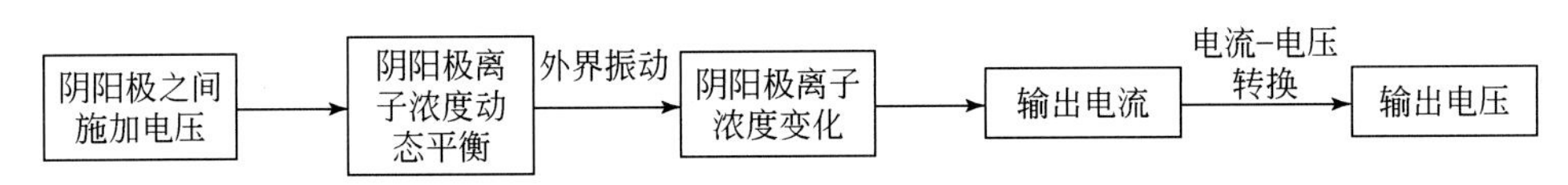

图 5.11　机电转换模型的敏感机理框图

机电转换模型的敏感机理：在阳极和阴极之间施加工作电压，电解质溶液中的离子在阴阳极表面发生还原反应或者氧化反应并达到动态平衡：

阳极：$3I^- -2e\rightarrow I_3^-$。

阴极：$I_3^-+2e\rightarrow 3I^-$。

受到外界振动时，溶液内部产生溶液的流动，改变溶液中离子的浓度分布，使阴极的输出电流发生改变，因为两对电极对称排列，所以两个阴极的电流呈相反变化；将两阴极输出的电流信号经过电流–电压转换电路转化为电压信号差分输出，检测此差分输出，即可推算出外界振动的幅值、频率等。

电化学地震检波器的传递函数由 Kozlov 等进行了推导，认为电化学地震检波器的传递函数为电化学敏感元件和机械振荡系统的传递函数的乘积，但是由于拾振动力学环节的系统阻尼和弹性系数无法确定，而且就目前现有的理论模型而言，仅仅研究了一些简单边界条件下，或者是一维模型下的离子浓度分布，对检波器优化的指导意义不大，进一步的优化还需要借助仿真分析。

2）电化学地震检波器的仿真和结构优化

由于目前无法准确得到检波器的传递函数，我们利用有限元仿真软件 Comsol Multiphysics，在电化学和流体学的耦合场中，对器件模型进行仿真，通过改变绝缘层厚度、电极厚度、溶液流速等参数，研究传感器灵敏度、频率范围等性能。基于之前对检波器的理论分析，利用对流扩散方程、连续性方程、Navier-Stokes 方程、Butler-Volmer 公式，再加上一定的边界条件，例如：流道表面无滑动，绝缘介质表面通量为 0 等，入口和出口处的浓度固定，对地震检波器的工作原理进行模拟仿真。

所用溶液的电解质为 KI 和 I_2，则公式中所涉及的已知参数为：$T=300\mathrm{K}$，起始时离子浓度分别为 $C_{I^-}=1000\mathrm{mol/m^3}$ 和 $C_{I_3^-}=10\mathrm{mol/m^3}$，溶液密度 $\rho=1.473*10^3/\mathrm{m^3}$，黏度系 $\mu=1.4*10^{-3}\mathrm{P}$，离子扩散系数分别为 $D_{I^-}=D_{k^+}=2.8*10^{-9}\mathrm{m^2/s}$，$D_{I_3^-}=2*10^{-9}\mathrm{m^2/s}$，氧化还原反应速率常数分别为标准电极电势 $E_0=0.54\mathrm{V}$，阳极电压 0.3V，阴极 0V。

对地震检波器敏感元件的结构进行简化，选取一个绝缘层孔大小的区域作为检波器的一个单元，由于检波器具有对称性，所以我们只进行二维仿真，2D 模型如图 5.12 所示，其中模型两端分别为溶液的进口和出口，$H_0=450\mu\mathrm{m}$ 为流道高度，$L_0=4\mathrm{cm}$ 为流道的长度；L_S 为一组阴阳极的电极间距，即绝缘层的厚度，L_D 为两组阴极间的距离；L_A 为阳极的长度，L_C 为阴极的长度，L_P 为阴极孔的宽度。初始 $t=0$ 时，让溶液静置。静置 t_0 秒之后，在模型进口加上按正弦变化 $v=\nu_0\sin(2\pi f(t-t_0))$ 变化的速度。如前文所述，地震检波器的电极电流主要由阴极处 I_3^- 的分布情况决定，所以将其作为仿真的重要结果之一，通过软件仿真得到溶液中离子浓度的分布变化。因为阴极处 I_3^- 的法线总通量与阴极的电流密度成正比，并且由于两阴极对称排列，变化也呈相反趋势，因此采用两阴极处 I_3^- 的法线总通量的差分作为输出，反应阴极电流的变化。

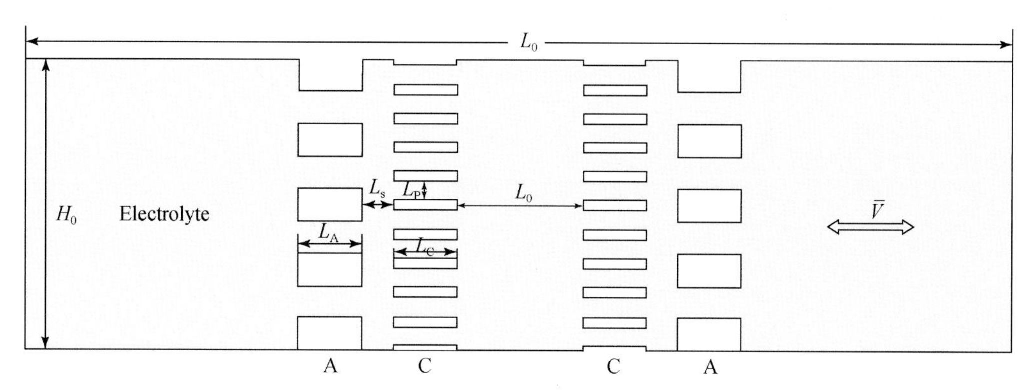

图 5.12　简化仿真结构示意图

器件的特性受到传感器尺寸参数的影响，如绝缘层厚度、电极厚度等。Kozlov 对传感器的结构尺寸对器件特性的影响做出了分析，并得出了一些实验性的结论，如绝缘层越薄、流阻越小、频率范围越大；Agafonov 则认为改变电极的孔径有利于提高检波器的高频特性。我们仿真研究在不同绝缘层厚度，电极长度，以及不同电极孔径下检波器的频率特性曲线，从而为器件的设计提供理论依据。

固定溶液振动的频率为0.01Hz，改变加在模型进口处的速度，观察两阴极处 I_3^- 的法线总通量的差分，即可得到如图5.13所示的速度灵敏度曲线。由图可以看出，速度灵敏度曲线在 $10^{-6}\sim4\times10^{-4}$m/s 的范围内基本为一直线，响应随着速度的增加而增加。然而在 10^{-6}m/s 以下的速度范围内，由于速度过慢，离子保持基本静止的状态，因此响应基本为直流偏置，在 4×10^{-4}m/s 之后的速度范围内，响应基本不再随速度的增加而变化。响应随速度变化的，在此后的仿真中，选择曲线中较为平稳的一段中的 1×10^{-5}m/s作为固定速度。

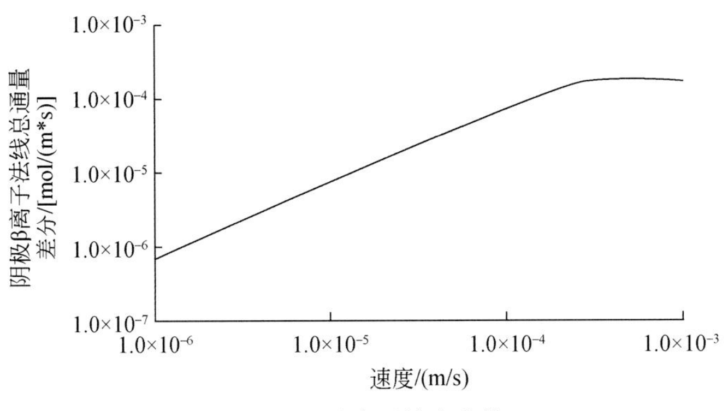

图5.13 速度灵敏度曲线

绝缘层对检波器的影响：固定 $L_A=L_C=100\mu m$，$L_P=50\mu m$，我们讨论绝缘层对器件性能的影响，包括阴阳极间、阴阴极间两种绝缘层对器件性能的影响。首先我们研究了从电极附近从阳极到阴极区间的 I_3^- 浓度分布，如图5.14所示。图5.14表明，绝缘层附近的浓度分布基本为直线分布，可以预料随着绝缘层的减小，直线的斜率也会随之增大，即阴极附近的 I_3^- 浓度梯度也会增加，所以可以提高器件的灵敏度。

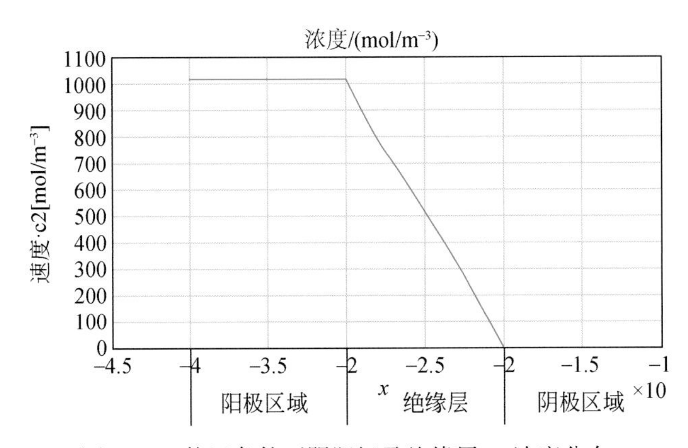

图5.14 静置条件下阴阳极及绝缘层 I_3^- 浓度分布

固定 $L_D=200\mu m$，我们又研究了几个典型阴阳绝缘层厚度下：200μm、100μm、50μm、10μm时检波器的频率特性，如图5.15所示。

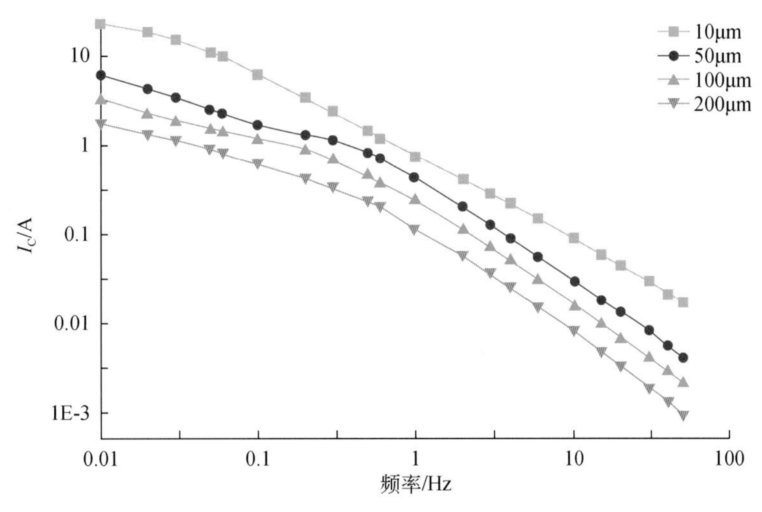

图 5. 15　阴阳极绝缘层对检波器频率特性的影响

图 5. 15 表明，减小绝阴阳极缘层对检波器的灵敏度有明显的提升，但是 4 条曲线基本平行，说明绝缘层的厚度对检波器的频率特性影响不大。

Kozlov 认为增加两组阴极间的间距有助于改善检波器的低频特性。固定 $L_S = 10\mu m$ 这里我们讨论了 3 种不同 L_D 下：1000μm、200μm、10μm 检波器的幅频特性，如图 5. 16 所示。

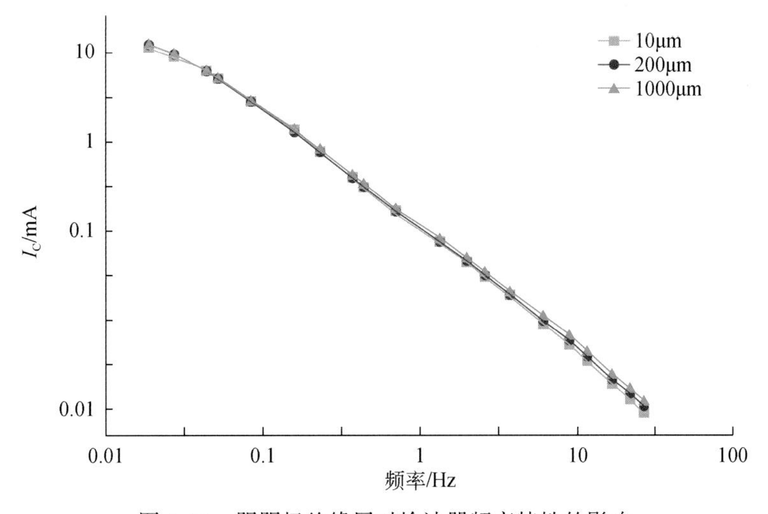

图 5. 16　阴阴极绝缘层对检波器频率特性的影响

从图 5. 16 可以看出，在 3 种不同 L_D 下检波器的幅频特性曲线基本重合，这说明 L_D 对器件的频率特性以及灵敏度影响都不大。从 I_3^- 浓度分布来看，阴阴极间的 I_3^- 浓度非常的低，L_D 的改变对该区域离子浓度分布影响不大，所以造成 L_D 对器件性能影响不大。考虑到增加 L_D 会增加器件的流阻，所以可以尽量减小 L_D。

电极长度对检波器的影响：阴阳极的长度直接影响电化学反应的反应面积，MET

公司认为阳极的长度至少需要是阴极的两倍，以保证阴极有足够的反应离子，并且为了保证检波器的灵敏度，阴极不可小于 100μm。固定 $L_S=10\mu m$，$L_D=100\mu m$，$L_P=50\mu m$，我们分别讨论了阴极长度和阳极长度对检波器性能的影响。首先 L_C 固定为 100μm，我们依次模拟了检波器在 L_A 分别为 10μm、100μm、500μm 时的幅频特性，结果如图 5.17 所示。

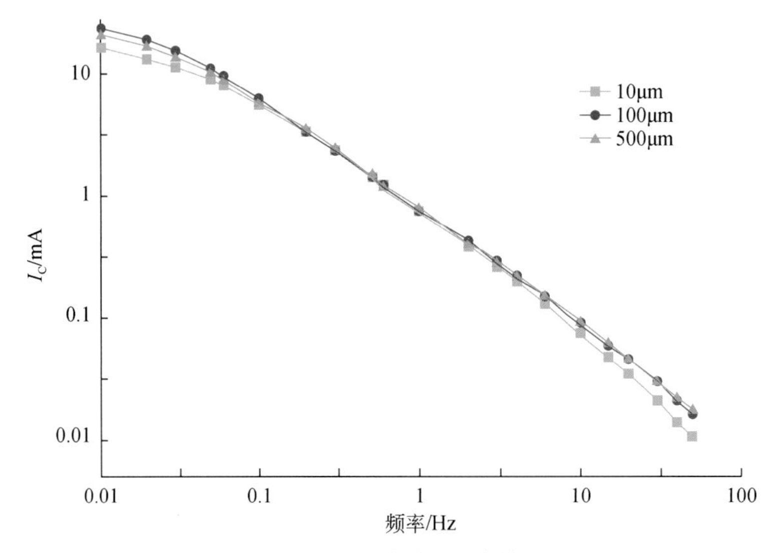

图 5.17　阳极长度对检波器频率特性的影响

从图 5.17 可看出，L_A 分为 100μm 和 500μm 时的，两者的幅频特性曲线几乎重合，这说明阳极的长度并不需要是阴极长度的 3 倍，而当阳极长度继续减小，$L_A=10\mu m$ 时检波器的特性也只是最低频段和最高频段的性能略有下降。同样考虑到检波器的流阻，阳极长度在 50～100μm 是较为理想的。

阴极是反应电流产生的区域，阴极尺寸将直接影响输出的大小，将阳极长度设置为 100μm，我们讨论了在阴极分别为：2μm、10μm、100μm、500μm 时，检波器的幅频特性，如图 5.18 所示 . 100μm 和 500μm 的两条曲线是完全重合的，这说明在 0.01～50Hz，对流和扩散影响到阴极的区域不超过 100μm。10μm 阴极器件的低频特性较差，而高频逐渐与 100μm 时的曲线重合，这说明在低频时震荡影响的区域超过 10μm，而震荡影响的区域随着速度的频率上升而减小到 15Hz 时震荡影响到的范围将在 10μm 以内。绿线则表明在 0.01～50Hz 内震荡影响到的区域都大于 2μm，所以综合考虑检波器的灵敏度、频率特性、流阻，阴极长度在 50～100μm 是合理的。

扩散长度对检波器的影响：扩散长度 $\lambda_D=\sqrt{D/\omega}$ 反应在某个频率震荡下扩散能到达的范围，所以随着频率增加时，λ_D 逐渐减小，到达阴极表面的离子数目也会随着减小，因而造成检波器输出在高频的衰减。所以减小阴极的孔径，使阴极到流道中心的距离小于扩散长度。我们仿真了 4 种不同的阴极间距下，$L_P=10\mu m$、$20\mu m$、$50\mu m$、$90\mu m$ 时检波器的幅频特性，结果如图 5.19 所示。

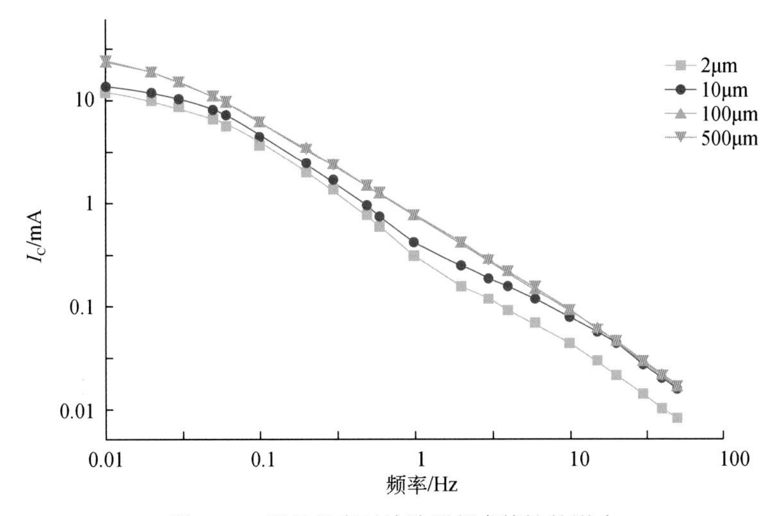

图 5.18　阴极长度对检波器频率特性的影响

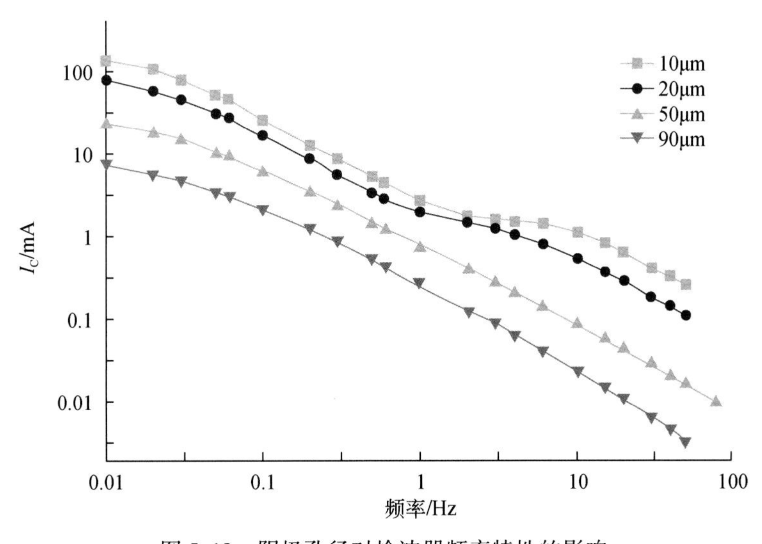

图 5.19　阴极孔径对检波器频率特性的影响

不难看出，随着 L_P 减小检波器的高频衰减逐渐变慢，因此减小的却能改善器件的高频特性。由于假设 I_3^- 的扩散系数可能比实际要小，所以实际器件的高频特性可能会改善得更多。

出口宽度对检波器的影响：为了提高器件的响应，本书将仿真模型的进口和出口的高度加大，其模型如图 5.20 所示，在进出口高度分别为原始高度（0.45mm）的 2 倍、3 倍、4 倍情况下，得到频率响应曲线，如图 5.21 所示。由曲线可以看出，随着进出口高度的增加，响应也越来越大，且高端截止频率均在 0.5Hz，说明进出口高度对截止频率没有影响。用一个更直观的图来看，如图 5.22 所示，在速度为 2×10^{-5}m/s，频率为 0.01Hz 的稳定输出下，输出和进出口的关系基本为一条直线，输出随进出口的高度增加而增加。出现这种现象的原因是增大了进出口的高度后，在相同的速度下，通过流体的挤压作用，流体经过电极和绝缘层的流速要比进口所加的速度大，根据速度响应曲线，流速越大、响应越大，所以，模型的输出增加。因此，为了提高响应，要在尽可能的范围内增加进出口的高度。

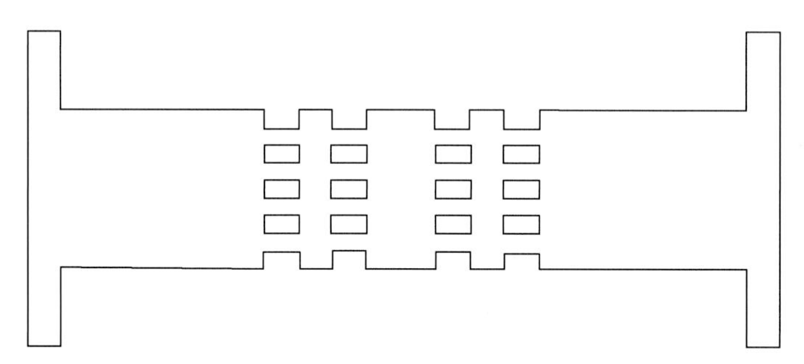

图 5.20　加大进出口高度后的仿真模型

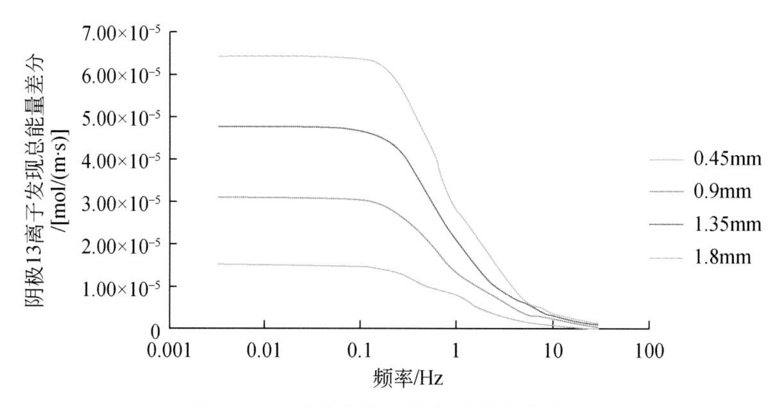

图 5.21　不同进出口高度下的频率响应

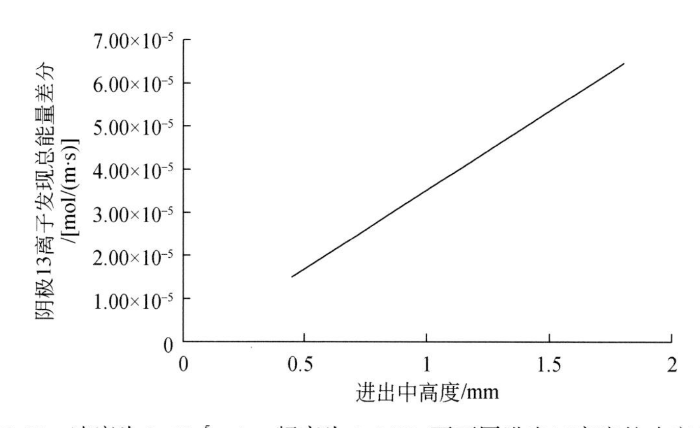

图 5.22　速度为 2×10^{-5}m/s、频率为 0.01Hz 下不同进出口高度的响应曲线

5.3.2　电化学地震检波器的制作及封装

1. 电化学地震检波器敏感元件的制作

电化学地震检波器的敏感核心采用叠层微电极结构，电极的排布方式为阳-阴-阴-阳，电极间由多孔绝缘层隔开以防止短路。敏感元件采用硅作为衬底制作，使用双面抛光的硅片。制作的主要工艺包括光刻、深反应离子刻蚀、氧化、溅射、键合等，其工艺流程如图5.23所示。

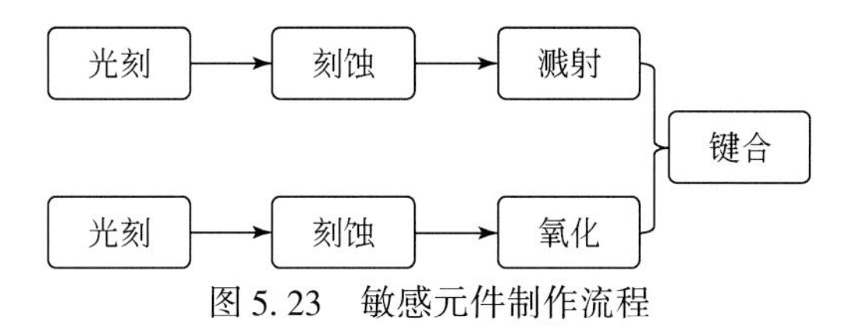

图5.23　敏感元件制作流程

2. 电化学地震检波器封装的设计与实现

MEMS器件应用于多样的环境中，因此需要根据不同的环境和需求设计不同的封装。叠层微电极低频带电化学振动传感器的封装主要有以下要求：保证密封，使溶液在腔体内可以自由流动，不能使溶液产生泄露和蒸发的情况；由于电解液为碘-碘化钾溶液，具有较大的腐蚀性，因此封装材料要有很强的化学稳定性；外壳需设计注液孔，便于注入和释放溶液；保证电极引线不与溶液接触，避免引线被腐蚀；设计引线出口，便于连接外部电路；根据拾振环节的传递函数，欲改善器件的低频特性，需要增加系统质量和减小系统弹性系数，反应到封装上，即增加溶液腔的体积，并在密封时在腔体两端使用柔性密封材料；根据仿真结果，增加进出口的高度可以提高响应，反应到封装上，即腔体两端的截面积要比腔体中心，即敏感元件所在的位置大。

根据上述的要求，设计出如图5.24所示的封装结构，主体为有机玻璃，顶端的溶液腔截面积较大，流道截面积较小，用以增加响应，内部的圆柱形凹槽用于放置敏感元件，腔体两端的柔性材料为圆形的橡胶膜，并加上不锈钢圈用于保护器件和密封，以及和外界的连接固定。

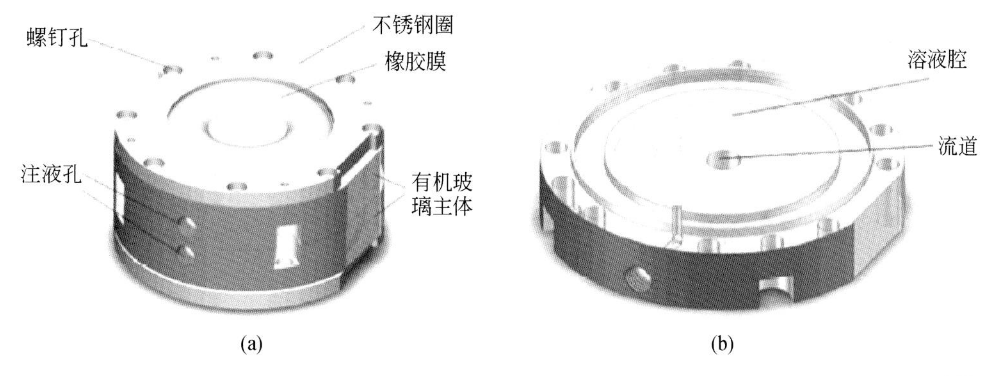

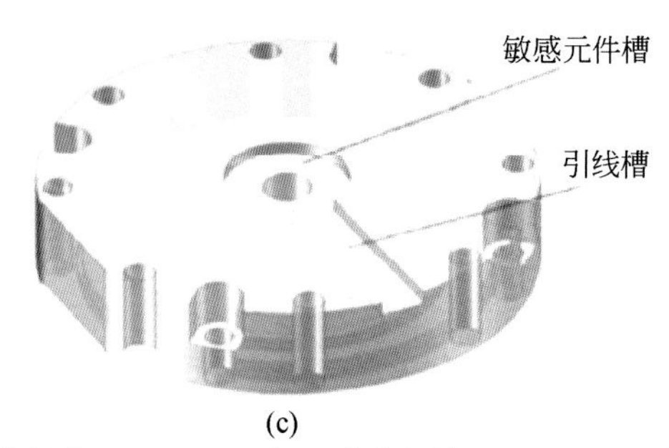

(c)

图 5.24　(a) 整体封装原型、(b) 有机玻璃主体正面和 (c) 有机玻璃主体底面图

敏感元件的封装采用以下的方式：在有机玻璃主体的敏感元件槽内涂抹环氧胶，胶面略低于凹槽边缘，将敏感元件置于环氧胶上，注意不能堵住电极上的流道孔；在另一半有机玻璃主体的敏感元件槽内涂抹环氧胶，并在两个有机玻璃主体的底面均涂上环氧胶，两个有机玻璃主体合在一起，通过螺钉紧固后放入烘箱加快环氧胶固化；待环氧胶完全固化之后，敏感元件即被固定在有机玻璃主体中。

基于此种封装方式，封装后的器件存在一些问题：环氧胶极易堵住敏感元件的流道孔，使器件灵敏度降低，并且由于粘结的随机性，造成器件间一致性较差；环氧胶固化之后非常坚硬，因此器件封装好之后几乎不可能再拆开，致使外壳的重复利用率低，增加器件成本；目前市面上用于密封的化学胶均为大分子胶，非常容易吸附溶液中的碘，使溶液浓度降低，减小器件灵敏度，并且降低器件寿命。

整体的封装步骤如下所述：

分别将环形橡胶垫置于两个密封单元的凹槽中，将敏感元件置于橡胶垫中央，两个密封单元对准之后用螺钉通过螺钉孔拧紧；

在外壳的橡胶垫槽中放置橡胶垫，并将密封单元放置在密封单元槽中，两个外壳有机玻璃主体合在一起，并在两端覆上橡胶膜和不锈钢圈，通过螺钉紧固；通过注液孔注入溶液，溶液选用 Kozlov 等得出的碘化钾 2mol/L，碘 0.02mol/L 的典型溶液配比，并用密封垫和螺钉密封注液孔，形成一个完整的密封环境。

通过改进后的封装方法封装后的器件如图 5.25 所示，(a) 为敏感元件的实物照片，在电极上焊出引线，焊点用环氧胶保护；(b) 为封装好的敏感元件照片；(c) 为整体器件照片。另外为了抵消重力作用和进一步地减小系统的弹性系数，在器件下方的橡胶膜上连接一个弹簧，并放置于专用底座中，弹簧相当于与器件的橡胶膜串联，从而减小了系统的弹性系数，达到降低频带的作用，连接方法如图 5.26 所示。

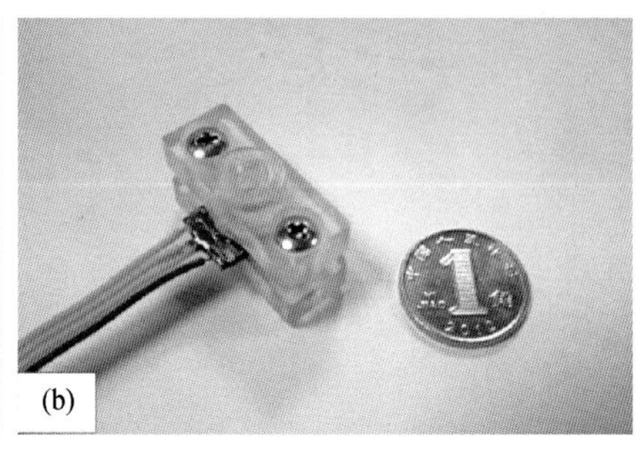

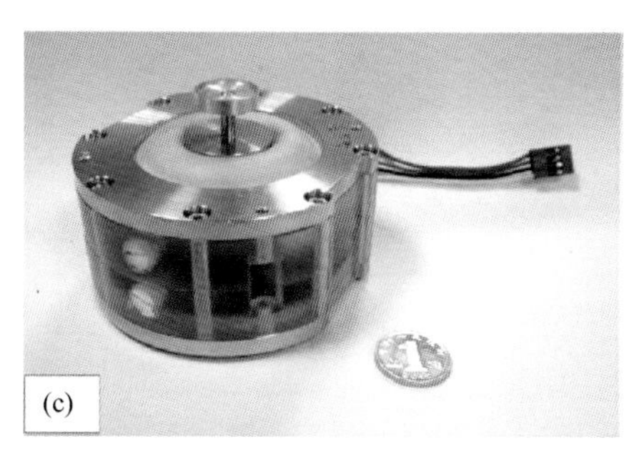

图5.25 （a）敏感元件照片、（b）封装好的敏感元件照片以及（c）封装好的器件照片

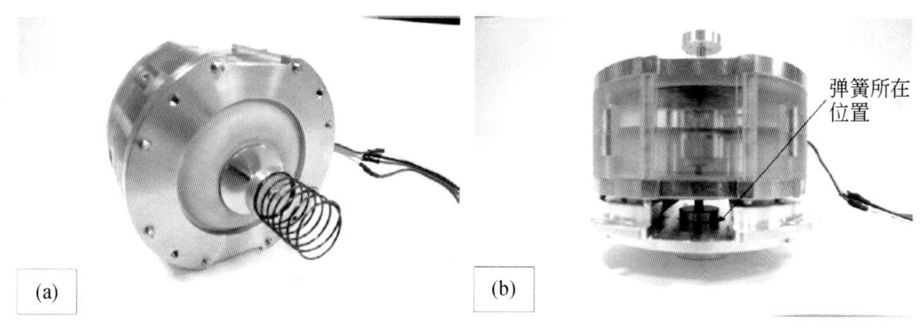

图5.26 器件与弹簧连接图

为了实现对地震信号的三分量检测，设计了三分量检测电路和封装外壳，研制出MECSS3-I型三分量电化学地震检波器，将单分量的电化学地震检波器互相正交安装在外壳上，其原型器件如图5.27所示。检测时保持外壳水平并且定好检测的方向，就能检测出三分量的地震信号。

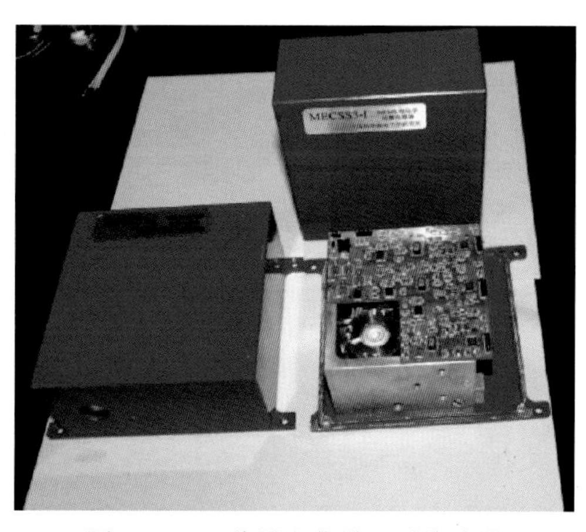

图5.27 三分量电化学地震检波器

电化学地震检波器技术指标：检测范围-10～10cm/s、频带宽度20s～20Hz。

5.4 基于 MEMS 技术的新型数字地震检波器

数字检波器与 MEMS 传感器集成并微型化在一起，构成了新型数字地震检波器。其特点是内部包含 MEMS 传感器和微型化的24 位 ADC 电路，直接输出24 位数字信号；动态范围可达到120dB，比传统检波器的动态范围至少高出 50 ~ 60dB；幅频特性十分平坦，在 1 ~ 800Hz 范围内，始终保持平直，而输出相位为零相位；超低噪音特性、极高的向量保真度、不受外界电磁信号干扰的影响。从性能方面看，MEMS 检波器的优点表现在频谱特性，动态范围，相位特性，抗电磁干扰等方面。目前世界上比较成熟的数字地震检波器是法国 Sercel 公司的 DSU 型数字检波器［图 5. 28（左)］和美国 ION 公司的 VectorSeis 型数字检波器［图 5. 28（右)］。

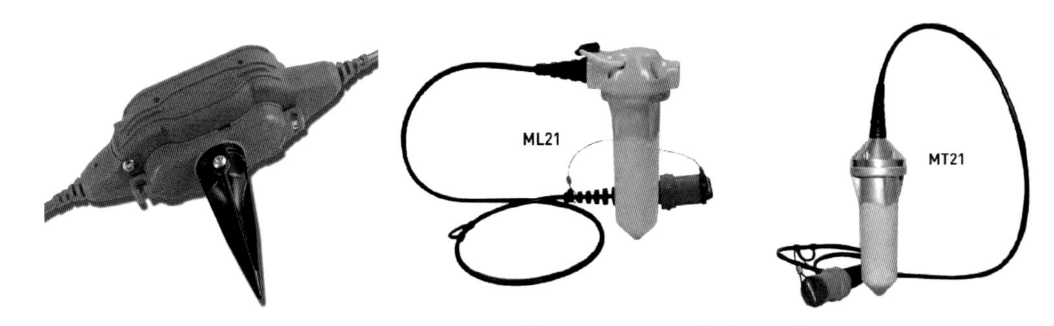

图 5. 28　DSU 型数字检波器和 VectorSeis 型数字检波器

表 5. 2　DSU 型和 VectorSeis 型数字检波器性能指标对比

参数	DSU1-508	ML21& MT21
频带宽度/Hz	0 ~ 800	3 ~ 375 Hz
动态范围/dB	128	112 @ 1 ms
噪声	15ng/$\sqrt{}$Hz	0. 4μm/s^2/$\sqrt{}$Hz
满量程	5 m/s^2	±3. 3m/s^2
数字量化	24 位	24 位

5.5 压电检波器

目前国内外应用在地震勘探中的压电检波器主要分为两种：压电压敏型检波器和压电加速度型检波器。压电压敏型检波器，又称为水听检波器，大多应用在海洋勘探和沼泽勘探中。压电压敏型检波器主要由本体、弹性敏感元件和电压转换元件组成，以压电晶体为转换元件，输出的大小反应所受压力的大小，从而达到检测震动大小的目的。压电检波器具有高保真度、大动态范围、频带宽、相位差小、高灵敏度等特点。

压电加速度型检波器以压电晶体为转换元件，其输出与加速度成正比，这种检波器通常应用在工程振动测量中。在压电转换元件上安装一质量块，质量块上加一个预紧螺母可以看成一个简单的压电加速度检波器模型。压电加速度检波器是基于厚度变形的压缩式检波器，具有结构简单、灵敏度高的特点。与常规的动圈式检波器相比，压电加速度检波器的低频和高频响应特性都很好，理论上静态输出为零。压电加速度型检波器的敏感元件一般采用层叠组合结构，内部各部件之间刚性连接，灵敏度、稳定性和抗电磁干扰能力方面性能优越。

5.6 光纤传感器

光纤传感技术以光纤为媒质、光为载体，感知和传输外界信号，具有动态范围大、工作频带宽、灵敏度高、绝缘性好、耐腐蚀、抗电磁干扰、方便组网及长距离传输等优点，适用于边远山区与边界安全监测以及石油勘探中高温高压强电磁强辐射的井下环境等一些传统传感器受限制的领域。

近20多年以来，各种类型的光纤传感器被用于地形变观测、地震波探测、水文地球化学观测和地磁观测的领域，已经取得了不少实验室成果及实际应用。目前已出现的光纤地震波探测技术主要采用的传感机理有：强度调制型、光纤光栅型、马赫-曾德尔干型、迈克尔逊干涉型、萨格纳克干涉型、法布里珀罗干涉型、光纤激光型以及分布型等。美国加州大学圣地亚哥分校 M. Zemberge 研制出了基于迈克尔逊干涉仪的光纤地震检波器，实现了高达4×10^{-13}m 的位移测试精度，带宽为$10^{-3}\sim1$Hz，动态范围达到180dB，并记录了2008年5月12日发生在四川的一次里氏7.9级地震。WeatherFord 公司的井下 VSP 系统 ClarionTM 采用双光纤光栅构成的 *F-P* 干涉仪为传感元件，能够实现高灵敏度大动态范围的信号解调，并采用特殊设计的机械结构实现了三维地震波采集，并能够适用于井下175℃的高温及10^8Pa 的高压环境，系统工作频段为$10\sim400$Hz，最小可探测的加速度为（$100\sim500$）$\mathrm{ng}/\sqrt{\mathrm{Hz}}$。

第6章　无缆遥测地震数据采集野外工作方法

6.1　二维地震数据采集——以兴城地质走廊带采集为例

勘探区域穿过辽宁省葫芦岛市和朝阳市的六家子镇。葫芦岛市位于辽宁省西南部，地处华北和东北两大经济协作区的交汇地带，东邻锦州，北靠朝阳市，西连山海关，南濒渤海辽东湾，地理坐标为E120°50′，N40°42′。在行政区上，该区隶属于辽宁省。在地貌上，该区属于江西山地黑山丘陵的东部边缘，区域地貌为海滨丘陵。海拔高度一般为20～500m，相对高差200～350m。山体的总体走向为北东向，地势总体上西北高而东南低。葫芦岛市交通发达，设施完备，公路、铁路、海运、空运形成了立体化的运输网络。京哈铁路、京哈公路和京哈高速公路横贯全境，交通十分便利。朝阳市位于辽宁省西南部，辖境居东经118°50′～121°17′和北纬40°25′～42°22′之间，东西跨度165km，南北跨度216km，边界周长980km。北与内蒙古自治区赤峰及通辽接壤；南与本省葫芦岛及河北秦皇岛毗连；东与本省阜新、锦州为邻；西与河北承德、秦皇岛交界。在行政区上，该区隶属于辽宁省。六家子镇位于朝阳市的西南紧邻葫芦岛市的谷杖子乡，其自然地理情况与葫芦岛市基本相同。本区地表起伏较大，地势总体呈西北高、东南低的趋势，为松岭山脉延续分布丘陵地带。各测线地震地质条件各不相同，等级中等偏上，具备完成地质任务所需要的地球物理条件。

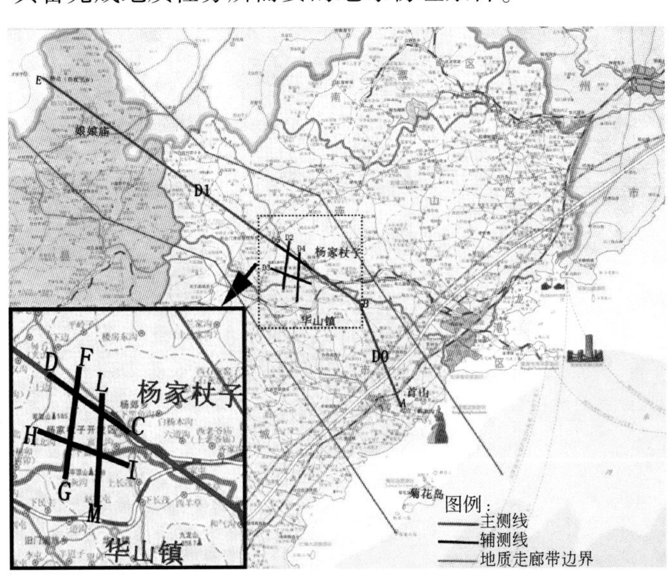

图6.1　兴城地区二维地震勘探部署图

6.1.1　区域概况

6.1.1.1　地震地质条件 800 线表层地震地质条件

800 线海拔高程在 4 ~ 191m，中部至南部海边为农田，土层厚小于 0.5m，在本次施工中地表工作条件最好，相对于其它地震测线地表最平坦，海拔高程 8 ~ 80m，但同时也是交通最发达、人口密度最大、地面干扰源最多的测线；北部为山区，地表裸露岩石，起伏较大且通行困难，海拔高程最大超过 180m。图 6.2 详细绘制了检波器及其地表表层高程之间的关系。

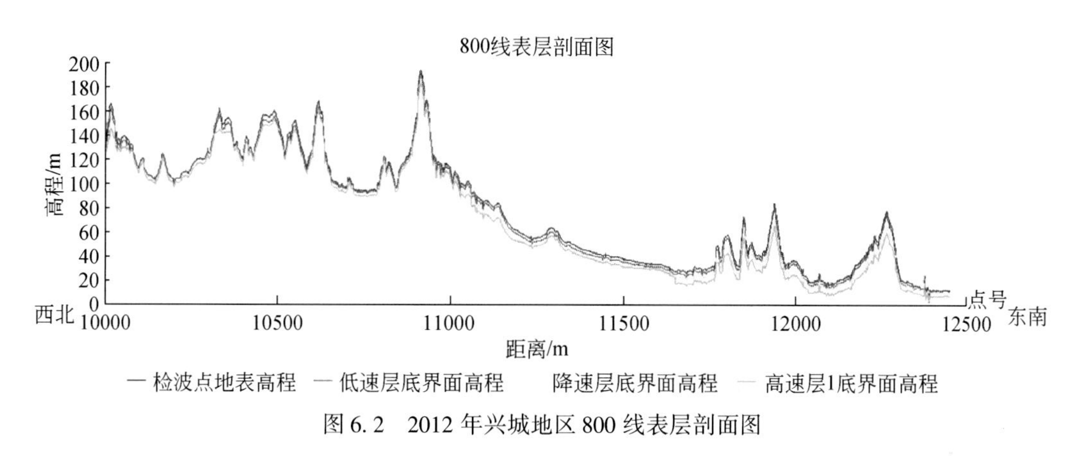

图 6.2　2012 年兴城地区 800 线表层剖面图

800 线表层一般分两至三层，低速层速度为 350 ~ 1000m/s，降速层速度为 1000 ~ 3750m/s，低降速带厚度在 5 ~ 12m；高速层一般在致密岩石区，岩性主要为花岗岩，速度为 2900 ~ 4900m/s。该测线部分炮点位于河套地区，其浅层为沙含砾石，难以成井，本次生产采用组合井激发。总体上讲，全区表层地震地质条件较好，高速层一般在致密岩石区，激发条件优越。

6.1.1.2　深层地震地质条件 800 线表层地震地质条件

本区发育地层比较齐全，自下而上为：太古界、元古界、古生界、中生界及新生界，区域地层和勘查区地层详细情况如表 6.3 所示。800 线大部分地段出露地层为太古界变质岩或岩浆岩，局部小面积出露沉积岩，因此大部分地段浅层没有反射波。在试验和生产的地震监视记录上，时间为 6.5s 处发现一层比较明显的地震反射波，估算深度超过 17km，因没有该区构造解释成果，暂时可理解为上地壳与下地壳之间的分界面（老基底）。

由于沉积岩系不发育，浅层没有反射波。但是深层反射波比较发育，特别是 6.5s 反射波非常明显、大多数监视记录均见该反射波。说明 800 线深层地震地质条件比较好。

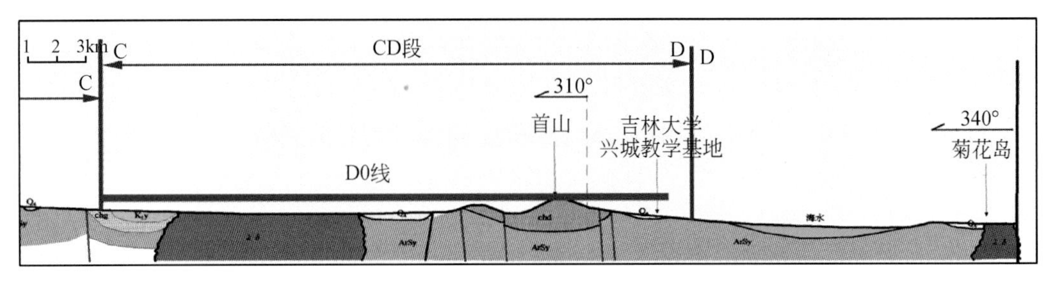

图 6.3　2012 年兴城地区 D0（800）线地层剖面示意图

800 线大部分地段出露地层为太古界变质岩或岩浆岩，局部小面积出露沉积岩，因此大部分地段浅层没有反射波。在试验和生产的地震监视记录上，时间为 6.5s 处发现一层比较明显的地震反射波，估算深度超过 17km，因没有该区构造解释成果，暂时可理解为上地壳与下地壳之间的分界面（老基底）。

由于沉积岩系不发育，浅层没有反射波。但是深层反射波比较发育，特别是 6.5s 反射波非常明显、大多数监视记录均见该反射波。说明 800 线深层地震地质条件比较好。

6.1.1.3　勘探难点分析

（1）以往资料显示潜山面波组特征不清楚，形态不能准确落实，内幕反射凌乱，信噪比低；

（2）地层倾角大，成像效果差，断层识别困难，岩性变化大，频率衰减快；

（3）控山断层两侧速度差异大（2 倍左右），对地震波的屏蔽作用强；

（4）中深层地层的吸收衰减严重，层间反射能量弱，层间资料信噪比低。

6.1.2　试验工区观测方案研究

覆盖次数是提高地震剖面信噪比的关键因素。随着覆盖次数的提高，对深层潜山内幕的照明效果逐渐变好。当覆盖次数小时，局部区域会产生“盲区”；当覆盖次数高时，潜山内幕地层基本实现全照明。综合分析认为，覆盖次数是影响潜山内幕资料品质的关键因素。覆盖次数越高，地震照明的效果越好，而且高覆盖采集有利于提高速度分析的精度。在兴城地震地质走廊带，覆盖次数达到 300 次，潜山内幕的资料品质相差不大。800 线测线观测系统如表 6.1 所示。

表 6.1　800 线测线观测系统

测线名	观测系统	道距	炮间距	覆盖次数	接收道数	偏移距	最大炮检距	接收
D0	6020-40-20-40-6020	20m	100m	60 次	600 道	40m	6020m	无缆仪器

注：折射和反射使用不同的无缆仪器，但折射接收使用三分量检波器，可以接收反射信号。

6.1.2.1　D0线无缆自定位地震仪观测方案

主测线D0段采用炸药震源进行地震反射实验，采用8kg炸药震源，中间放炮，600道接收，炮井深15m，炮间距100m，道间距20m，偏移距40m，采样间隔1ms，记录长度15s，表6.2详细展示了800线仪器参数表。

表6.2　800测线仪器参数表

测线名	仪器型号	采样间隔	记录长度	前放增益	记录格式	滤波方式（回放）
D0	吉林大学自主研制的无缆地震仪	1ms	15s	428XL 12dB	吉林大学自主研制的无缆地震仪SEG-2	428XL线性滤波

接收参数建议见表6.3，具体接收因素根据试验结果，以高质量完成勘探目标为要求。

表6.3　800测线接收参数表

测线名	检波器类型	组合方式	组合基距	组内距	组合高差
D0	SG-10（三串三并）	试验确定	试验确定	试验确定	山地小于2m、平地小于1m

800测线激发参数见表6.4，此参数仅供参考，具体参数待试验后，以高质量完成勘探目标为要求。

表6.4　800测线激发参数表

测线名	激发井深	激发井数	激发药量
800	15m	单井	8kg

参考邻区经验并根据本区地表的实际情况，按照规范要求，炮点和检波点纵横向偏移做如下要求：对于不能在理论点位布设的炮点和检波点，可以在以下的范围内选点：检波点、炮点沿测线方向前后偏移≤1/10道距，检波点、炮点垂直测线方向左右偏移≤1道距。主要目的是：优选适合放置山地钻机平台的点位，同时优选接收点，尽量避开岩石裸露的地表。

6.1.2.2　满覆盖边界坐标

表6.5展示了兴城地质走廊带二维地震勘探工程要求满覆盖坐标，表6.6详细展示了兴城地质走廊带二维地震勘探工程测线编排表。

表 6.5　兴城地质走廊带二维地震勘探工程要求满覆盖坐标

测线	控制点	北坐标	东坐标	线号	点号	长度（km）
800	A	4501125.878	309297.0253	800	122980	16.9km
	B	4515980.466	301125.451	800	106020	

表 6.6　兴城地质走廊带二维地震勘探工程测线编排表

测线	测线名	激发点起止 SPS 编号		增量	炮数	接收点起止 SPS 编号		增量	接收点数	方位角
800	XC2012-800	103020	125920	100	230	100000	128940	20	1448	151.2

800 激发点和接收点的 SPS 编号遵循西北小东南大原则编排。同一测线上的激发点和接收点的编号原则相同，激发点和接收点桩号格式为：点号/线号。D0 线测线名为 XC2012-800，线号为 800，激发点起止 SPS 编号为 103020 和 125920，增量为 100。接收点起止 SPS 编号为 100000 和 128940，增量为 20。吉林大学无缆仪器反射接收实验生产方式都遵守此编排如表 6.7 所示。

表 6.7　兴城地质走廊带二维地震勘探工程–无缆地震仪接收生产方式工作量统计

测线号	激发点长度	接收点长度	炮数	接收点数	备注
XC2012-800（D0 井炮）	22.9km	28.94km	230	1448	反射

6.1.3　质量控制措施

6.1.3.1　质量控制目标

①原始资料一级品率≥85%；②资料总合格率≥99%；③一般地区单线空炮率≤3%，居民稠密区、林区单线空炮率≤5%；④一般地区全区空炮率≤1%，居民稠密区、林区全区空炮率≤3%；⑤现场剖面合格率 100%；⑥测量资料合格品率 100%；⑦表层调查资料合格品率 100%。

6.1.3.2　执行的行业标准和规范

严格执行以下规定的标准、规范或文件，当以下标准、规范和文件对同一指标或同一问题发生冲突时，以要求最高者为准。试验参照中华人民共和国石油天然气行业标准《陆上石油地震勘探资料采集技术规范》（SY/T5314-2011）要求进行。

6.1.3.3　各工序质量控制

1）测量质量控制措施

地震测量是保证地震勘探精度的首要环节，为提高本工区的测量精度，开工前编写详细的测量设计；表层结构调查质量控制措施，做好表层结构调查工作，提高表层调查工作的精度，为平坦地表的激发井深设计提供准确的依据，同时为得到高品质的地震资料打下良好的基础。

2）预案工作质量控制措施

检波点选点原则：避石就土、避陡就缓、避干就湿；激发点选点原则：避高就低，避陡就缓，避碎就整。

3）钻井质量控制措施

根据试验结果确定检波器埋置图形。针对不同的地表条件，采取具有针对性的质量保证措施，保证每个检波器与大地耦合良好，保证接收效果。

4）放线流程

①查看桩号，根据地形确定摆放图形；②检查小线是否完好；③链尺量取组内距、组合基距；④清除检波点周围杂草、浮土；⑤“平、稳、正、直、紧”埋置；⑥检波器小线压土。

5）放线质量控制措施

①配备一台测量仪器负责补测工作；②放线前检查桩号，检波点标记丢失，补测后放线；③配备放线链尺，确保检波器组合图形规范，组合中心准确；④放线班长和查线班长负责生产组织和质量控制；⑤查线工配备欧姆表，有故障检波器及时剔除，确保接收设备完好率。

6）仪器质量控制

①在施工前对采集仪器及其附属设备进行全面测试，测试合格后方可投入生产，保证投入施工的附属设备完好率为100%；②开工前对爆炸机进行TB延迟测试，不合格的爆炸机不准用于生产；③每日生产前，进行日检，保证日检合格并保存测试记录；④仪器月检按期完成，按自然日计算，每月做一次，不得超过两天，月检记录经仪器组长签字，技术负责审核后交甲方监督验收；⑤施工中每月对在用检波器的20%进行随机测试，抽样合格率应达到95%以上；如合格率小于95%，则要求在一个月内对所有在用检波器进行检测；⑥在施工过程中与年、月检项目有关的采集设备及参数发生变化时，经检测合格后才能生产；⑦每天生产中监控单炮的施工质量，发现问题及时查找原因；现场动态监控，低噪声接收；做好SPS下载；特殊物理点及特殊情况班报标注清楚并与电子班报、SPS数据一并及时上交施工组。

7）环境噪声控制

①每天放炮前录制环境噪声，施工中实时监控噪声变化情况，并录制噪声值，保证在较低的噪声水平内放炮，收工后将录制的噪声真值上交施工组，数据同时存档，上交甲方；②利用仪器的现场监控功能，定量监控噪声，在要求的噪声水平内放炮；

③风力监测：在仪器上利用风速仪进行风力监测，确保三级风以上不放炮；④加强检波器埋置工作，减小风干扰。

8）室内质量控制

表层工作检查：①小折射密度是否达到施工设计要求，点位是否在偏移要求范围内；②班报：数据填写是否齐全，特殊情况备注是否清楚；③原始记录：初至是否干脆、有无不正常工作道；④岩性录井表：微测井在打井过程中是否按要求捞取、记录岩样；⑤时深曲线图：低速层和高速层每一层点位是否少于4个控制点，各层分层是否合理；⑥炮集记录：显示参数是否统一、合理，特殊情况是否备注；⑦静校正量检查：对单炮及剖面进行野外静校正量的应用效果对比，检查野外静校正量的合理性；⑧各种成果图件：绘制是否合理、规范；⑨工作的及时性检查：资料整理是否规范，上交是否及时。

9）测量工作检查

①成果数据：每一生产线束测量成果数据是否齐全、准确；②特殊物理点信息表是否齐全、准确；③测线合格通知书项目是否填写齐全、准确；④草图重要信息标注绘制是否准确（村庄、河流、公路、铁路、电线、通讯光缆、植被、地貌），图例是否齐全清晰；⑤工作的及时性检查：资料整理是否规范，向地震队上交是否及时。

10）预案检查

①预案SPS检查，障碍物区变观后开口及有效目的层覆盖次数能否满足技术设计要求；②制定激发因素是否合理；③检查施工预案实施率。

11）仪器资料整理

①仪器班报的整理：整理原始仪器班报，由操作员手写完成（主要是文件号、激发因素、偏移、备注），要求备注清楚（空道、干扰等）；②SPS的整理：上车、下车、线束SPS整理按SPS标准进行，有检查人签字；③磁盘的整理：要求在仪器车双盘记录，每生产线束文件号从1起。

12）资料质量评价

（1）点位检查：通过线性动校正、观测系统图，检测野外检波点、炮点位置是否准确；（2）频率分析：①频率扫描：每炮3个频档的频率扫描（纯波、原始记录、20~40Hz），绘制炮点站号、炮号和道号道头。绘图比例为1cm/250ms、1cm/100ms，存放于QC管理目录，施工组要有专人对当日单炮进行评价；②认真分析当日单炮质量情况，单炮评价记录要有评价人和检查人签字。（3）能量检查：①抽取500~550m和950~1000m共炮检距剖面，检查地震单炮能量变化情况。用检波点站号、炮号、道号进行道头显示，绘图比例为1cm/250ms、1cm/100ms；②对能量弱的不合格单炮要进行认真分析，并填写资料信息反馈表，要附有记录人和检查人签字，如果是未按施工参数要求产生的不合格单炮连续多炮必须补炮。（4）资料定量分析：①生产单炮分析：每一测线应抽一定数量具有代表性单炮（每50炮抽1炮，利用Klseis软件针对不同目的层进行定量分析，分析内容主要包括：频谱分析、能量分析、干扰噪声分析、信噪比分析）；②现场处理剖面分析：参考老剖面，确定目的层在时间剖面上的位置，对现场处理剖面进行分析评价，并分析影响现场剖面资料不好的原因。（5）环境噪音分析：

①对当日放炮过程中监控的风速值进行统计；②对每天仪器下载的噪声值进行统计分析，并绘制曲线图，分析不同地表区域的噪声值变化情况，做好噪声分析记录，及时反馈信息；③对当日环境噪声干扰较大的单炮认真分析，查明原因，及时反馈信息，并做好记录。

6.2　散布式采集——以压裂数据采集为例

微地震监测的另一种方式是通过地面检波器进行检测，国内地面微地震监测系统一般采用 6 个分站，围绕监测井成圆形，检波器通常是直接插入地表，或者在地面上挖深度为 1m 的浅坑掩埋检波器。为了提高有用信号的采集数量和质量，需要尽量避免由车辆、风、人走动、电磁波等引起的震动干扰和电磁干扰，并且尽量减少地表疏松地层对微地震波的衰减。当地下岩层发生破裂错断时，产生一系列向四周传播的微地震波，这些微震波可以被布置在监测井周围的 A、B、C、D 等监测分站接收到（图 6.4）。根据各个监测站接收到微震波的响应时间差，会形成一系列方程组。求解这一系列方程组，就可以确定微地震事件发生位置。

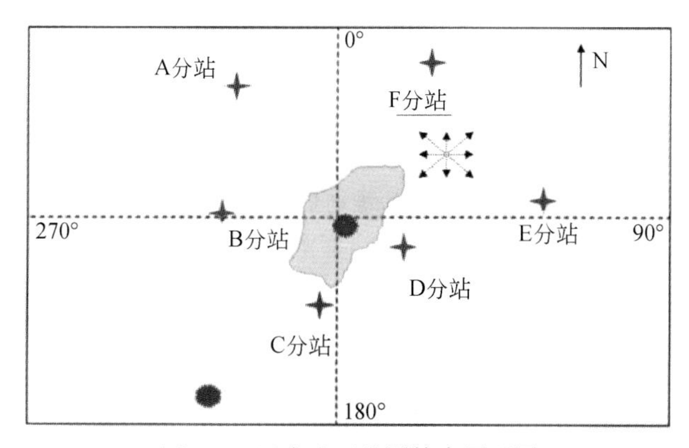

图 6.4　国内地面监测技术原理图

6.2.1　地面监测方法

井中–地面联合监测方式：

理论上，地面监测与井中监测相比，井中监测更加精确，但在压裂监测实际应用当中，两种方法都各自存在一些问题。井中监测方法的观测仪器成本太高；并且在压裂井的周围 600m 范围内寻找 1 口可以在一段时间内作为观测井使用存在一定的难度，当需要两口或者更多的监测井的时候这个问题就更加明显，但是采用单口径观测反演精度在远离井口时大大降低。并且由于在监测过程中要求停止周围井区的生产活动，所以地面监测目前受欢迎程度要高于井中监测。

地面监测最大的问题是由于环境干扰、地震信号在地层中传播的衰减太大，观测到的数据可信度存在疑问。地面监测相对于井中监测的最明显的优点就是不需要观测井。因此，相对于井中监测需要在监测是停止周围井区的生产活动，地面监测对油田生产和钻探工作的干扰也小得多，至少地面监测不会对任何井中作业发生干扰。因此，国内目前井中监测的受欢迎程度不如地面监测，表 6.8 是各种检测方式的具体对比。

表 6.8　不同人工裂缝监测方法对比

监测方法	定位依据	地质条件	物理假定	监测环境	背景噪音	监测方位误差	监测信号强度
多台地面监测	走时	分层均匀	同一层速度相同，可沿折线传播	良好	较高但可预知	±15°	>5.8μV
多台井下监测	走时	分层均匀	同一层速度相同，可沿折线传播	恶劣	较低但可预知	±15°	>26.4μV
单台井下监测	P 波偏振 + 走时	监测阶段介质各向同性	沿直线传播	恶劣	较低但不知	±20-30°	>26.4μV

从表 6.8 中可以看出多台地面监测方法要求的附加条件少，在实际的压裂微震检测中受欢迎程度较高，本次监测结合两种监测方式各自的优势，提出一种井中-地面相结合的监测模式。监测方式如图 6.5 所示。

图 6.5　井中-地面联合监测示意图

6.2.2　微震观测方案

本方案结合井中监测与地面监测两种方法，在压裂经附近的合适位置选择一口水井作为监测井放置井下检波器进行检测，避免地面的噪音的干扰，并且可以使信号在转播过程中不会犹豫损耗过大而发生接收信号不完全的情况。同时，由于放置在井下的检波器不需要很多，相对于国外井中监测的施工操作简单可行，不需同时关闭多个监测水井，将对其他油井的正常工作生产的干扰程度降到最低。在数据处理的过程中，可以将井中检波器所采集到的数据作为参考道，使采集到的微震信号更为真实可靠。

研究过程中，项目组以微震事件定位精度分析为切入点，分别就井中、地面、井中–地面联合 3 种观测方式，进行了震源点定位误差的理论分析，仪器观测系统布置示意图如图 6.6 所示。其中，“ * ”表示检波器，“★”为震源点，黑色粗线表示压裂井和监测井，蓝色方块区域为监测的目标区域。地面检波器分布采用 8 线“米”字形阵列，以压裂井为中心向外展开，每线布置 10 个检波器，道间隔 100m，其覆盖范围在兼顾各个方向上视角问题的同时，也尽量避免了由于检波器布置不均匀对震源位置反演产生的负面效果。监测井中与压裂层位相当的位置设置 6 个观测点，道间距 50m。

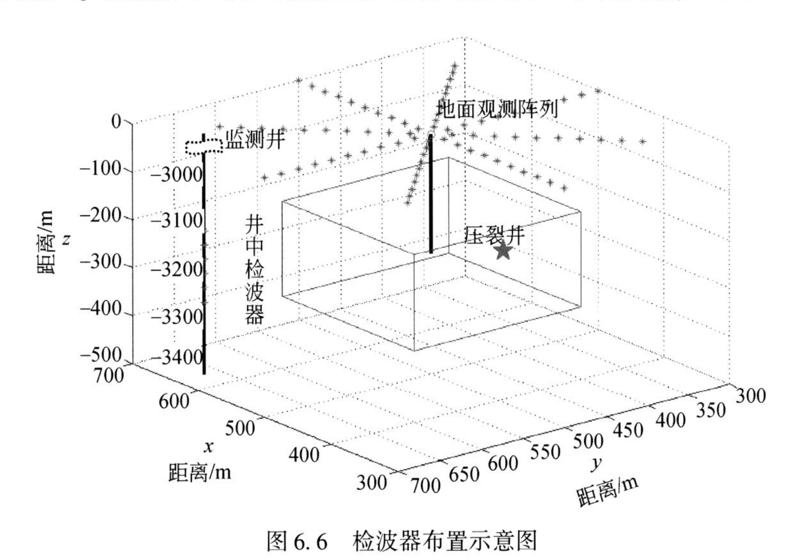

图 6.6　检波器布置示意图

6.2.3　无缆地震仪压裂监测仪器构成

针对现有压裂裂缝评价技术面临的技术瓶颈，围绕“提高微震事件定位精度，降低压裂监控现场施工难度”的应用需求，项目组预期研制的微震事件实时监测系统由监测主控单元、井中数据采集单元、地面阵列采集单元等部分构成，其主要功能组件如图 6.7 所示。

监测主控单元由置于压裂监测工程车车内的主控服务器、人机交互、数据存储以及通讯控制等模块组成。主控服务器内置具备井中–地面联合微地震信号采集管理、微地震事件定位处理等软件，通过良好的人机交互界面，实现监测工作流程管理、工作状态监控、地震数据实时回收、信号波形显示、地震数据存储、数据现场处理等功能。

微地震监测井下仪器系统：

微地震监测井下仪器系统是在压裂井 2000m 范围内的监测井中实施微震事件观测，其工作井深与压裂油层深度相当。即在高温、高压的复杂环境下，通过三分量地震传感器感知微震事件形成的地震波场，并经数据采集短节进行数字化，编码形成约定格式的数据包，通过专用长线传输技术将井中的地震信号送至井口设备。基于微震事件

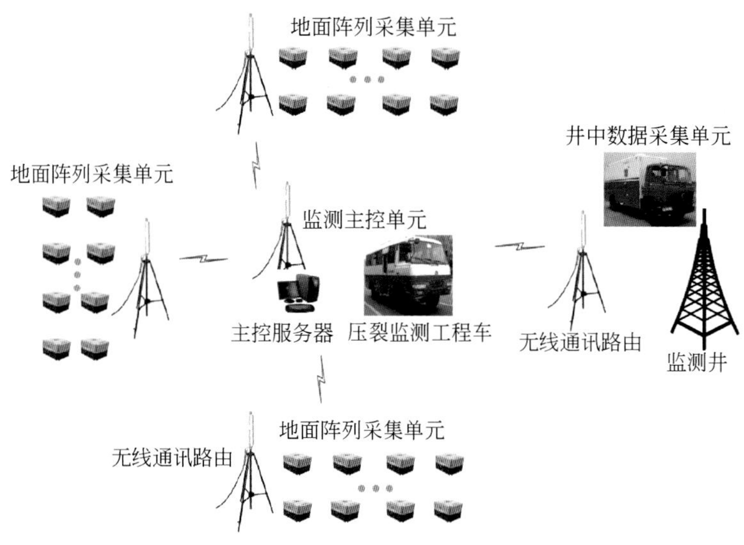

图6.7　井中-地面联合微震事件实时监测系统

定位算法的需要，开展井中三分量地震传感器姿态测量研究，其获取的三分量传感器井中工作旋转角以及倾角信息在数据处理环节至关重要，确保压裂监测“单井工作模式”的合理性。井中高保真获取的微震信号还将用于地面阵列采集数据匹配滤波处理模板，有效压制压裂现场环境噪声，提升地面数据信噪比。

6.2.4　压裂系统中无缆地震仪器参数

地面阵列采集单元用于压裂井周围的地面微震信号采集，根据震源点“可视观测”经验，阵列分布空间跨度与压裂井深匹配。综合考虑油田区块压裂现场复杂地表环境，地面阵列将开展地震观测系统设计以及非规则观测技术研究，所采用的采集站具备高精度地震波场感知、低噪声数据采集、高精度时钟同步、观测点高精确自定位、数据采集单元小型化-低功耗以及内建自测试等功能；并提供大容量、高可靠性的地震数据存储解决方案，开展野外数据质量现场监控技术研究。阵列观测按压裂监测规模配备30～70个三分量观测点的覆盖能力，地面阵列采集单元采用的是分布式无缆地震仪，其主要技术指标如下。

地面阵列地震传感器主要性能指标（与井中传感器匹配）：

灵敏度：1.32V/s；

谐波失真：<0.2%。

地面阵列采集站主要性能指标：

单站通道数：3通道（分量）/站；

噪声水平：1.5μV；

动态范围：120dB；

谐波失真：< -118dB；

道间串扰：< -110dB；

共模抑制比：>90dB；

数据存储容量：>8G字节/采集站；

系统功耗：<2W/采集站（锂电池内置，电池持续工作能力>70h）；

采样率：200Hz，500Hz，1000Hz，2000Hz，4000Hz；

时间服务类型：GPS与数字钟组合；

时钟同步精度：10μs；

采集点定位精度：<0.1m；

工作温度范围：-30～+70℃。

本系统支持压裂过程中的裂缝成像实时监测功能，因此，监测主控单元、井中数据采集单元、地面阵列采集单元之间必须具备观测数据实时传输能力。但由于压裂现场地表条件不确定，地面阵列与井中观测的各采集站之间距离无法限定，空间位置相对分散，系统上述各功能单元之间应将采用高速无线数据传输，传输网络采用2.4G/5.8G双频“无线通讯路由”，基于正交频分复用技术（OFDM）和点对多点、点对点的组网方式实现压裂微震数据实时传输。

6.2.5　压裂系统中无缆地震仪质量控制

1）检波器图形及埋置标准

根据试验结果确定检波器埋置图形。针对不同的地表条件，采取具有针对性的质量保证措施，保证每个检波器与大地耦合良好，保证接收效果。

2）仪器质量控制

①在施工前对采集仪器及其附属设备进行全面测试，测试合格后方可投入生产，保证投入施工的附属设备完好率为100%；②每日生产前，进行日检，保证日检合格并保存测试记录；③仪器月检按期完成，按自然日计算，每月做一次，不得超过两天，月检记录经仪器组长签字；④在施工过程中与年、月检项目有关的采集设备及参数发生变化时，经检测合格后才能生产。

3）室内质量控制

表层工作检查：①班报：数据填写是否齐全，特殊情况备注是否清楚；②原始记录：初至是否干脆、有无不正常工作道；③时深曲线图：低速层和高速层每一层点位是否少于4个控制点，各层分层是否合理；④各种成果图件：绘制是否合理、规范；⑤工作的及时性检查：资料整理是否规范，上交是否及时。

4）仪器资料整理

①仪器班报的整理：整理原始仪器班报，由操作员手写完成（主要是文件号、激发因素、偏移、备注），要求备注清楚（空道、干扰等）；②磁盘的整理：要求在仪器车双盘记录，每生产线束文件号从1起。

6.3 大道距折射数据的布设

6.3.1 801线深层地震地质条件

801线大部分地段为岩石裸露图6.8；801线大部分地段为沉积岩赋存，但是由于沉积岩之间波阻抗差比较小，或者是岩层倾角比较大，地震监视记录上并没有看到与之相对应的反射波。在大部分地震监视记录的深层（时间10.5s处），发育一组振幅比较强的反射波，推算其深度大于28km，应属于莫霍面反射波，也就是本次801线勘探的目的层。

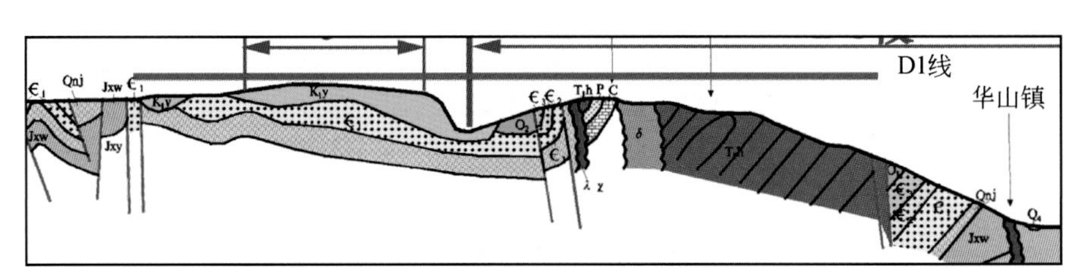

图6.8 2012年兴城地区D1（801）线地层剖面示意图

6.3.2 801线无缆地震仪施工因素

6.3.2.1 各工序质量控制

单站通道数：3通道（分量）/站；
噪声水平：1.5μV；
动态范围：120dB；
谐波失真：< -118dB；
道间串扰：< -110dB；
共模抑制比：>90dB；
数据存储容量：>8G字节/采集站；
系统功耗：<2W/采集站（锂电池内置，电池持续工作能力>70h）；
采样率：200Hz，500Hz，1000Hz，2000Hz，4000Hz；
时间服务类型：GPS与数字钟组合；
时钟同步精度：10μs；
采集点定位精度：<0.1m；
工作温度范围：-30～70℃。

6.3.2.2　组合检波

检波器类型：SG-2Hz；
组合方式：9 个一字型点组合。

6.3.2.3　激发因素

激发井深：50m 或 60m；
炮　　距：约 10km 共 5 炮；
井　　数：5 井或双井；
激发药量：100kg×5 或 500kg×2。

6.3.3　无缆仪器比对野外施工情况

施工过程中每条测线无缆仪器排列固定不动接收相应测线放炮信息，具体方案见表 6-9。

表 6.9　无缆仪器比对野外施工方案表

测线	测线号	观测系统	道距	炮距	接收设备	备注
801	XC2012-801-3	固定排列 300 道接收	1.4km	约 10km	无缆仪器接 SG-10 和吉大三分量检波器	1 站 1 道，每道两种检波器
		固定排列 100 道接收	200m			

施工方案见图 6.9。

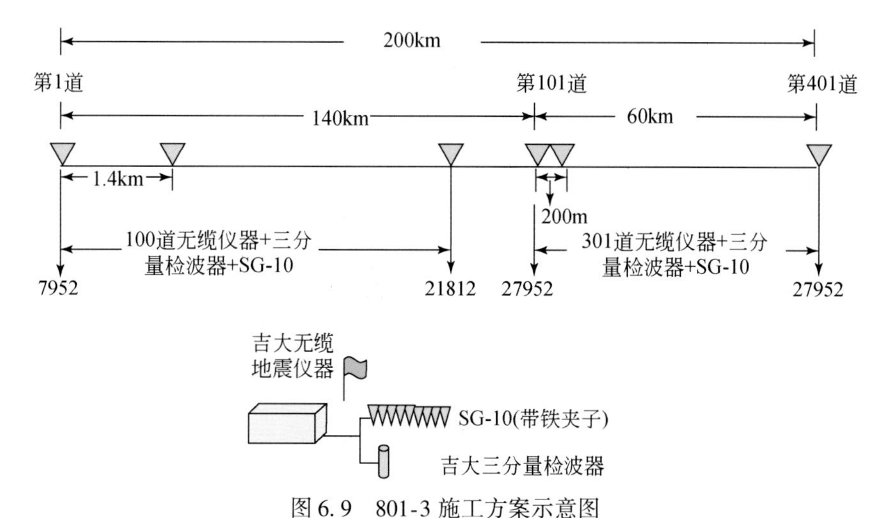

图 6.9　801-3 施工方案示意图

无缆地震仪接 SG-10 和吉林大学 2Hz 三分量检波器（1 站 1 道接两种检波器），从 79520-279520 铺满 401 道，排列长度 200km，排列 219520-279320 段内道距 200m，共 301 道；排列 79520–218120 段内道距约 1400m，共 100 道。此排列固定不动接收 801–3 线 5 大炮的放炮信息，如图 6. 8 所示。

炮距约 10km，采样间隔 4ms，记录长度 90s。801 线微测井原设计 39 个，完成 30 个。没有全部完成的原因包括：①801 线小号端有 45 炮因超过建昌界没有成井，减少 5 个；②小号端 217040–219840 悬崖峭壁，无法立钻机，将这段炮向大号端加密，减少 2 个；③274120 点测井辫子雷管连响，连做 3 次都是如此，因客观不可控原因减少 1 个。考虑到 905 线和 801 线几乎重合，905 线所做的 4 个微测井可以用在 801 线上，因此 801 线实际上可用于解释的微测井有 34 口。

考虑到山地地表做微测井工作的客观条件实在困难，本工期做微测井的的密度之高在国内也是非常罕见的，临区建昌辽河油田 2008 年和 2012 年的两次山地勘探，2008 年生产物理点 2587 个只有 6 口微测井，2012 年有所提高也只是能到 5506 个物理点中有 46 个微测井而已，其他点位的表层工作也只是用准确度和困难性都不可同日而语的小折射代替。

1）制定高标准的质量控制目标

①原始资料甲级品率≥85%；②资料总合格率≥99%；③一般地区单线空炮率≤3%，居民稠密区、林区单线空炮率≤5%；④一般地区全区空炮率≤1%，居民稠密区、林区全区空炮率≤3%；⑤现场剖面合格率 100%；⑥测量资料合格品率 100%；⑦表层调查资料合格品率 100%。

2）表层结构调查质量控制措施

（1）原则上表层调查控制点密度大于 1 个/2km，保证全工区表层调查点均匀分布；

（2）记录按波形加变面积回放，要求记录初至干脆、清晰，初至区无感应；

（3）小折射和微测井要有重合点位进行对比；

（4）小折射点位按照规范要求应布设在地表平坦地区；

（5）山地地表的微测井点位分布尽量均匀、可操作性高；

（6）每日对测井和小折射仪器、检波器进行常规的日检。

做好表层结构调查工作，提高表层调查工作的精度，为井深的设计提供准确的依据，为后续的静校正工作提高准确的资料，同时为得到高品质的地震资料打下良好的基础。

3）钻井工序质量控制

本区山地钻井采用的是人抬山地空气钻，为确保有计划顺利钻井，机组要提前对钻井任务的井位进行踏勘，将钻机及配套工具提前搬运至钻井点位上。具体钻井流程为：①打井前井监核对激发点桩号，严格按设计点位打井；②严格按钻井作业指导书和激发图要求打井，保证组合中心位于设计点桩号上；③采用双雷管双炮线下药，起到双保险的作用；④将钻井返上来的岩屑、泥沙全部回填，并从井口周围取土闷井，闷井至井口，闷完后用锹把试探井口是否闷实，确保山地激发时的安全⑤闷井完成后后处理好井口标志，井监按要求填写井口条（钻井卡片）；⑥井监核对检查无误后搬点。

4）钻井质量控制措施

①严格按照钻井施工流程进行钻井作业，保证井位、下药深度达到设计要求；②对钻杆、爆炸杆长度进行测量并备案，对每种药量的长度进行测量并备案；③物理点标记丢失，需补旗后才能实施钻井；④下药前，检查炮线有无破损、药量是否符合设计要求；⑤下药时，采用双雷管双炮线下药，起到双保险的作用；⑥下药后，取岩屑或者表土闷井至井口；⑦配备足够数量的钻井监督，井监分组控制机组钻井质量，责任落实到人。井监负责监督钻井井深，下药深度每井必量，大钻机钻机用爆炸杆、山地钻机使用自制测绳（下带小重锤）测量井深，如实填写钻井班报和钻井信息卡，并及时将钻井信息卡上交室内组统计；⑧如果完钻井未及时下药，则用草封好井口，防止杂物落入，等待下药工与井监包药工对山地未及时下药的井下药。需要做微测井的待进行完表层结构调查后再下药闷井；⑨井深误差为 30cm，如果钻井深度不够，机组原工作量作废，责令返回重新打井，出现 3 次井深不够的情况当即开除机组，机组之前所有工作量作废，考虑到井中有水塌井等因素，司钻人员在井监下药前及时沟通与反馈，说明情况，否则按偷尺处理；⑩严格执行施工预案，不得随意修改施工方案。当原设计井位无法施工而必须进行井位偏移时，必须上报有关技术人员，在其指导下实施，偏移后的井位必须重新实测，未经施工技术人员同意钻井点位超过规定要求，发现 1 次进行处罚，同一钻机发现 3 次开除机组，机组之前工作量作废；⑪加强钻井质量检查，甲乙方监督人员现场检查，生产负责主管钻井质量并负责和包药质量，技术负责不定时随机抽查，如遇质量问题，停机整改；⑫定期召开质量分析会，对质量情况进行分析，对发现的问题进行通报及处罚，并责令机组进行整改。

5）检波器图形及埋置标准

①根据试验结果确定的检波器图形：每道接 1 串检波器点组合沿测线放开；②组合中心应对准测量桩号，其与测量标桩的定位差沿测线不大于道距的十分之一，垂直测线方向不大于道距的十分之三；③每串检波器的 9 呈一字型须在一条直线上，个别检波器无法插实时可适当偏移；拉开长度宜在 1m 以内，个别地区 1m 以内无法插牢检波器时可适当放宽，以插实检波器为准；山地区组内高差小于 2m，平地区组内高差小于 1m；④检波器严禁堆放（遇岩石无法插于地面等特殊情况除外，须标注）；⑤各种地表条件下的检波器埋置应做到“平、稳、正、直、紧”；⑥插放检波器以与围岩紧密接触，提高耦合效果为最终目的；⑦严禁将检波器插在树根、灌木根和草根上，严禁小线搭在灌木枝和草枝上。

6）无缆仪器+检波器放线流程：

①查看桩号，根据任务书核对好放好无缆仪器；②插好检波器（9 个锥子排成一条线，顺着大线方向，将链子向地里插紧）；③将大线按尾巴朝大号方向展开，然后将检波器接头与大线相连，最后将大线与无缆仪器连好；④开机，等 2min；⑤若灯变成“两个绿的不闪，一个绿的闪”，则正常。若不是则第一步先关机，然后检查大线上的五个接头，然后再开机，若还不正常则换一个无缆仪器，重新开机。⑥无缆仪器 1 站接4 道，每道之间线长为 20m，遇到山区或障碍由于受到线的长度限制无法保证道距为

20m，每站4道中根据实际情况可以允许5m误差。

7）放线质量控制措施

①放线前认真核对所放地点的测量桩号或标记，检波点标记丢失，补测后放线；②配备一台测量仪器随时待命负责补测工作；③放线前各班长检查检波器串外观有无损坏，尾锥是否牢固、缺失；④查线工配备欧姆表，有故障检波器及时剔除，确保接收设备完好率；⑤放线班长和查线班长负责生产组织和质量控制，地震队为每个班组安排一个质量监督，做到责任落实到人。

8）放炮工序质量控制

①坚持先核对后放炮的原则。放炮前核对桩号，检查钻井信息卡与激发因素表的对应情况，确保无误后，将有关数据报仪器操作员，组合井采用串联激发，确保爆炸完全；②如遇雷管不通的井或非设计的空炮点等异常情况必须报告仪器操作员；③按照操作规程正确操作爆炸机，放炮时做好炮点警戒。

抽取801线西部、中部和东部不同地表（沟里、山上）的5炮单炮记录如图6.10～图6.12所示。其中东段和中段的记录10.5s目的层的面貌要明显强于西段，应是801测线西段为沉积岩沉积区，受地下地质条件所限，10.5s目的层以上地层有两层沉积，影响了反射能量。10大炮中的218800桩号使用双井×500kg炸药激发，激发井深60m，所接收地震记录（图6.13）的西段10.5s的反射层位仍然不是很明显，这充分说明与激发因素无关。

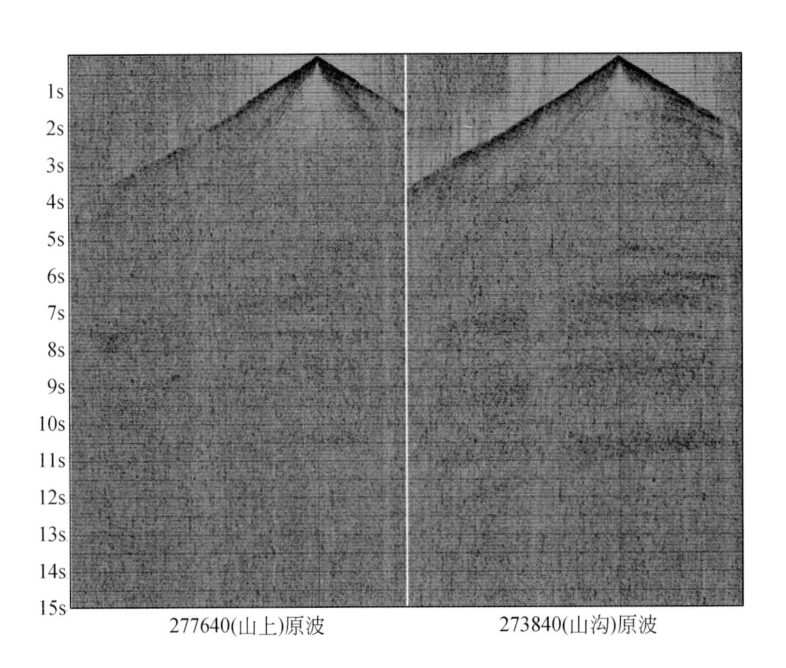

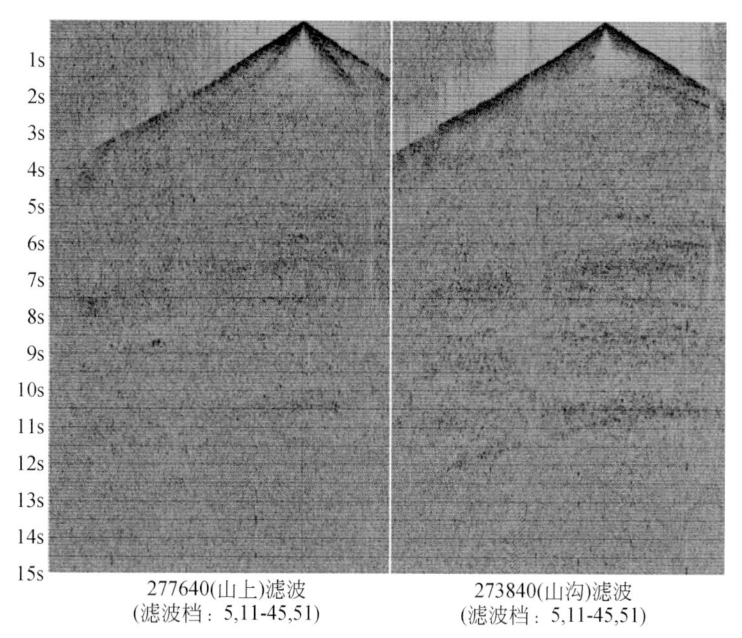

图 6.10　801 线东段不同地表单炮原波、滤波记录对比

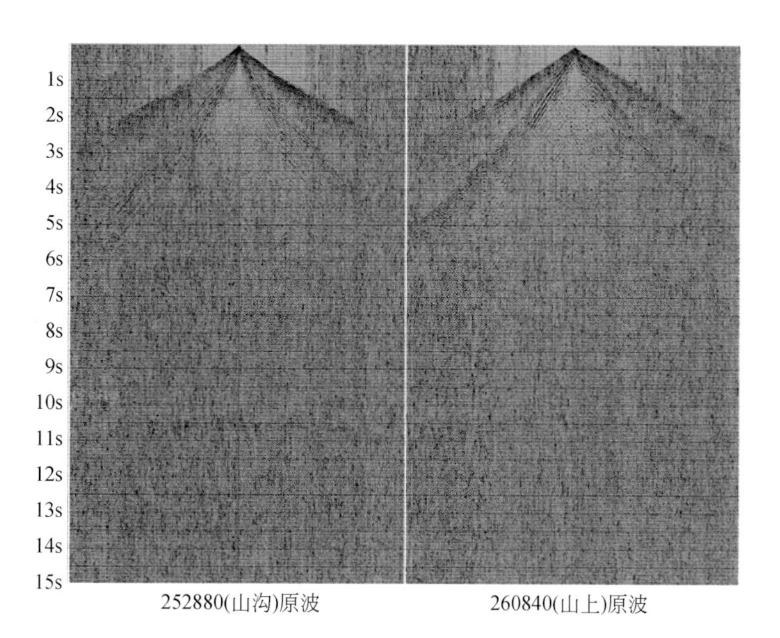

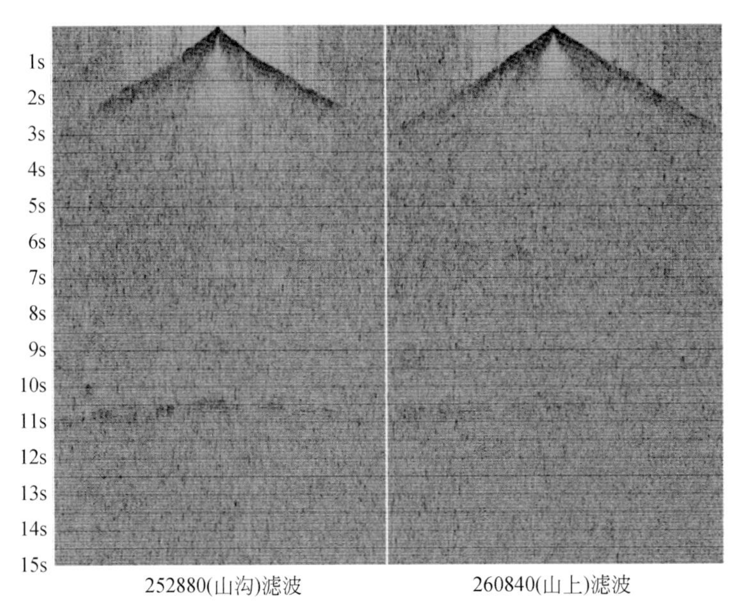

图 6. 11　801 线中段不同地表单炮原波、滤波记录对比

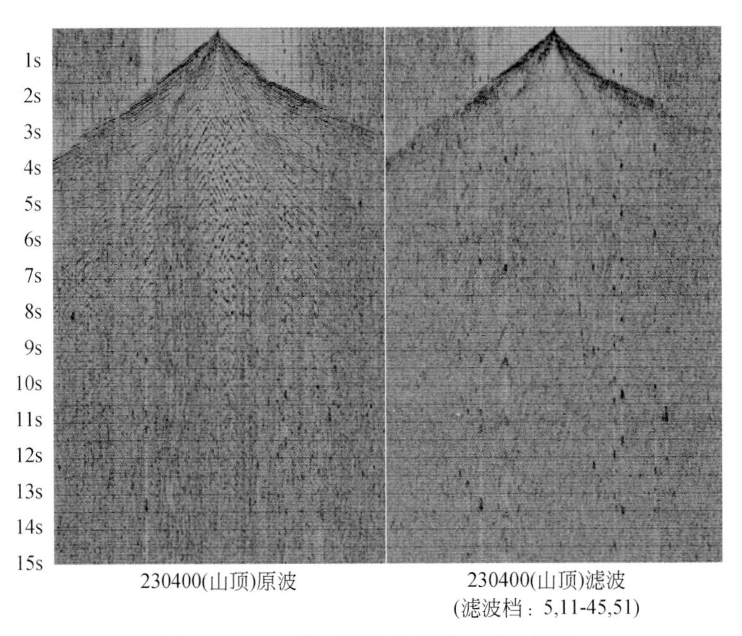

图 6. 12　801 线西段单炮原波、滤波记录

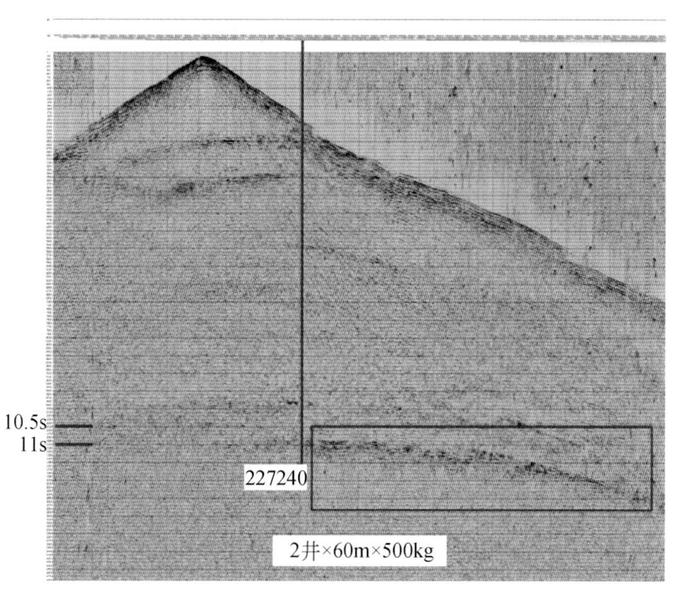

图 6.13　218800/801（2×500kg）单炮记录

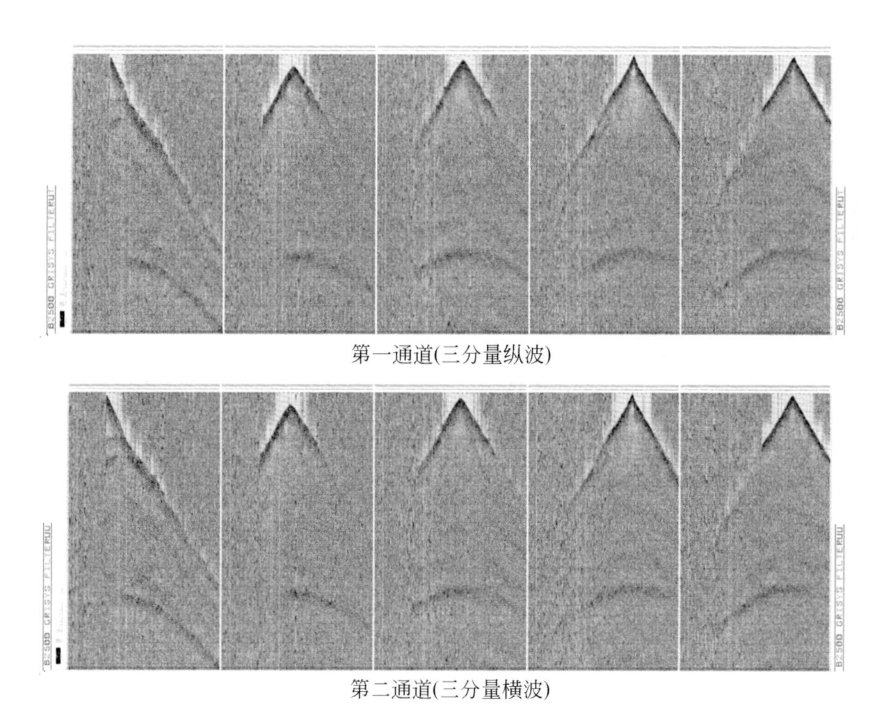

第一通道(三分量纵波)

第二通道(三分量横波)

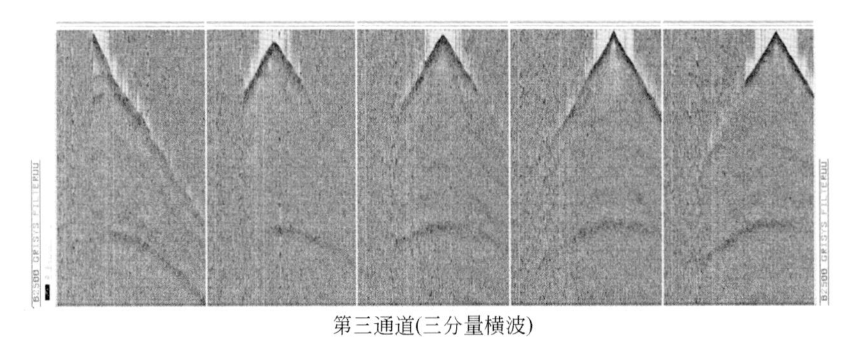

第三通道(三分量横波)

图 6. 14　5 大炮无缆仪器+400 道三分量检波器单炮记录

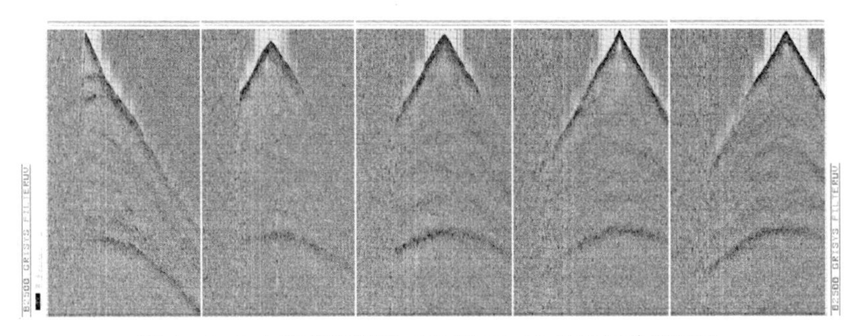

图 6. 15　5 大炮无缆仪器+400 道 SG-10 检波器单炮记录

801 线 5 大炮的单炮记录见图 6. 14 ~ 图 6. 15，其中图 6. 14 为三分量检波器记录的三分量中一个纵波和两个横波的原始单炮记录，图 6. 15 为 SG-10 检波器记录的原始单炮记录，记录长度都是 90s，截取 15s。单炮记录面貌较好，信噪比较高。所有单炮记录的西段记录较差，在井深 50m 或 60m，药量 500kg 或 1000kg 的情况下出现这种情况，应该是该段处于沉积区的原因。

第7章　无缆遥测地震采集数据特色处理

对于无缆地震数据处理方面，采集、处理和解释人员均具有相当大的话语权。但由于其考虑的内容不同，思路和方法也不一样。因此，不能从整体上去考虑采集可能给处理或处理给解释带来的影响。本书从无缆地震仪应用角度和地质解释思想上对一些地震数据无缆地震数据处理技术和方法进行探讨，使地震数据处理的成果更可靠、更能真实地反映地下地质目标。

地质目标体不但是客观存在，而且也是可预测的，在一个确定的地质目标体内，其属性是统一的（即使不统一，也有相似性），这就为油气地震勘探及金属矿地震勘探提供了极为广阔的应用空间。地震勘探是一个有机整体，不能简单地把无缆地震仪的勘探分成数据采集、数据处理和解释，因为三者之间有着千丝万缕的联系；采集是基础，处理是中间环节，起承上启下的作用，但也往往是最容易被忽略的一个环节，而解释是最终环节，其结果取决于采集和处理的结果，具有不确定性。因此，采集、处理和解释一体化决定着一个地质目标体勘探的成功与否。

本书讨论在无缆地震仪地震数据处理过程中所用技术可能对地震解释造成不利影响的处理思路和方法。从处理上讲，地震数据处理不能破坏地震体地质属性的统一性和相似性。因此，有一些处理技术适合信号处理，但并不适合地质目标体处理。由于地震数据处理中的非地表一致性、非统计性和非多道处理方法和技术会破坏目标地质体属性的相似性、统计性和真实性，所以在地震数据处理中有些处理技术和方法是满足相对地质目标体处理要求的，如地表一致性异常振幅压制、地表一致性振幅补偿、地表一致性反褶积、地表一致性剩余静校正、基于大时窗的（相对于地质目标体）相对地震数据处理技术（如剩余振幅补偿处理技术）、基于覆盖次数振幅加权、叠前时间偏移、叠前深度偏移；而有些处理技术和方法是不满足相对地质目标体处理要求的，如道均衡、径向预测滤波、单道预测反褶积、基于小时窗的（相对于地质目标体）相对地震数据处理技术（如剩余振幅补偿）。当然，是否适合基于地质目标体的处理方法和技术不限于上面提到的处理方法和技术。下面仅就地表一致性反褶积和预测反褶积的差异和对地质目标体的影响进行简单的阐述。

7.1　数 据 解 编

野外数据是以某种格式按多路方式记录的，这些数据首先要解编。解编在数学上就是对一个大矩阵进行变换，使变换后的矩阵的行能按地震道读出，这些道是按共炮点的不同偏移距记录的。在这一阶段，数据要转换到通用格式，全部处理过程都用这种格式。这个格式由处理系统的类型和各个公司决定。地震行业对数据交换的一种通用格式是SEG-Y，是由勘探地球物理学家协会规定的。

预处理还包括道编辑。噪音道、带有瞬变噪音道或单频信号都要删除，极性反转道要改正，对于浅海数据的导波要切除，因为它在水层内水平传播，而且不包含来自地下的反射波。

道编辑和预滤波之后，要对数据应用增益恢复函数补偿球面波前散射的振幅能量。因为利用几何扩散补偿函数，它依赖于反射时间，该振幅补偿主要依赖于区域平均速度函数，该函数与特定工区的反射波有关，且应用指数增益函数来补偿衰减。然而对反射波波前波前散射、与多次波反射有关的能量、由水底散射体和记录电缆产生的相关线性噪音，通过几何扩散补偿后，随机噪音也增强了。

最后，地震数据是由特定的观测系统组成的，这就要求首先按偏移距进行增益处理，基于陆上资料的观测系统和海上数据导航资料，所有道的炮点和接收点位置坐标等测量资料都储存于道头中。可以根据在观测记录中的有用信息，改变炮点和接收点位置，然后进行适当地处理，不正确定义的观测系统会带来较差的处理质量。不管在选择处理参数时如何细致，只要观测系统不正确，叠加剖面的质量也会较差。

对陆上资料，在该阶段要进行高程静校正以将旅行时校正到统一基准面。该面可以是平的，或者沿测线是可变（浮动）的，将旅行时校正到基准面通常进行校正近地表风化层、震源和检波点位置的高程。估计和校正近地表影响通常使用与风化层之下的高速层有关的折射初至波来求取。

为了消除地震波在传播过程中波前扩散和吸收因素的影响，以及地表条件的变化引起的振幅的变化，使地震波振幅更好地反映地下岩性变化的特点，在处理过程中采用球面扩散补偿和地表一致性振幅补偿相结合的方法，使横向和浅中深层能量变化合理，真实反映地下岩性变化的特点。

地表一致性振幅补偿采用能量分解模型，对所有的单炮进行统计，对每道计算其自相关函数，分别计算各炮点、检波点、共偏移距、共CDP域的平均能量。再用这些参数计算补偿因子并作用于该道，这种方式可以消除震源能量差异、检波器耦合差异及能量衰减对反射波振幅的影响，有利于提高振幅保真度，使叠加剖面能量分布均匀。

7.2 噪声压制

提高地震资料的信噪比和分辨率贯穿地震数据处理过程的始终。通过对大量地震资料中噪声特点的分析研究及数据处理实践，本书总结出一套压制、衰减噪声的处理方法和流程，重点探讨了近年发展起来的几种关于无缆地震仪的压制噪声的新方法。通过对实际地震资料的处理应用，证明文中叙及的几种压制噪声的方法具有较好的处理效果及应用在无缆地震仪中的前景。

7.2.1 中值滤波

中值滤波是地震资料去噪处理中的常用方法，由于其操作简单，目前已经发展成为一项比较成熟的二维处理去噪技术。中值滤波实际上就是对在某点观测到一组测量值 S_n（n=1，2，3，…，n−1，n），求取其中间值作为该点的输出值，而观察值的多少通过时窗决定。对于二维中值滤波，窗口的形状多为正方形，长方形，菱形以及十字形等。

实际上，二维中值滤波是一种平滑处理，其处理原理是：首先确定一个以某个像素为中心点的领域；然后将领域中的各个像素的灰度值进行排序，取其中间值作为中心点像素灰度的新值，这里的领域通常被称为窗口；当窗口在数据中上下左右进行移动后，利用中值滤波算法可以很好地对数据进行平滑处理。

具体步骤如下：

①模板在数据中按一定顺序地游走，并将模板中心与数据中心某个像素的位置重合；

②取模板下各对应像素的灰度值；

③这些灰度值从小到大排列成一列；

④选择在中间的一个值；

⑤这个中间值赋给对应模板中心位置的像素。

中值滤波的输出像素是由窗口中数据的中间值所决定，而中值滤波对极限像素值（与周围像素灰度值差别较大的像素）远不如平均值那么敏感，从而可以消除孤立的噪声点，又可以使数据产生较少的模糊。二维中值滤波的数学表达式如下：

$$Y_{ij} = median(X_{ij}) = median[X_{i=\mathrm{m},\ j=\mathrm{n}}(\mathrm{m},\ \mathrm{n}) \in W]\{X_{ij};\ (i,\ j) \in Z^2\} \tag{7.1}$$

式中，W 为平面窗口尺寸；m 为窗口水平尺寸；n 为窗口垂直尺寸；为被处理的图像平面上的一个像素点，坐标为（i，j）；Y_{ij} 为以 X_{ij} 为中心、窗口 W 所套中范围内像素点灰度的中值，即中值处理的输出值；W^2 为二维数据串的序号。运算时对窗口 W 内的 $m*n$ 个数据进行排序如下：

$$X_1 \leqslant X_2 \leqslant \cdots \leqslant X_{\mathrm{MN}} \tag{7.2}$$

则计算的中值为

$$Y_{ij} = \begin{cases} X_{(\mathrm{MN}+1)/2} & MN = 2\mathrm{n} + 1 \\ 1/[2 \times (X_{(\mathrm{MN}+1)/2} + X_{\mathrm{MN}/2})] & MN = 2\mathrm{n} \end{cases} \tag{7.3}$$

并且传统中值滤波具有如下特点：

（1）非线性滤波：由于叠加原理此时不再成立，因此中值滤波是一种非线性滤波。

（2）保边缘性：设输入信号的某个区域可分为两个连续的小区域，每个小区域的灰度值各为一常数。两个小区域的分界点称为边缘，即边缘是那么一些点的集合，它的任何邻域包含这两个小区域的象素。中值滤波在边缘点上的输出不变。

（3）压制脉冲噪声：设在一常数邻域里有脉冲噪声，脉冲噪声的面积定义为滤滤窗口内被噪声污染的象素的个数，则当脉冲噪声的面积小于 $N/2$ 时，中值滤波将压制这种脉冲型干扰，输出值为窗口内原数据邻域的常数值。

（4）当窗口内各象素值经过排序后成为一单调递增序列时，中值滤波的输出值不会是这个序列的最小值和最大值，可以屏蔽数据中的畸变点。

但同时，我们可以看到传统的中值滤波有很多缺点，简单来说，中值滤波的效果依赖于滤波窗口的大小及参与中值计算的象素点数目，不同大小的滤波窗口对输出数据的质量有很大的影响，窗口太小，去噪效果不好；窗口太大，又会损失太多的数据细节，造成数据模糊。另外，由于在炸药震源施工中激发，传播路径和接受条件的不一致性，必将会导致地震记录中相邻样点的能量不均，波形不统一以及同一反射信息存在时移，这些情况都会使得传统中值滤波的处理结果受到影响。在传统中值滤波的基础之上，学者们已经设计出多种中值滤波的改进方法，如加权中值滤波，时变中值滤波，多级中值滤波等，这些方法在地震资料处理领域都取得了一定程度的成功。

7.2.2 Radon 变换

设函数 $y=g(x)$ 连续可导，而且其反函数是单值的，$f(x, t)$ 满足可积，则定义

$$U(\tau, p)=R[f(x, t)]=\int f[x, \tau+pg(x)]\mathrm{d}x \tag{7.4}$$

式（7.4）为 Radon 正变换的连续公式；

$$f(x, t)=-\frac{1}{2}|g(x)|\frac{\partial}{\partial t}H^{+}\int U(t-pg(x), p)\mathrm{d}p \tag{7.5}$$

式（7.5）为 Radon 反变换的连续公式，其中，$U(t-pg(x), p)$ 是 $f(x, t)$ Radon 正变换的结果，$H=-\frac{1}{\pi * t}$，H^{+} 称为 Hilbert 算符。在地震学中，$f(x, t)$ 表示地震数据，$U(t-pg(x), p)$ 表示 Radon 变换域数据；x 是空间变量，如偏移距；$g(x)$ 定义了 Radon 变换曲线的曲率；p 便是曲率的坡度；$t-pg(x)$ 是地震数据的双程旅行时。

根据 $g(x)$ 的不同，可以把 Radon 变换分成为线性 Radon 变换和非线性 Radon 变换；

（1）如果 $g(x)=x$，则我们定义的 Radon 变换就是线性 Radon 变换，既 $\tau-p$ 变换，该变换把 $t-x$ 域中的一条直线映射成 $\tau-p$ 域中的一个点；

（2）如果 $g(x)=x^2$，或者是其它的非线性函数，则我们定义的拉东变换就是非线性拉东变换，或称为广义 Radon 变换，这时的拉东变换则有更广泛的意义，它可以把 $t-x$ 域中的一条曲线 $t=\tau+pg(x)$ 映射成 $\tau-p$ 域中的一个点。

地震随机噪声在时间域与频率域都是平稳的，这是随机噪声最明显的特点之一，地震记录的有效信号多集中在一定的频率范围内。而 Radon 变换没有尺度特性，即频率特性，这样无法最有效的保留有效信息而去除随机噪声。

7.3 反　褶　积

反褶积定义为抵消以前的褶积作用的某种处理，或者说是褶积的逆过程。是通过压缩地震记录中的基本地震子波，给出地下反射系数序列，从而提高时间分辨率。反褶积方法是基于地震波的传播过程，基础是褶积模型，即地震数据是由震源子波和地层反射系数序列的褶积，加上一些随机噪声组成的。反褶积通常应用于叠前资料，也广泛用于叠后资料。

7.3.1 地震褶积模型

波阻抗定义为岩石密度和地震波在其中传播速度的乘积。不同地层间的波阻抗差是地震勘探的物性基础。震源产生地震波向地底传播，遇到地层分界面时，由于岩石层之间的波阻抗差产生反射、折射、透射等物理现象，反射回来的地震波被沿地表的测线所记录到，这就是地震记录。

由测井和大量实践，人们发现密度的垂直梯度比速度的垂直梯度要小得多，因此常常假定岩层间的阻抗差实质上只是由于速度差所引起的。这样，地震记录就含有了地下地层的信息。我们可以把地震记录表示为一个褶积模型，即地层脉冲响应与地震子波的褶积。这个子波有许多成分，包括震源信号、记录滤波器、地表反射及检波器响应。地层脉冲响应是当子波正好是一个脉冲时所记录到的地震记录。脉冲响应包括一次反射（反射系数序列）及所有可能的多次波。

理想的反褶积压缩子波，在地震道内只保留地层反射系数序列。子波压缩可以通过将反滤波器作为反褶积算子来实现，反滤波器与地震子波褶积，可以将地震子波转变成尖脉冲。但由于褶积模型本质上的非确定性，反褶积不可能完全消去子波的影响而直接得到地层反射序列，它所做的是压缩子波从而提高地震剖面的分辨率。

在地震波的传播过程中，我们可以把大地当作一个滤波器。大地滤波的作用使得震源激发的尖脉冲变成有一定时间延续的地震子波。这样，地震波的传播过程可以看作是一个线性系统，符合褶积模型，即地震记录是由震源子波和地层反射系数序列的褶积，加上一些随机噪声组成的。反褶积方法都基于这个褶积模型。任何数学或物理模型都是建立在对现实情况进行某种程度近似的假设条件上的。用于建立褶积模型所需要的一组假设如下：

假设 1：地层是由具有常速的水平层状介质组成的。

假设 2：震源产生的平面纵波（P 波）法向入射到地层的界面上，在这种情况下，不产生横波（S 波）。

假设 3：震源波形在地下传播过程中不变，即它是平稳的。

假设 1 在复杂构造区和具有巨大横向相变的区域是不成立的。假设 2 隐含着地震道正演模型是以零炮检距记录为基础的，而零炮检距记录是几乎很难得到的。另一方面，如果地层界面深度大于排列长度，可以假设在此给定界面上的入射角是小的，从而可以忽略反射系数随入射角的变化。结合以上 3 个假设可以得到一维垂直入射的地震记录的褶积模型。数学上褶积模型由下式给出：

$$x(t) = w(t) * r(t) + n(t) \tag{7.6}$$

式中，$x(t)$ 表示地震记录；$w(t)$ 为基本子波；$r(t)$ 为地层脉冲响应；$n(t)$ 为随机噪声；$*$ 为褶积符号。此公式是被广为接受的一维地震模型。反褶积试图从地震记录中恢复地层脉冲响应。现在我们有 3 个未知数：$w(t)$、$r(t)$ 和 $n(t)$；一个已知数：$x(t)$；我们要应用式（7.6）对这个问题求解未知数 $r(t)$ 还必须作进一步的假设：

假设 4：噪声成分 $n(t)$ 是零。

假设5：震源波形是已知的。

在这些假设下，我们有一个方程及一个未知数，方程可解出。如果震源波形已知，则反褶积问题的解是确定性的。如果震源波形未知（通常情况）则对反褶积问题的解是统计性的。要解决统计性反褶积问题需要对频率域中的褶积模型进一步研究，以完善假设5。

7.3.2 多种反褶积方法应用

所谓反褶积仍然是一个滤波过程，在地震勘探中这个滤波过程的作用恰好与大地滤波的作用相反。也就是说，我们可以把震源子波看作大地滤波器的脉冲响应。

如果定义一个滤波算子 $a(t)$ ，$a(t)$ 与已知的地震记录 $x(t)$ 褶积产生一个对地层脉冲响应的估计，则

$$r(t) = a(t) * x(t) \tag{7.7}$$

将式（7.7）代入式（7.6）得

$$x(t) = w(t) * a(t) * x(t) \tag{7.8}$$

将 $x(t)$ 从两边消去得

$$\delta(t) = w(t) * a(t) \tag{7.9}$$

式中，$\delta(t)$ 代表 Dirac$^{\delta}$ 函数：

$$\delta(t) = \begin{cases} 1, & t = 0 \\ 0, & t \neq 0 \end{cases} \tag{7.10}$$

求解式（7.9）得到滤波算子 $a(t)$ ：

$$a(t) = \delta(t) * \frac{1}{w(t)} \tag{7.11}$$

因此，由地震记录计算地层脉冲响应时：滤波算子 $a(t)$ 原来就是地震子波 $w(t)$ 的数学上的逆。滤波器将基本子波在 $t = 0$ 时转换为尖脉冲。同样，这个逆将地震记录转换为确定地层脉冲响应的尖脉冲系列。它以震源波形已知为条件（确定性反褶积）。

1）最小平方反褶积

最小平方反褶积是地震勘探中最常用的一类反褶积，是维纳（N. Weiner）在1947年最先提出的，所以又叫维纳滤波。它的基本思想是：要求设计一个滤波器，使其滤波输出与期望输出之间的误差平方和最小。只要我们根据实际需要改变输入、输出和期望输出，就可以设计出满足各种地震勘探目的的具体所需的反褶积方法。

（1）最小平方反褶积的引出。

滤波器的设计要求是使其滤波输出与期望输出之间的误差平方和最小。设误差为

$$\xi(t) = a(t) * w(t) - \delta(t) \tag{7.12}$$

我们不仅要求在某一个时刻误差 $\xi(t)$ 要尽量小，而且要在任何时间误差都要小。由于（7.12）式右边的差值可正、可负，因此每个时刻差值之和的最小值反映不出总误差的大小，即用

$$Q = \sum \xi^2(t) = [a(t) * w(t) - \delta(t)]^2 = \min \tag{7.13}$$

所谓最小平方滤波就是要找出滤波因子 $a(t)$，使误差能量 Q 达到最小 $Q_{\min}$。

用数学模型来表达就是，已知输入信号 x_t，要求设计的滤波器（滤波因子）h_t（可认为是反滤波因子 $a(t)$ 使得实际输出 $y_t = x_t * h_t$ 与期望输出（已知）z_t 的误差平方和 $Q = \sum (y_t - z_t)^2 = \xi_t^2$ 为最小 $Q_{\min}$。

显然当实际输出与期望输出完全一致时，即 $\xi_t = y_t - z_t = 0(Q_{\min} = 0)$，此时把已知信号 x_t 通过滤波因子 h_t 作用后精确地转化为另一个已知信号 z_t，所以有 $x_t * h_t = z_t$，频率域上有 $x(\omega)H(\omega) = Z(\omega)$。

（2）最小平方反褶积因子的计算.

求滤波因子 h_t，要使其误差平方和达到最小 $Q_{\min}$，也就是要求实际输出 y_t 与期望输出 z_t 尽量接近。这里给出的是一种常用的最小平方准则，其中 Q 是依赖于滤波因子 h_t，即为 h_t 是多元函数，这实际上是求多元函数的极值问题，即求

$$Q = \Sigma \xi_t^2 = \sum_t \left(\sum_\tau (h_t x_{t-\tau} - z_t)^2 = \right) = \min \tag{7.14}$$

对每一个 h_t 求偏导数，并令其为零所满足的方程为

$$\frac{\partial Q}{\partial h_t} = 0,\ (l = 1,\ \ \pm 1,\ \ \pm 2,\ \cdots) \tag{7.15}$$

具体计算为

$$\begin{aligned}\frac{\partial Q}{\partial h_t} &= \sum_t 2 \left(\sum_\tau h_t x_{t-\tau} - z_t \right) x_{t-l} \\ &= 2\left[\sum_t \left(\sum_\tau h_t x_{t-\tau} x_{t-l} \right) - \sum_t z_t x_{t-l} \right] \\ &= 0\end{aligned}$$

令 $r_{xx}(l - \tau) = \sum_t x_{t-\tau} x_{t-l}$，$r_{zx}(l) = \sum_t z_t x_{t-l}$，

则有

$$\sum_t h_\tau r_{xx}(l - \tau) = r_{xx}(l),\ (l = 0,\ \ \pm 1,\ \ \pm 2,\ \cdots) \tag{7.16}$$

（3）最小平方反褶积因子的实际求法。

式（7.16）中的 t 和 τ 都是在 $-\infty$ 到 ∞ 上定义的，为了能在计算机上实现最小平方反褶积，必须要求滤波因子 h_t 的长度是有限的。所谓 h_t 有限是指存在两个整数 M 和 N（$M>N$），使得

$$h_t = \begin{cases} 0 & t < M \\ h_t & N \leqslant t \leqslant M \\ 0 & t > N \end{cases} \tag{7.17}$$

现在要用最小平方原理求长度有限的滤波因子 h_t，设 $m+1$ 长度的滤波因子为

$$h_t = (h_{-m_0},\ h_{-m_0+1},\ \cdots,\ h_{-m_0+m}) \tag{7.18}$$

此时仿照式（7.15）的推导结果为

$$\sum_{\tau = -m_0}^{-m_0+m} h_\tau r_{xx}(l - \tau) = r_{xx}(l) \tag{7.19}$$

式中，$(l = - m_0,\ \ - m_0 + 1,\ \cdots,\ \ - m_0 + m)$，这就是 h_t 要满足的方程。

因为自相关函数是对称的，即 $r_{xx}(l) = r_{xx}(-l)$，因此式（7.19）可写成如下的矩阵形式：

$$\begin{bmatrix} r_{xx}(0) & r_{xx}(1) & \Lambda & r_{xx}(m) \\ r_{xx}(1) & r_{xx}(0) & \Lambda & r_{xx}(m-1) \\ M & M & O & M \\ r_{xx}(m) & r_{xx}(m-1) & \Lambda & r_{xx}(0) \end{bmatrix} \begin{bmatrix} h_{-m_0} \\ h_{-m_0+1} \\ M \\ h_{-m_0+m} \end{bmatrix} = \begin{bmatrix} r_{zx}(-m_0) \\ r_{zx}(-m_0+1) \\ M \\ r_{zx}(-m_0+m) \end{bmatrix} \tag{7.20}$$

式（7.20）的左端由自相关函数 $r_{xx}(l)$ 组成的矩阵，称为 Toeplitz 矩阵，该方程称为 Toeplitz 方程。我们可用 Levinson 递归法求解。

在实际应用中，为了反褶积因子的稳定，还必须在 Toeplitz 矩阵住对角线上加一定白噪系数。另外由于地层介质的吸收作用随深度增加而不同，因此子波也不同，所以就不能只设计一个反褶积因子。一般可考虑在时间域上分成段，在每段上设计一个反褶积因子，并对该段记录进行反褶积。

2）脉冲反褶积

如果期望输出不是具有一定延续时间的波形 $d(t)$，而是一个尖脉冲

$$\delta(t) = \begin{cases} 1, & t = 0 \\ 0, & t \neq 0 \end{cases} \tag{7.21}$$

则地震子波 $w(t)$ 与期望输出 $d(t)$ 的互相关函数

$$\begin{aligned} r_{dw}(j) &= \sum_{\lambda=0}^{m} d(\lambda)w(\lambda - j) \\ &= \sum_{\lambda=0}^{m} \delta(\lambda)w(\lambda - j) \end{aligned} \tag{7.22}$$

只有当 $j = 0$ 时，$r_{dw}(0) \neq 0$；当 j 为其他各值时，

$$r_{dw}(1) = r_{dw}(2) = \cdots = r_{dw}(m) = 0 \tag{7.23}$$

式（7.22）变为

$$\begin{bmatrix} r_{xx}(0) & r_{xx}(1) & \Lambda & r_{xx}(m) \\ r_{xx}(1) & r_{xx}(0) & \Lambda & r_{xx}(m-1) \\ M & M & O & M \\ r_{xx}(m) & r_{xx}(m-1) & \Lambda & r_{xx}(0) \end{bmatrix} \begin{bmatrix} a(0) \\ a(1) \\ M \\ a(m) \end{bmatrix} = \begin{bmatrix} 1 \\ 0 \\ M \\ 0 \end{bmatrix} \tag{7.23}$$

解上一方程，即可得到期望输出为尖脉冲 $\delta(t)$ 的反滤波因子 $a(t)$。

求出反滤波因子 $a(t)$ 之后，对输入地震记录 $x(t)$ 进行反褶积，即可得到反滤波后的输出

$$y(t) = x(t) * a(t) = \sum_{\tau=0}^{m} a(\tau)x(t-\tau) \tag{7.24}$$

脉冲反褶积程序中两个主要参数选择如下：

（1）反滤波因子长度的选择：反滤波因子 $a(t)$ 长度 m 可以任意选择。一般在一个地区或一段测线上，通过实验来进行选择。反滤波因子长度可以选择 80ms、160ms、200ms、240ms 等，计算时要将它们转换为采样点数。

（2）相关时窗长度的选择：相关时窗长度 $m+n$ 的选择，最小不应小于反滤波因子

长度的 2 倍，最长为地震记录的有效长度。

3）预测反褶积

预测问题是对某一物理量的未来值进行估计，利用已知的物理量的过去值和现在值得到它在未来某一时刻的估计值（预测值）的问题。它是科学技术中解决问题十分重要的方法手段。天气预报、地震预报、反导弹的自动跟踪等都属于这类问题。预测实质上也是一种滤波，称为预测滤波。将上述预测滤波理论用于解决反褶积问题叫做预测反褶积。

在一定条件下，滤波器的输出可以看作由两部分内容组成，其中脉冲响应为可预测部分，而其输入内容为不可预测部分。因此，预测反滤波所希望得到的是那些不可预测部分的内容，即预测误差。所以，预测反滤波又称为预测误差滤波，其滤波因子又叫做预测误差因子。显然，预测误差滤波必为物理可实现的。

预测反褶积的主要目的是对子波进行 α（正整数，称预测步长）截断 $a_w(t) = (w_0, w_1, \cdots, w_{a-1}, 0, \cdots)$，这是用把波形截短的方法来压缩子波达到提高分辨率和消除多次波的作用。

其数学模型是：已知输入最小相位子波 $w(t) = (w_0, w_1, \cdots, w_n)$，要设计的滤波因子 $a(t) = (a_0, a_1, \cdots, a_m)$，使实际输出 $y(t) = w(t) * a(t)$，与期望输出 $d(t) = (w_a, w_{a+1}, \cdots, w_n)$ 之间的误差平方和 $Q = \sum_t [w(t) * a(t) - d(t)]^2 = \sum \xi_t^2 = min$ 为最小。这个模型与脉冲反褶积的差别在于期望输出 $d(t)$ 不同，此时 $d(t)$ 为子波 α 项后的部分。

由于在预测反褶积中要求子波 $w(t)$ 为最小相位的，所以其反滤波因子是物理可实现的，因此取 $M_0 = 0$，且期望输出 $d(t) = (w_a, w_{a+1}, \cdots, w_n)$，所以方程变为

$$\begin{bmatrix} r_{xx}(0) & r_{xx}(1) & \Lambda & r_{xx}(m) \\ r_{xx}(1) & r_{xx}(0) & \Lambda & r_{xx}(m-1) \\ M & M & O & M \\ r_{xx}(m) & r_{xx}(m-1) & \Lambda & r_{xx}(0) \end{bmatrix} \begin{bmatrix} a_0 \\ a_1 \\ M \\ a_m \end{bmatrix} = \begin{bmatrix} r_{xx}(a) \\ r_{xx}(a+1) \\ M \\ r_{xx}(a+m) \end{bmatrix} \tag{7.25}$$

解上式得最佳反滤波因子 $a^m(t) = [a^m(0), a^m(1), \cdots, a^m(m)]$。

可以证明，当 $w(t)$ 为最小相位、期望输出 $d(t)$ 为有限时，则有 $\lim_{m\to\infty} Q_m = 0$，即 $\lim_{m\to\infty} w(t) * a^m(t) = d(t)$。

也就是说，当子波为最小相位时，总可以找到反滤波因子 $a(t)$，当它长度无限增加时可无限接近于 $d(t)$。

4）常规地表一致性反褶积

地表一致性反褶积的目的在于消除由于近地表条件的变化对地震子波波形的影响。常规使用的单道脉冲反褶积和单道预测反褶积是各道用本身的数据作自相关或互相关，以求得本道的反褶积因子，然后用这个反褶积因子和本道数据褶积形成地震记录。

单道反褶积方法有两个假设前提：

①反射系数序列是白噪化的随机序列；

②输入子波为最小相位。

但实际输入的地震道并不完全满足这两个条件，由于陆上地震的每个激发点条件(对陆上炸药量、深度、地下水面、药包与地层的耦合、爆炸是否完全、地表岩性等)和接收点条件（检波器灵敏度、频谱、与地耦合、组合方式、低速带变化等）均不相同，使得相邻地震道的特征产生差异；以及偏移距对叠前反褶积则是逐道变化的，偏移距影响入射角、穿透地层、路径、反射系数等变化因素，计算出的反褶积因子变的不稳定。另一方面，再加上随机噪声的影响，就更加重了这种不稳定性，上述这些方面对每一道的振幅谱和相位谱都会产生很大影响，从而使所提取的反褶积算子偏离期望算子，使反褶积效果变坏。所以需要采用多道的地表一致性反褶积来克服地表和随机噪声的影响。

Taner 将地表条件变化而引起的反射记录畸变归结为炮点相应、接收点响应、偏移距响应和共中心点响应的综合反映，并提出地表一致性校正模型。地表一致性反褶积与其他单道反褶积相比具有某些优点，如地表一致性反褶积无需对反褶积模型中反射系数做“白色”假设；地表一致性分解时采用地表一致性各分量振幅谱的几何平均值进行求解，并将地表一致性各分量归结为各种道集的体现，因此地表一致性反褶积起到了衰减随机噪声的作用；同时也能够均衡反射记录的频谱，提高各地震道间子波的相似性，但不破坏地标一致性剩余静校正的计算模型。

褶积模型 $x(t)=w(t)*r(t)+n(t)$，式中 $x(t)$ 表示地震记录；$w(t)$ 为基本子波；$r(t)$ 为地层脉冲响应；$n(t)$ 为随机噪声。

要求的地表一致性褶积模型为

$$x'_{ij}(t)=s_j(t)*h_l(t)*e_k(t)*g_i(t)+n(t) \tag{7.26}$$

式中，$x'_{ij}(t)$ 为地震记录模型；$s_j(t)$ 为震源位置为 j 时的波形分量；$g_i(t)$ 为检波器位置为 i 时的波形分量；$h_l(t)$ 为与炮检距有关的波形分量，该分量取决于炮检距下标为 $l=|i-j|$ 时的波形；$e_k(t)$ 代表震源—检波器中心点位置的地层脉冲响应，$k=(i-j)|/|2$。

为了说明 $s_j(t)$、$h_l(t)$、$g_i(t)$ 和 $e_k(t)$ 的计算方法，假定 $n(t)=0$，对式（7.26）做傅里叶变换，即

$$X'_{ij}(\omega)=S_j(\omega)*H_l(\omega)*E_k(\omega)*G_i(\omega) \tag{7.27}$$

这个方程可以分解为下面的振幅谱和相位谱分量，即

$$\overline{X}'_{ij}(\omega)=\overline{S}_j(\omega)*\overline{H}_l(\omega)*\overline{E}_k(\omega)*\overline{G}_i(\omega) \tag{7.28}$$

和

$$\phi'(\omega)=\phi_{sj}(\omega)+\phi_{hl}(\omega)+\phi_{ek}(\omega)+\phi_{gi} \tag{7.29}$$

如果作了最小相位的假设，只需估计振幅谱。

对式（7.28）两边取对数，使之成为线性方程，即

$$\overline{X}'_{ij}(\omega)=\ln S_j(\omega)+\ln H_l(\omega)+\ln E_k(\omega)+\ln G_i(\omega) \tag{7.30}$$

左边是模型输入振幅谱 $\overline{X}'_{ij}(\omega)$ 的对数，右边各项是各独立分量振幅谱的对数。而实际地震记录的振幅谱的对数与它有个误差，根据最小平方法则，误差能量为

$$L=\sum_{i,j,\omega}\{\ln X_{ij}(\omega)-\ln X'_{ij}(\omega)\}^2$$

为了求出各分量的对数谱，令

$$\frac{\partial L}{\partial[X_{ij}(\omega)]}=\frac{\partial L}{\partial[\ln S_j(\omega)]}=\frac{\partial L}{\partial[\ln H_l(\omega)]}=\frac{\partial L}{\partial[\ln E_k(\omega)]}=\frac{\partial L}{\partial[\ln G_i(\omega)]}=0$$

因此可以求得一组正则方程，对之求解就可以得到各分量的对数谱，从而可得到各分量的振幅谱。

求解式（7. 30）的实际方案是基于 Gauss-Seidel 方法式（7.30）右边的各项是由下面的莱文逊递推方程计算得到的，即

$$\begin{aligned}
S_j^m &= \frac{1}{n_\mathrm{r}}\sum_i^{n_\mathrm{c}}(X_{ij}-H_l^{m-1}-E_k^{m-1}-G_i^{m-1})\\
G_i^m &= \frac{1}{n_\mathrm{s}}\sum_j^{n_\mathrm{r}}(X_{ij}-H_l^{m-1}-E_k^{m-1}-S_j^{m-1})\\
H_l^m &= \frac{1}{n_\mathrm{e}}\sum_k^{n_\mathrm{e}}(X_{ij}-S_j^{m-1}-E_k^{m-1}-G_i^{m-1})\\
E_k^m &= \frac{1}{n_\mathrm{h}}\sum_l^{n_\mathrm{h}}(X_{ij}-S_j^{m-1}-H_l^{m-1}-G_i^{m-1})
\end{aligned}\tag{7.31}$$

式中，n_r 是共检波点的个数；n_s 是共炮点的个数；n_e 是共偏移距点的个数；n_h 是共 CDP 点的个数；m 为迭代次数。该方程组的解是基于炮点轴和检波点轴的正交性、共中心点轴和炮检距轴的正交性。该方程组可改写为如下形式，即

$$\begin{aligned}
S_j^m &= \frac{1}{n_\mathrm{r}}\sum_i^{n_\mathrm{c}}X_{ij}-\frac{1}{n_\mathrm{r}}\sum_i^{n_\mathrm{r}}(H_l^{m-1}-E_k^{m-1}-G_i^{m-1})\\
G_i^m &= \frac{1}{n_\mathrm{s}}\sum_j^{n_\mathrm{r}}X_{ij}-\frac{1}{n_\mathrm{s}}\sum_j^{n_\mathrm{r}}(H_l^{m-1}-E_k^{m-1}-S_j^{m-1})\\
H_l^m &= \frac{1}{n_\mathrm{e}}\sum_k^{n_\mathrm{e}}X_{ij}-\frac{1}{n_\mathrm{e}}\sum_k^{n_\mathrm{e}}(S_j^{m-1}-E_k^{m-1}-G_i^{m-1})\\
E_k^m &= \frac{1}{n_\mathrm{h}}\sum_l^{n_\mathrm{h}}X_{ij}-\frac{1}{n_\mathrm{h}}\sum_l^{n_\mathrm{h}}(S_j^{m-1}-H_l^{m-1}-G_i^{m-1})
\end{aligned}\tag{7.32}$$

这种修改使我们能计算并保存输入资料 $\sum X_{ij}$ 的谱分量的和，从而避开单独保存各个普分量 X_{ij} 的要求。步骤不断迭代直至次数 m 可得到最小平方最小值为止。

对于不同频率分量 ω，包含谱分量 S_j^m、G_i^m、H_l^m 和 E_k^m 的参数向量 P（与震源和检波器的位置、对炮检距的依赖性及地层脉冲相应有关）可用式（7. 31）求解。所有频率分量的解组合得到式（7. 31）中的各项。应用于数据体的每一道的地表一致性脉冲反褶积算子是 $s_j(t)*g_i(t)*h_l(t)$ 的倒数。在用期望预测距离作预测反褶积的情况下，对于各震源、检波器和中心点位置，反褶积算子可以用 $s_j(t)$、$g_i(t)$ 和 $h_l(t)$ 的自相关谱求得。

实际应用中，地表一致性反褶积对野外资料的应用通常包括两项，仅为震源项 $s_j(t)$ 和检波器项 $g_i(t)$。在水陆过渡带，震源和检波器位置的地表条件可能变化非常明显——从干燥地表条件到湿的地表条件。因此需要进行地表一致性校正和反褶积的最大可能情况是过渡带资料。

常规地表一致性反褶积在计算机实现时，只能使用一个时窗，所以必须将整道数

据分离成不同时段，对不同时段的数据分别做反褶积，然后再将不同时段的数据结合到一起，得到多时窗反褶积后的数据。而在拾取反褶积应用的时窗时应注意两点：①时窗间交叠区宽度应尽量保持一致；②使用尽可能少的点定义时窗边界。这样一来，不仅处理起来很麻烦，而且在时窗选择、边界选择和数据拼接的时候有很多主观因素，容易造成误差。

7.4 动校正及叠加

动校正即是正常时差（normal moveout，NMO）校正，在某一给定偏移距时，双程旅行时和零偏移距的双程旅行时之间的差叫做正常时差。动校正就是对反射波旅行时进行正常时差校正。正常时差依赖于反射层上的速度，偏移距，与反射同相轴有关的双程零偏移距时间，反射层倾角，炮点—检波点方向与真倾角方向的夹角，近地表的复杂程度以及反射层以上的介质。

对于一个常速水平层来讲，作为偏移距的函数，反射旅行时曲线为双曲线。某一偏移距处的旅行时与零偏移距时的旅行时的差叫做正常时差。应用于 NMO 校正的速度叫做动校正速度。在单水平反射层的地层模型中，NMO 速度等于反射界面以上介质的速度。在单倾斜反射层地层模型中，NMO 速度等于介质速度除以倾角的余弦。从三维空间观察一个倾斜反射层，那么还需考虑方位角（倾斜方向与走向的夹角）的影响。作为偏移距函数的旅行时，在一系列水平等速地层中，接近于一条双曲线。在小偏移距时比大偏移距时的近似程度要高。对于小偏移距来讲，水平地层的 NMO 速度等于上覆地层的均方根速度。在含有任意角度倾角的地层介质中，旅行时方程变得更复杂。然而，只要是小倾角、小排列（小于反射面深度），仍然可以假设它为双曲线。当地层界面是任意形状的，双曲线假设不再成立。

动校正之前必须进行速度分析拾取 NMO 速度，常规速度分析是建立在双曲线假设的基础上的。常用的速度分析技术，它是建立在速度谱计算上的（Taner and Koehler, 1969）。这种方法是测量速度与零炮检距双程时间信号的相干性，基本做法是沿着双曲线轨迹用一个小视窗计算 CMP 道集信号的相干关系。在速度谱上根据有用同相轴出现的时间，挑选出得到最高相干性的速度函数，解释为叠加速度。

动校正是地震资料处理过程中的关键步骤之一，将地震记录的同相轴拉平，从而使叠加后的地震信号能量集中，其精确性直接影响到水平叠加能否对干扰波进行有效压制。传统二阶动校正方法基于较小最大偏移距与目标层深度比和地震波沿直线传播假设，进行长偏移距地震资料处理时，这些假设不再成立．高阶项动校正公式能提高长偏移动校正精度。模型计算表明，高阶项动校正方法能取得较常规动校正方法好的动校正结果，但并非阶数越高动校正精度就越高。

7.4.1 传统 DIX 公式

常规动校正中动校正量的计算是利用 DIX 双曲线公式求取反射子波各点相对于自

激自收道初至的延迟时间。

$$t(x)=\left(t_0^2+\frac{x^2}{V^2(t_0)}\right)^{\frac{1}{2}} \tag{7.33}$$

式中，t 为地震反射波旅行时；t_0 为双程旅行时；x 为偏移距；V 为叠加速度，一般取地层均方根速度。

建立 4 层介质模型，速度模型如图 2.1 所示。每层厚度均为 1000m，第一层速度为 2500m/s，第二层速度为 2800m/s，第三层速度为 3100m/s，第四层速度为 3300m/s。道间距为 30m，300 道接收，最大偏移距为 9000m。图 7.1（a）为正演得到的地震记录，图 7.1（b）为去除掉直达波和干扰波后的地震记录。按照常规 DIX 公式进行动校正得到的地震记录见图 7.1（c）。

DIX 公式的应用有两个前提：各向同性层状介质；中、近炮检距检波排列。对大炮检距地震资料进行常规动校正处理，利用 DIX 公式在大炮检距位置已不能拉平同相轴。原因在于 DIX 公式实际上是忽略了高次项的时距关系函数的泰勒展开式，进行大炮检距地震资料的动校正时，必须考虑高次项。

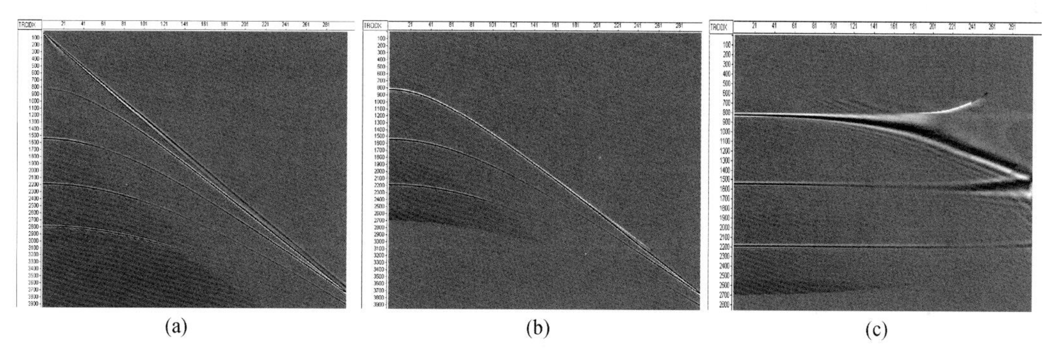

图 7.1　（a）正演得到的原始地震记录、（b）去除直达波和干扰波后的地震记录和（c）常规 DIX 公式动校正

7.4.2　非双曲动校正

时差公式的高阶拟合公式为

$$\begin{aligned}
&t=(c_1+c_2x^2+c_3x^4+c_4x^6+\cdots)^{\frac{1}{2}}\\
&c_1=t_0^2\\
&c_2=\frac{1}{\mu_2}\\
&c_3=\frac{\mu_2^2-\mu_4}{4t_0^2\mu_2^4}\\
&c_4=\frac{2\mu_4^2-\mu_2\mu_6-\mu_2^2\mu_4}{t_0^4\mu_2^7}
\end{aligned} \tag{7.34}$$

式中，$\mu_j = \dfrac{\sum_{k=1}^{N} \Delta t_k v_k^j}{\sum_{k=1}^{N} \Delta t_k}$一般取4次或6次项截断。对长偏移距同相轴采用非双曲方法能取得较传统的DIX动校正方法更好的动校正效果，但并非双曲动校正公式的阶数越高越好，总体来说优化4次项和优化6次项动校正公式更加稳定，能取得优的动校正效果。

7.5 静 校 正

为解决近地表速度异常和地形起伏引起的静校正问题，已出现了多种静校正方法，目前使用最多的是折射静校正，其次是射线层析静校正。这一节里从众多的静校正方法中选择了3个具有代表性的，在生产中用得较多的方法（折射静校正、无射线追踪层析静校正、非线性层析静校正），从方法原理、方法特点等方面进行比较研究，提出一些对针对不同目标选择适当静校正方法的建议，达到快速有效地完成资料处理任务，提高处理质量的效果。当然在不满足地表一致性要求时，就应该使用波动方程基准面校正或从地表开始的偏移，会获得更好的成像效果。

7.5.1 TOMO静校正技术

如果使用高程静校正可以解决掉部分因地表起伏引起的的静校正问题，但是解决不了因低、降速带厚度以及速度不均匀引起的长波长静校正问题。为了解决静校正问题，更好地完成本次处理任务，项目组应用了派特森公司自主研发的软件产品—无射线层析成像静校正软件。该软件产品的特点是：应用有限差分方法正演模拟地震波的首波初至，通过多次迭代反演获得近地表速度结构，从而进一步计算静校正量。该方法的优点在于避开了近地表速度横向变化大造成的射线阴影区的问题，使得计算得到的静校正量更加准确。

与折射静校正相比：如果高差变化大或者地表岩石裸露，难以形成有效折射层，应用折射静校正不能解决本区的静校正问题，从而影响到成像效果。但因用无射线层析成像静校正方法，在岩石裸露地区可以照样得到较稳定的近地表速度，从而得到稳定的静校正量。

具体实现步骤：应用层析静校正方法原理，反演得到浅地表速度结构，人工交互拾取一个稳定速度面，从该速度面向地表面做静校正时差计算得到静校正量。该方法已经应用于许多山区和复杂地表地区的地震数据静校正处理，获得了良好的效果。

7.5.2 多反射界面剩余静校正

具体做法是，沿着两个或多个反射界面求取“剩余静校正量”。在复杂地区，所求取的数值中，不单包含常规高程静校正量，还包含岩石速度横向变化引起的时间差、速度各向异性引起的时间差等。在经过常规高程和层析静校正以后，还存在由于速度不尽合理等造成的剩余静校正量。应用多个反射面求取“静校正量”技术与速度分析结合经多次应用之后，叠加质量有明显改善，通过剩余静校正处理，剖面的成像质量有明显的提高。

7.6 速度分析

对于速度分析来说，速度总是与传播距离及传播时间相关联，地震记录中含有地震波到达地面不同位置的旅行时间，因此从时间入手，就有可能求得地震波的传播速度。但是，由于地下地质结构的复杂性，记录得到的时间与速度之间往往不可能找出一个精确的解析公式把它们联系起来，所以常用的方法就是将地质模型进行简化，然后再按照简化的模型建立速度与记录时间以及岩性参数等的确定的数学关系。我们一般通过研究多道地震记录反射波的到达时间差与传播速度的关系，并利用某些判别准则，从地震记录中提取速度参数和速度随时间变化规律。

7.6.1 传统速度分析

我们知道，通过速度分析确定的速度值称为叠加速度，常规速度分析基于均匀各向同性的假设，其中 t^2-x^2 速度分析是估计叠加速度的方法之一。双曲线走时方程在 t^2-x^2 平面上是线性的，在给定的反射界面上，零偏移距时间和叠加速度可由 t^2-x^2 平面上最佳拟合旅行时拾取的直线之斜率估算得到。该方法的精度取决于数据的 S/N 比和垂向的不均匀性。

另一种常用的常规速度分析技术，它是建立在速度谱计算基础上的（Taner and Koehler，1969）。这种方法是计算速度与零偏移距双程旅行时间信号的相干性，基本做法是沿着双曲线轨迹用一个小时窗计算 CMP 道集信号的相干关系。在速度谱上根据有用同相轴出现的时间，挑选出得到最高相干性的速度函数，解释为叠加速度。在一般的地震地质条件下，速度谱能给出较理想的叠加速度，为水平叠加提供可靠的速度参数，因此速度谱计算已成为地震资料数字处理中的常规处理程序，应用也十分广泛。本文采用的速度分析方法也是以求取速度谱为主。

我们应该注意到，在实际应用中，经常忽略 NMO 速度和叠加速度的不同。但是前者是建立在小排列双曲线旅行时的基础上，是用于正常时差校正的速度，而后者则是建立在整个排列长度的最佳拟合双曲线的基础上用于共中心点叠加。偏移距趋近于零时，后者趋近前者。

速度拾取的精度依赖于排列长度、反射同相轴的双程零炮检距时间和速度本身。速度越高，反射面越深，排列长度越短，速度分辨率就越差。速度拾取中的速度分辨率也依赖于信号带宽，CMP 道集中沿着反射旅行时轨迹子波压缩得越厉害，速度拾取越精确。

在各向异性介质中，射线传播的速度主要受到 Thomsen 各向异性参数的影响，时距曲线将不再是各向同性中的双曲线，并且它们的差别随着偏移距的增大而增大。因此，如果此时应用传统的方法去分析速度必然会产生很大的偏离，进一步偏移成像将造成同相轴扭曲。

在研究各向异性介质速度分析时，选择什么样的时距曲线，表示速度、时间与岩性的关系尤为重要。因此速度分析的精度主要受两方面影响，一是时距曲线的拟合精度；二是具体速度分析方法。

1969 年，Taner 和 Koehler 在建立水平层状地质模型的参数方程和旅行时的基础上，导出了正常时差高阶精度级数展开的反射走时方程：

$$t = (c_1 + c_2x^2 + c_3x^4 + c_4x^6 + \cdots)^{\frac{1}{2}} \tag{7.36}$$

式中，x 为炮检距；t_0 为零偏移距双程旅行时，且 $c_1 = t_0^2$，$c_2 = \dfrac{1}{\mu_2} = \dfrac{1}{V_{\mathrm{rms}}^2}$，$c_3 = \dfrac{\mu_2^2 - \mu_4}{4t_0^2\mu_2^4}$，$c_4 = \dfrac{2\mu_4^2 - \mu_2\mu_6 - \mu_2^2\mu_4}{t_0^4\mu_2^7}$，$\mu_j = \dfrac{\sum \Delta\tau_k V_k^i}{\sum \Delta\tau_k}$，$V_k$ 是第 k 层中的层速度，V_{rms} 称为均方根速度，$\Delta\tau_k$ 是第 k 层中波的单程垂向传播时间。

在常规的速度分析中，省略高阶项，我们用小偏移距双曲线得到近似水平层状地层的反射时间，式（7.36）中的级数可以截短，得到双曲线的形式：

$$t^2 = t_0^2 + \frac{x^2}{v_{\mathrm{rms}}^2} \tag{7.37}$$

比较式（7.36）和式（7.37），在小偏移距近似下，水平层状介质 NMO 校正所需的速度等于均方根速度。但是，在大偏移距的情况下，该双曲线大大的偏离了走时曲线，得到的均方根速度也是不准确的。

最初，为了能将其应用到实际生产中，并提高速度分析在大偏移距的精度。Taner 等分析了反射走时式（7.36），将其保留到四阶项应该得到以下方程：

$$t^2 = t_0^2 + \frac{x^2}{v_{\mathrm{rms}}^2} + c_3x^4 \tag{7.38}$$

然而，用式（7.38）计算速度谱需要扫描两个参数，即 V_{rms} 和 c_3，这也是最初的双谱扫描方法；这样，式（7.38）应用于速度分析就显得较以前麻烦了一些，但其精度有了一定的提高，以下是其计算速度谱的实际方法：

省略四阶项，得到小排列双曲线式（7.37），用式（7.37）中变化的均方根速度计算常规速度谱，并拾取一个初始速度函数 $V_{\mathrm{rms}}(t_0)$；

变化参数 c_3，在式（7.38）中应用上一步拾取的初始速度函数 $V_{\mathrm{rms}}(t_0)$ 计算速度谱，并拾取函数 $c_3(t_0)$；

将拾取到的函数 $c_3(t_0)$ 应用到式（7.38），用变化的均方根速度，重新计算速度谱。最后，从这个速度谱中拾取调整过的速度函数 $V_{\mathrm{rms}}(t_0)$。

这样得到的速度函数 $V_{\mathrm{rms}}(t_0)$ 已经脱离了各向同性假设的限制，但是，其方法并没有能够进行各向异性参数的提取，且精度在大偏移距的情况下却远远达不到实际应用的要求。所以，后人再接再厉提出了更好的方法。

7.6.2 非双曲线时差反演

1）非双曲时差近似公式

众所周知，在各向异性介质中，地震波速度不再是个标量，而是矢量。Thomsen 分析了各向异性介质中地震波的非双曲线型时距曲线，发现 P 波速度主要受 P 波垂向速度 V_{P0}、ξ 和 δ 控制，即

$$V_P(\theta) = V_{P0}(1 + \delta \sin^2\theta \cos^2\theta + \xi \sin^4\theta) \tag{7.39}$$

式中，ξ 和 δ 为两个各向异性参数，对于 VTI 介质，$\xi = \dfrac{c_{11} - c_{33}}{2c_{33}}$，$\delta = \dfrac{(c_{13} + c_{44})^2 - (c_{33} - c_{44})^2}{2c_{33}(c_{33} - c_{44})}$，$c_{ij}$ 是弹性系数（i，j=1，2，…，6）。

随后，Alkhalifah 在研究正常时差速度 V_{nmo} 随射线参数的变化之后，提出 TI 介质的速度反演具有多解性，同时发现 V_{nmo} 的变化只与 ξ 和 δ 的差值有关（图 7.2），于是定义了新的各向异性参数：

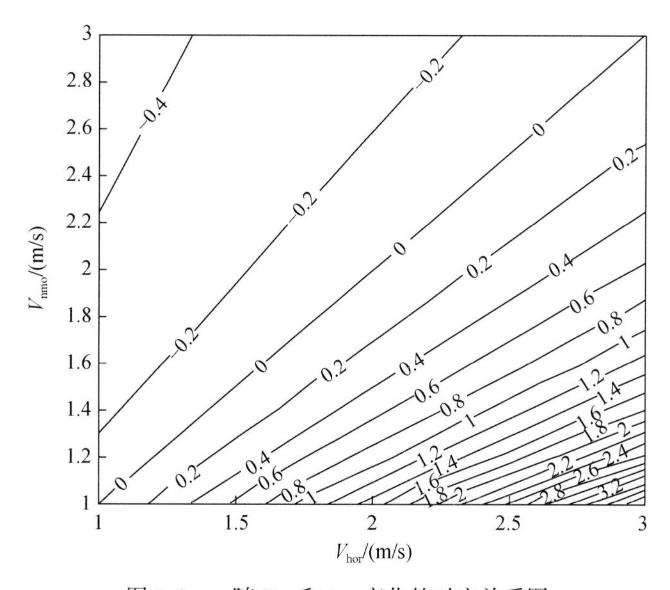

图 7.2　η 随 V_{nmo} 和 V_{hor} 变化的对应关系图

$$\eta = \frac{1}{2}\left(\frac{V_{hor}^2}{V_{nmo}^2} - 1\right) = \frac{\xi - \delta}{1 + 2\delta} \tag{7.40}$$

$$V_{hor} = V_{P0}\sqrt{1 + 2\xi} = V_{nmo}\sqrt{1 + 2\eta} \tag{7.41}$$

从图 7.2 中可以明显的看出，η 对 V_{hor} 的变化比对 V_{nmo} 的变化更敏感，且当 $\eta > 0$ 时，$V_{hor} > V_{nmo}$；$\eta = 0$ 时，$V_{hor} = V_{nmo}$；$\eta < 0$ 时，$V_{hor} < V_{nmo}$，其中 V_{hor} 是水平方向的传播速度。

接着，Alkhalifah 等提出了非双曲线时差公式：

$$t^2(x)=t_0^2+\frac{x^2}{V_{\mathrm{nmo}}^2}-\frac{2\eta x^4}{V_{\mathrm{nmo}}^2[t_0^2V_{\mathrm{nmo}}^2+(1+2\eta)x^2]} \tag{7.42}$$

实验表明，上式在大偏移距、任意各向异性强度下都具有较高的精度，因此适于在实际资料处理中应用。式中，x 为偏移距，t_0 为垂直旅行时间，η 为各向异性参数，也称为非椭圆率。同时将式（7.41）代入其中，可以得到等效非双曲线时差公式：

$$t^2(x)=t_0^2+\frac{x^2}{V_{\mathrm{nmo}}^2}-\frac{(V_{\mathrm{hor}}^2-V_{\mathrm{nmo}}^2)x^2}{V_{\mathrm{nmo}}^2[t_0^2V_{\mathrm{nmo}}^4+V_{\mathrm{hor}}^2x^2]} \tag{7.43}$$

因为在式（7.43）中 V_{nmo} 和 V_{hor} 具有相同的速度量纲，且在长排列 P 波旅行时差中 V_{hor} 比 η 更加具有约束力，所以 V_{nmo} 和 V_{hor} 双参数更加容易在时差分析中被应用。

数值分析表明，当偏移距无限大（$x\to\infty$）时，根据式（7.43）可以得到精确的旅行时差。但对于中长排列，它的精度就不够了。当排列长度 $x_{\max}=2Z$（Z 是反射界面深度）时，式（7.43）偏离精确走时虽小于 t_0 的 1%，而反演得到的参数与真实模型值也就有了误差，例如，当实际的 $\eta=0.16$ 时，最佳拟合的 η 接近 0.13。所以经过验证，发现通过稍微修改非双曲线方程式（7.43）的分母项，能进一步改善这个时差近似，有效的提高中长排列的精度并减小偏差。实际上，在分母的 $V_{\mathrm{hor}}^2x^2$ 项之前引入系数 $C=1.2$（Grechka and Tsvankin，1998），使在最常用的偏移距范围为 $1.5Z<x<2.5Z$ 时，偏离精确走时达到最小，因此，把式（7.43）改为

$$t^2(x)=t_0^2+\frac{x^2}{V_{\mathrm{nmo}}^2}-\frac{(V_{\mathrm{hor}}^2-V_{\mathrm{nmo}}^2)x^2}{V_{\mathrm{nmo}}^2[t_0^2V_{\mathrm{nmo}}^4+CV_{\mathrm{hor}}^2x^2]} \tag{7.44}$$

式中，$C=1.2$。

实验表明，对于单层介质而言，式（7.44）中分母的 C 取 1.2 能提高中等排列时差方程的精度，但在多层介质情况下，$C=1.2$ 并不总是最佳值。在一些各向异性介质中，系数 $C=1.2$ 也并不能使拟合效果达到最佳。通过对不同 VTI 介质的数值模拟，我们发现当垂向速度梯度为 0.5～0.6 且 η 值相对很小（达到 0.1～0.15）时，取系数 $C=1$ 甚至 $C<1$ 可以使拟合效果更加精确。实验采用系数 $C=1$ 或 $C=1.2$ 来计算长排列（$x_{\max}/Z=2$）时差，发现二者计算的结果非常接近（大多数情形，相差不超过 0.3%～0.5%）。实际上，因为具有不同 η 的 VTI 介质对于 $x_{\max}/Z=2$ 的长排列可以具有相似的旅行时，为了满足一般的精度需求，通常我们还是选取系数 $C=1.2$。原理上，根据非双曲线时差反演，通过用射线追踪法并比较式（7.44），有可能找出最佳的系数 C。

2）常规相似度分析反演

当炮点和检波点都位于同一水平面上，对于水平多层介质，反射界面以上多层介质为均匀时，小排列长度的共反射点记录的反射时距曲线近似为一条双曲线，其各分层的层速度对各分层垂向传播时间加权再取均方根值，称为均方根速度，速度谱就是以沿某个时差双曲线叠加能量、计算相似性系数或相关系数为最大作为立论依据而产生。

具体的实现是在 t_0 固定的情况，利用预先选定的一系列试验速度 V_i，根据双曲线拟合公式，就可得到一系列的理论双曲线，若在试验的速度中包含某反射波的传播速度，则这一系列的理论曲线中，必定有一条与反射同相轴重合，沿这条理论双曲线的

反射波满足同相叠加和同相相关，使叠加振幅达到最大，相似性系数或相关系数之和也达到最大。

以上是对固定的 t_0 情况下，如果改变 t_0 值，重复上面步骤，就可把整个道集记录上所有实际存在的同相轴对应的速度找出来，从而确定速度随 t_0 的变化规律，即得到 $V(t_0)$ 曲线。

如果已知某一固定排列长度上的反射旅行时间，我们可以对走时方程和时差曲线进行最小二乘拟合得到相应参数。然而，由于随机噪声的存在以及对数据处理的自动化的需求，在 CMP 道集上直接拾取反射旅行时间已经很不合适了。所以我们常常采用 CMP 道集上的求取速度谱的方法来拾取最佳的拟合速度和相应的时差曲线。

就计算量而言，叠加能量和计算相似系数的计算工作量稍小，而相关系数计算的计算量稍大。就灵敏度而言，计算相关系数是以信号的平方形式出现，灵敏度觉高，因此，采用相关系数求速度谱，则谱线的峰值清楚明显。但是计算相关系数时的抗干扰能力相比之下又稍差，少数道的大幅值干扰可能会使速度谱线出现峰值。就区分干涉同向轴的能力而言，现在有的资料证明，相似系数的分辨率能力较其他方法优越一些。

例如，对于式（7.44），我们给定一个 t_0 值，就可以对 V_{nmo} 和 V_{hor} 或 V_{nmo} 和 η 进行一个二维的相似度扫描，从而获取最大相似度值所对应的 V_{nmo} 和 V_{hor} 值或 V_{nmo} 和 η 值。

相似度系数计算公式为

$$S(t_0, V_{\mathrm{nmo}}, \eta) = \frac{\sum_{t_0'=t_0-T/2}^{t_0+T/2}\left[\sum_{x=x_{\min}}^{x_{\max}} F(x, t)\right]^2}{M\sum_{t_0'=t_0-T/2}^{t_0+T/2}\sum_{x=x_{\min}}^{x_{\max}} F^2(x, t)} \tag{7.45}$$

式中，M 是道数；振幅 $F(x, t)$ 以及振幅的平方 $F^2(x, t)$ 在式（7.45）中是沿着非双曲线时差曲线 $t(t_0', V_{\mathrm{nmo}}, V_{\mathrm{hor}}, x)$ 且在以 t_0 为中心的窗口 T 内叠加。时间采样点之间的振幅 $F(x, t)$ 可以通过线性插值得到。

图 7.3 为一个单层 VTI 介质非双曲线相似度分析的实例，从图中看出，相似度曲线所对应的最大值与实际的 V_{nmo}、V_{hor} 和 η 已经非常接近。

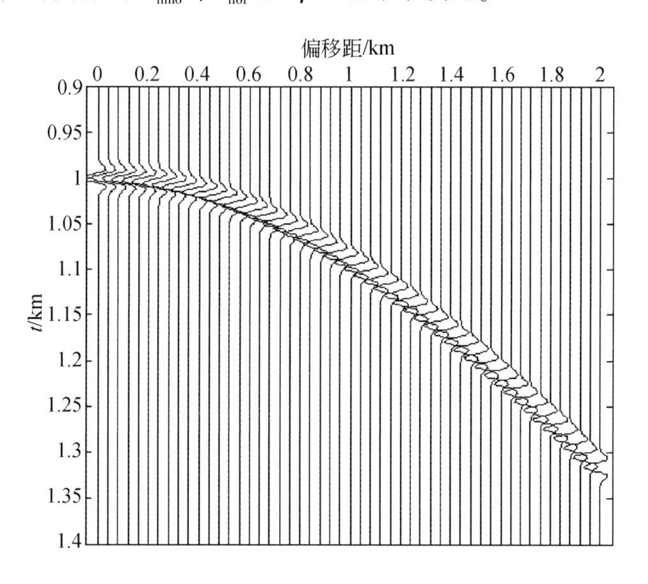

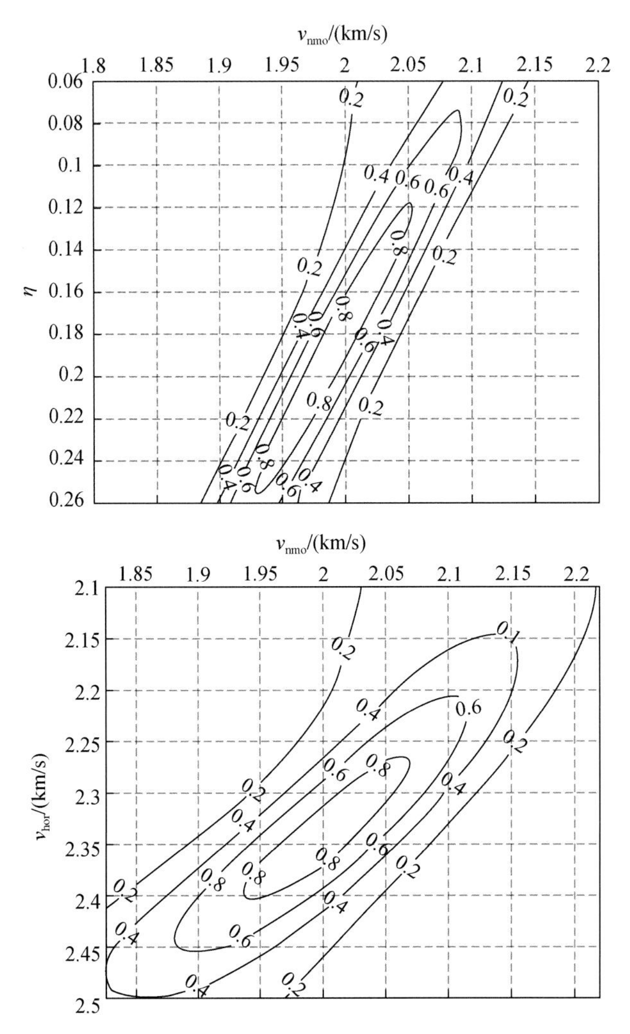

图 7.3　单层 VTI 介质非双曲相线似度分析的实例（$t_0=1\text{s}$，$V_{\text{nmo}}=2\text{km/s}$，$V_{\text{hor}}=2.3\text{km/s}$，$\eta=0.18$）

除了单纯扫描估计地下实际速度以外，我们还要考虑以下两个方面的问题：叠加数据所需要的速度范围和试验叠加速度采用的间隔。

选择范围时，要考虑到倾斜同相轴和非平面反射，可能具有非常高的叠加速度。在选择等速间隔时，应该按照不同炮检距上的动校时差，而不是用速度来进行速度估测。因此，扫描的增量最好按照相等的 Δt_{NMO}，这样避免了对高速同相轴做过密采样，而对低速同相轴采样不足。

3）二维非双曲线相似性扫描

我们已经知道，对远偏移距、大倾角和各向异性介质，反射曲线是非双曲线型，同相轴的聚焦仅用时差速度场是不够的，因为速度 V 和非椭圆率 η 对偏移距非常敏感，所以现在需要知道这两个参数。

类似于常规双曲线时差的速度分析，在 CMP 道集上进行相似性分析得到对应时差曲线和最佳拟合的叠加速度。现在对于 V_{nmo} 和 η 的反演而言，则需要将非双曲线时差曲线作相似度分析，对一个给定的垂向走时 t_0 值，对 V_{nmo} 和 η 作二维相似性扫描来得出最大相似度值。

对于多层介质，从第 N 个界面反射的 P 波走时能写为

$$t^2(x,\ N) = t_0^2(N) + \frac{x^2}{V_{nmo}^2(N)} - \frac{(V_{hor}^2(N) - V_{nmo}^2(N))x^2}{V_{nmo}^2(N)[t_0^2(N)V_{nmo}^4(N) + CV_{hor}^2(N)x^2]} \tag{7.46}$$

由于假设包括反射界面的全部界面都是水平的，正常时差速度 $V_{nmo}(N)$ 通过层 NMO 速度和层垂向走时利用如下常规的 Dix 方程计算：

$$V_{nmo}^2(N) = \frac{1}{t_0(N)}\sum_{i=1}^{N}(V_{nmo}^{(i)})^2 t_0^{(i)} \tag{7.47}$$

对于层状介质而言，有效水平速度能定义为

$$V_{hor}(N) = V_{nmo}(N)\sqrt{1 + 2\eta(N)} \tag{7.48}$$

而有效各向异性参数 $\eta(N)$ 由下式给出：

$$\eta(N) = \frac{1}{8}\left\{\frac{1}{V_{nmo}^4(N)t_0(N)}\left[\sum_{i=1}^{N}(V_{nmo}^{(i)})^2(1 + 8\eta^{(i)})t_0^{(i)}\right] - 1\right\} \tag{7.49}$$

因为 4 次时差参数的单层值能通过表示为 g（N）的综合有效参数的 Dix 型微分来求得，即

$$\begin{aligned} g(N) &= \frac{1}{t_0(N)}\sum_{i=1}^{N}(V_{nmo}^{(i)})^4(1 + 8\eta^{(i)})t_0^{(i)} \\ &= \frac{1}{t_0(N)}\sum_{i=1}^{N}(V_{nmo}^{(i)})^2(4(V_{nmo}^{(i)})^2 - 3(V_{nmo}^{(i)})^2)t_0^{(i)} \end{aligned} \tag{7.50}$$

或者写为

$$\eta(N) = V_{nmo}^4(N)(1 + 8\eta(N)) = V_{nmo}^2(N)[(4V_{nmo}^2(N) - 3V_{nmo}^2(N))] \tag{7.51}$$

把 Dix 方程应用于式（7.50）的 g（N）就可能求得层值 $V_{hor}^{(i)}$ 和 $\eta^{(i)}$：

$$V_{hor}^{(i)} = V_{nmo}^{(i)}\sqrt{\frac{1}{4(V_{nmo}^{(i)})^4}\frac{g(i)t_0(i) - g(i-1)t_0(i-1)}{t_0(i) - t_0(i-1)} + \frac{3}{4}} \tag{7.52}$$

$$\eta^{(i)} = \frac{1}{8(V_{nmo}^{(i)})^4}\left[\frac{g(i)t_0(i) - g(i-1)t_0(i-1)}{t_0(i) - t_0(i-1)} + (V_{nmo}^{(i)})^4\right] \tag{7.53}$$

于是，我们可以总结出利用非双曲线时差相似度估计速度参数的基本步骤如下：

（1）利用非双曲线时差方程式（7.46）完成从第 i 层顶和底反射的相似性分析。

对地下介质由上到下的每一个等效层（第 N 层）进行相似度分析（其中令系数 C = 1.2）。则由相似度分析可以得到每一个等效层的 V_{nmo}、V_{hor} 和 t_0 的等效值。

（2）利用 Dix 方程式（7.47）计算每一层（第 i 层）的正常时差速度 $V_{nmo}^{(i)}$

$$(V_{nmo}^{(i)})^2 = \frac{V_{nmo}^2(i)t_0(i) - V_{nmo}^2(i-1)t_0(i-1)}{t_0(i) - t_0(i-1)} \tag{7.54}$$

（3）利用式（7.51）可以得到每一层等效的辅助参数 $g(i)$ 和 $g(i-1)$。

（4）对辅助参数 $g(i)$ 进行 Dix 微分，并利用已经计算出来的每一层的正常时差速度值 $V_{nmo}^{(i)}$ 以及式（7.52）和（7.53）计算水平速度 V_{hor} 和 η 的层值。

7.6.3 时移双曲线时差反演

1）时移双曲线近似公式

1978 年 Malovichko 导出了精确到偏移距四阶的非双曲线反射走时方程，但具有时移双曲线的性质

$$t = \tau_s + \sqrt{\tau_0^2 + \frac{x}{v_s^2}} \tag{7.55}$$

式中，$\tau_0 = \frac{t_0}{S}$，$\tau_s = \tau_0(S-1)$，$S = \frac{\mu_4}{\mu_2^2}$，$v_S^2 = S v_{rms}^2$。这个方程描述在时间上移动 τ_s 的正常时差双曲线。可见，S 是一个表征介质不均匀程度的参数。

随后，Thore 和 Kelly（1992）证明了式（7.55）可得到叠加剖面，此剖面比从小排列时差方程得到的常规叠加具有更高的叠加能量。用式（7.55）进行速度分析，选择参考速度 v_s 为定值。然后，对每一输出时间 t_0 和每一偏移距 x 在 CMP 道集中的各道应用时移 $t_p = t_0 - \tau_s$（t_p 为双曲线旅行时轨迹渐近线的时间，v_s 为记录面以下的参考速度），对分析中的偏移距计算输入时间，在某一范围 t_p 值内计算速度谱。最后，从速度谱中拾取函数 t_p（t_0）。当 $t_p = t_0$ 时，式（7.55）简化为小排列双曲线方程。

图 7.4 是当 $\tau_s = t_0(1 - 1/S)$ 时双曲线时差方程和时移双曲线方程的旅行时轨迹的比较图。可看到时移双曲线在远偏移距与实际旅行时轨迹匹配的更好。

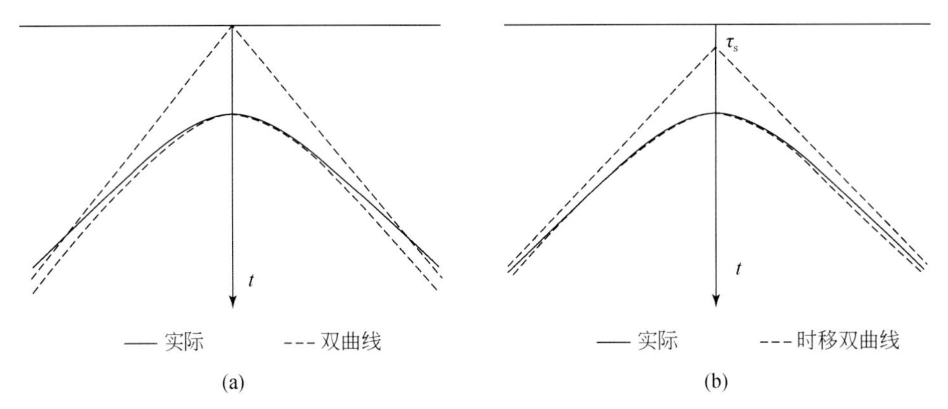

图 7.4 （a）双曲线方程的旅行时轨迹和（b）时移双曲线方程的旅行时轨迹图（与层状模型的实际的旅行时轨迹比较）

1994 年，Castle 进一步把这个方程表示为

$$t(x) = t_0\left(1 - \frac{1}{S(t_0)}\right) + \frac{1}{S(t_0)}\sqrt{t_0^2 + S(t_0)\frac{x}{v^2(t_0)}} \tag{7.56}$$

式中，$v(t_0)$ 为均方根速度 v_{rms}。Castle 证明了时移双曲线与四阶时差方程是完全等价。S 是一个常数，对于 $S=1$，式（7.55）还原为常规小偏移距时差方程。

时移双曲线式（7.56）原则上可以用于指导 CMP 道集的速度分析：

（1）式（7.56）中设 $S=1$ 得到方程。利用变化的均方根速度计算速度谱，并拾取

初始速度函数 $v_{rms}(t_0)$；

（2）在式（7.56）中应用这个速度函数，变化参数 S，计算速度谱。拾取函数 $s(t_0)$；

（3）在式（7.56）中应用拾取的函数 $S(t_0)$，用变化的均方根速度计算速度谱。最后，从速度谱中拾取一个调整过的速度函数 $v_{rms}(t_0)$。

2001 年 Siliqi 把式（7.56）修改为

$$t(v,\ \eta)=\frac{8\eta}{1+8\eta}t_0+\sqrt{\left(\frac{t_0}{1+8\eta}\right)^2+\frac{x^2}{(1+8\eta)v^2}} \tag{7.57}$$

它与时移双曲线方程式（7.56）等价，且有 $S=1+8\eta$。

由此可见，在长排列非双曲线走时方程的条件下，正常时差的参数场已从一个 V_{nmo} 参数谱变为两个参数，即还要提取各向异性参数 η 或者非均匀性参数 η。

但是，值得注意的是 V 和 η 对于时差的影响沿偏移距的分布是不均匀的。对于由式（7.57）非双曲时差校正得到的剩余时差进行泰勒展开，得到下式

$$t_{剩}=\frac{\frac{1}{V_{真}^2}-\frac{1}{V}}{2t_0}x^2-\frac{\frac{1+8\eta_{真}}{V_{真}^4}-\frac{1+8\eta}{V^4}}{8t_0^3}x^4+\cdots \tag{7.58}$$

式中，$\eta_{真}$ 和 $V_{真}$ 分别是反射曲线的真实时差参数。

从式（7.58）中我们可以看出速度 V 影响所有的偏移距，而 η 的影响只集中在大偏移距上。

该时移双曲线方程式（7.57）看似是一个双曲线，但我们可以用两个不相关的特征参数来约束反射曲线的双曲线形状以及其特性：最大偏移距处的剩余时差 dtn 和零偏移距处的旅行时间 τ_0。

2）二维时移双曲线相似性扫描

如果把反射同相轴看成是双曲线，我们将时移动双曲线公式视为局部坐标系下的双曲线公式，称其所得的速度为双曲线速度 V_{hyp}，即有

$$t=\sqrt{\tau_0^2+\frac{x}{V_{hyp}^2}} \tag{7.59}$$

又因为在最大偏移距 x_{max} 处，有

$$dtn=t-\tau_0 \tag{7.60}$$

所以可以根据 dtn 和 τ_0 获得双曲线速度

$$V_{hyp}=\frac{x_{max}}{\sqrt{dtn(dtn+2\tau_0)}} \tag{7.61}$$

现在，均方根速度 V_{rms} 变成双曲线速度 V_{hyp} 的被 τ_0 加权的函数

$$V_{rms}^2=\frac{\tau_0}{t_0}V_{hyp}^2 \tag{7.62}$$

Siliqi 和 Meur 等在 2003 年提出了密点拾取均方根速度和非椭圆率参数 η 并进行滤波的方法，这个方法是通过扫描拾取两个不相关的参数来实现的，这两个参数就是在时移双曲线坐标中的最大偏移距处之剩余时差 dtn 和零偏移距走时 τ_0，得到如下的关

系式

$$\tau_0 = \frac{t_0}{S} = \frac{t_0}{1 + 8\eta} \tag{7.63}$$

$$dtn = \sqrt{\tau_0^2 + \frac{x_{\max}^2 \cdot \tau_0}{V_{\mathrm{rms}}^2 \cdot t_0}} - \tau_0 \tag{7.64}$$

从中我们知道 dtn 是 V_{rms} 和 η 的函数，而 τ_0 仅是 η 的函数。同时时移双曲线方程变为

$$t = t_0 - \tau_0 + \sqrt{\tau_0^2 + \frac{x^2}{x_{\max}^2} \cdot dtn(dtn + 2\tau_0)} \tag{7.65}$$

因此可以利用 dtn 和 τ_0 参数化作时差校正双扫描，对每个 t_0 搜索最大相似性进行连续的双谱（dtn，τ_0）拾取，而每一对拾取得出的 dtn 和 τ_0 可通过公式

$$\eta = \frac{1}{8}\left(\frac{t_0}{\tau_0} - 1\right) \tag{7.66}$$

$$V_{\mathrm{rms}} = \sqrt{\frac{\tau_0}{dtn(dtn + 2\tau_0) \cdot t_0}} \cdot x_{\max} \tag{7.67}$$

变换为 V_{rms} 和 η，经验数据表明拾取的 V_{rms} 和 η 的密集度和质量都是显著的。

dtn 与时差曲线是否是双曲线型无关，当反射曲线是一个非双曲线形状时，τ_0 与 t_0 不相等。图 7.5 显示了利用 dtn 和 τ_0 作为参数进行双参数时差校正扫描的结果。

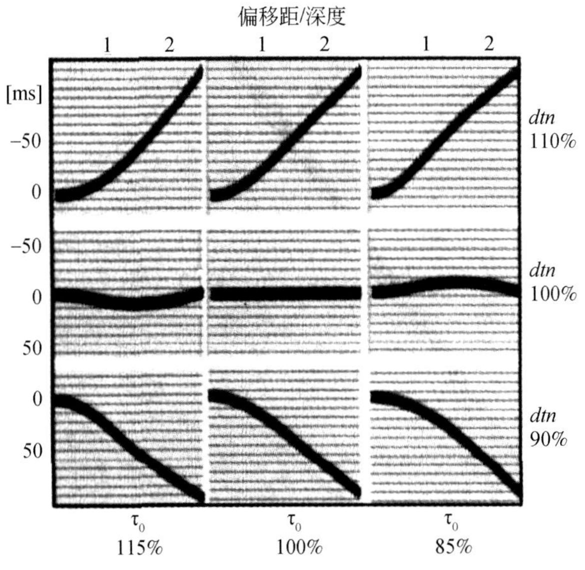

图 7.5　不同的（dtn，τ_0）对进行双参数时差校正结果图

最中间的图对应了正确的（dtn，τ_0）参数对

从中可以看出，时差校正量受 dtn 严格的控制，τ_0 对拉平过程仅起微调的作用。我们在这里要着重指出，对 τ_0 的扫描影响所有偏移距且扫描谱的最大值位于最中间（图 7.5）。因为时差效应和（dtn，τ_0）是两个时间量，所以平直程度的质量可以达到用户

的要求。

应用这两个参数的第二个优点是可进行静态时差校正，这正是自动双谱拾取的必要特性。通过静校正取代动校正，避免大偏移距时的拉伸，大大减少了速度分析所用的时间并且提高了谱的质量。

由于实际受地震数据以至沿层地震属性数据上会出现一些多次波、波的干涉、人为噪声等的污染，这些噪声对于进一步应用地震属性进行储层预测和含油气检测有严重的影响。为了滤除这些噪声，提高属性的精度，那么这两个密集的参数场 V_{rms} 和 η 需要插值和滤波。

首先是对空数据区进行 V_{rms} 和 η 的插值。可以通过对 dtn 和 τ_0 数据的统计分析利用地质统计学中克里金法分别完成 dtn 和 τ_0 的填充，这是一种无偏的最小误差的方法，得到的插值结果效果理想。每个数据点按照它对三维邻域的影响加权，这些加权值考虑了场的空间表现的统计平均。

其次是滤波，其目的是消除由非地质因素导致的 dtn 和 τ_0 场的恶化。可用三维因子克里金技术对不相关参数 dtn 和 τ_0 进行最佳滤波，得到对应于所需要的 V_{rms} 和 η 的同步滤波。

7.7　叠前时间偏移

偏移成像技术是得到复杂地震勘探成像的有效工具，也是油气勘探的研究热点，至今已经发展了多种高分辨率的偏移成像方法。而叠前深度偏移技术相对于叠后或时间偏移，可以适应速度横纵向变化，成像结果逼近地质模型，更适用于地质构造复杂的地震勘探领域。对于金属矿来说，应用高分辨率的叠前深度偏移技术，对于小尺度、陡倾角、复杂构造地质体的刻画十分重要。逆时偏移是迄今精度最高的偏移方法，对目标体成像理论上不受地下倾角限制，对多次波、回折波、散射波等也可以进行成像，随着微机计算能力和内存的发展，制约逆时偏移应用的瓶颈不断的在改善，近年来在油气勘探领域发展迅速，在某些生产资料处理过程中已经得到了实际应用，但在金属矿地震数据处理鲜有应用，研究逆时偏移方法在金属矿区地震数据进行应用是十分必要而有意义的。

本章首先回顾了主流的 3 种叠前深度偏移方法，包括基于射线理论的 Kirchhoff 积分偏移、单程波动方程延拓偏移以及基于双程波方程的逆时偏移，根据标准 Marmousi 模型对 3 种叠前深度偏移方法进行了对比研究；重点介绍了逆时偏移技术，包括时间空间高阶差分算法、成像条件改进、低频噪声压制、提高计算效率策略方法以及适用于金属矿区地震数据的处理细节，并对典型的金属矿模型进行了模拟及逆时成像处理。

随着墨西哥湾盐丘构造油气藏勘探的成功，叠前深度偏移技术已经普遍应用于油气领域的地震勘探之中。金属矿区地震勘探领域有着地下构造倾角大、目标体尺度较小、广泛存在非均匀介质等特点，在某些方面可以借鉴油气地震勘探的方法。

目前，常用的叠前深度偏移成像方法主要包括 Kirchhoff 积分偏移、单程波动方程延拓偏移和逆时偏移等，它们各有优缺点。

7.7.1 Kirchhoff 积分偏移

基于格林函数理论的 Kirchhoff 积分偏移是波动方程的积分解。二维叠前 Kirchhoff 深度偏移一般表达为如下的积分式：

$$I(\xi) = \int_{\Omega_\xi} W(\xi, x_s, x_g) D[t = t_D(\xi, x_s, x_g)] dx_s dx_g \tag{7.68}$$

式中，$I(\xi)$ 定义为二维剖面 $\xi = (z_\xi, x_\xi)$ 反射系数（成像波场），数据 $D(t, x_s, x_g)$ 为取在时间 $t_D(\xi, x_s, x_g)$ 处的值，$W(\xi, x_s, x_g)$ 为加权因子，Ω_ξ 是以位置 ξ 为中心的一块区域，称为偏移孔径。Kirchhoff 偏移计算精度的关键在于走时计算 $t_D = t_s + t_g$，即计算从震源点到反射点 ξ 的旅行时 t_s 和从反射点 ξ 到接收点的旅行时 t_g。如何确定旅行时 t_s 和 t_g 是积分法叠前深度偏移的关键，常用射线追踪方法或者有限差分解程函方程求得。基于射线的 Kirchhoff 偏移有着计算效率高，适应观测系统强，对目标成像效果好的优点。射线的多路径是制约 Kirchhoff 偏移准确性的主要原因，由波动方程高频近似下的积分格林函数，在复杂介质下成像能力有限。

7.7.2 单程波动方程延拓偏移

单程波动方程延拓偏移方法，分别用频率域的上、下行波动方程延拓震源波场 $S(s; x, z, \omega)$ 和接收点波场 $R(s; x, z, \omega)$

$$\frac{\partial S}{\partial z} = +i\sqrt{\frac{\omega^2}{v^2} + \frac{\partial^2}{\partial x^2}}S \tag{7.69}$$

$$\frac{\partial R}{\partial z} = +i\sqrt{\frac{\omega^2}{v^2} + \frac{\partial^2}{\partial x^2}}R \tag{7.70}$$

式中，s 是震源位置；x 是水平位置；z 是垂直位置；ω 是角频率。用频率域时间一致性成像条件可表示成像剖面 $I(s; x, z)$ 由震源波场和接收波场互相关得到

$$I(s; x, z) = S^*(s; x, z, \omega) R(s; x, z, \omega) \tag{7.71}$$

式中，S^* 是 S 的复共轭。基于波动方程近似分解的上、下行单程波动方程延拓偏移，能准确的描述地震波在非均匀介质中传播的过程，相比于双程波动方程，单程波动方程可在频率域运算，有多种数值算法对其求解，计算效率较高，但不能对回折波、多次波进行成像。

7.7.3 逆时偏移

逆时偏移直接用双程波动方程延拓波场

$$\frac{1}{v^2}\frac{\partial^2 P}{\partial t^2} = \frac{\partial^2 P}{\partial x^2} + \frac{\partial^2 P}{\partial x^2} \tag{7.72}$$

震源波场 $S(s; x, z, \omega)$ 和接收波场 $R(s; x, z, \omega)$ 同时用上式进行延拓。用互

相关成像条件进行成像

$$I(s;\ x,\ z)=\sum S(s;\ x,\ z,\ t)R(s;\ x,\ z,\ t) \tag{7.73}$$

逆时偏移可以对波传播的任何方向进行成像，包括回折波和多次波。逆时偏移是直接基于双程波动方程进行延拓成像，相比于其他偏移算法有着不受地下构造倾角和介质横向速度强烈变化的限制，并保留了波的矢量特征，而计算量大，内存开销大是制约逆时成像广泛使用的主要原因。

书中对 Kirchhoff 积分法偏移使用傍轴理论框架的传统射线走时计算方法；单程波延拓偏移使用叠前共炮域有限差分法深度偏移，计算频带从 5～60Hz；逆时偏移使用时间四阶空间六阶的显式差分波动方程来计算震源波场和接收点波场。逆时偏移采用的是时间一致性成像条件，在传播时刻上震源波场和接收点波场互相关求和。3 种偏移方法对相同数据体进行计算，花费时间大致比例为 Kirchhoff 积分法偏移：单程波延拓偏移：逆时偏移=1：31：512。

第8章　无缆遥测地震仪与法国428XL野外对比实验

为验证自主研制仪器的野外实际工作性能，课题组在辽宁兴城开展了野外对比测试试验，将自主研制的无缆自定位地震仪与法国Sercel公司的428XL地震仪进行了同线对比。试验共完成二维地震测线7条，总长度270km，试验井炮与生产井炮共计800余炮，前后历时73天，取得原始数据资料12TB。

试验参照中华人民共和国石油天然气行业标准SY/T5314—2011《陆上石油地震勘探资料采集技术规范》要求进行。对比试验过程中，主要对比了两种仪器的野外实际施工效率以及相同激发条件下的原始地震数据质量；为更进一步检验自主研制仪器的性能，对两种仪器的原始地震数据进行了后期处理，采用相同的处理流程和参数，主要对比内容包括：叠后时间剖面（包括叠加剖面和偏移剖面）、叠前时间剖面（包括叠加剖面和偏移剖面）以及叠前深度偏移处理剖面。

8.1　试验工区概况

本次对比试验区域穿过辽宁省葫芦岛市和朝阳市的六家子镇。

试验中主测线1条，辅测线1条（注：测线长度指满覆盖剖面长度）。主测线800线：测线长度16.9km，两个端点为B、A。试验参数：12kg炸药震源，中间放炮，600道接收，井深15m，炮间距100m，道间距20m，采样间隔1ms，记录长度15s。

对比数据处理及初步解释包含以下处理：

该实验区域地表起伏较大，地势总体呈西北高、东南低的趋势，为松岭山脉延续分布丘陵地带。各测线地震地质条件各不相同，等级中等偏上，具备完成地质任务所需要的的地球物理条件。

无缆地震仪接收排列与法国SERCEL-428XL接收排列使用相同的炮，每条测线两种仪器的激发因素相同。施工过程中每条测线无缆仪器排列固定不动接收相应测线放炮信息，具体对比方案如下表8.1所示：

表8.1　无缆地震仪野外对比施工方案

测线	测线号	观测系统	道距	炮距	接收设备	备注
D0	XC2012-800	固定排列1000道接收	20m	100m	无缆仪器接SG-10	1站4道
D3	XC2012-903	固定排列400道接收	10m	50m	无缆仪器接SG-10和吉大三分量检波器	1站1道，每道两种检波器

良好的野外采集记录决定了仪器性能对比的可靠性。为了更进一步对比两种仪器之间的差别和优劣，设计了采集数据对比技术路线图来对比仪器性能，如图 8.1 所示，可以简略的概括为：两类，六条，一总结。两类是指原始野外地震记录采集对比和相同处理参数和流程下的地震数据对比；六条主要概括为：原始野外地震记录下的波形对比、频谱对比和野外现场处理对比，及同参数流程下的：叠后时间剖面、叠前时间剖面、叠前深度偏移，共计六条；一总结就是分析出两种仪器的优劣所在。

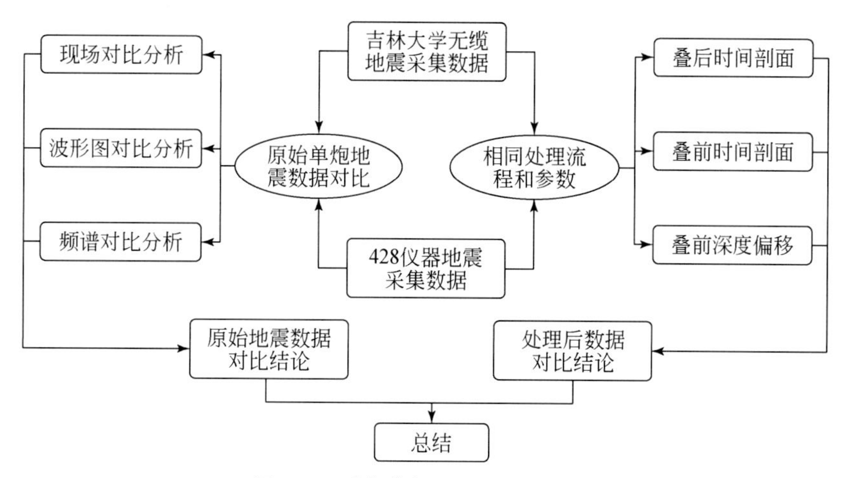

图 8.1　采集数据对比技术路线图

8.2　地震处理数据对比——800 测线

由于沉积岩系不发育，浅层没有反射层。但是深层反射波比较发育，特别是 6.5s 处的反射波非常明显，大多数监视记录均见该反射波。说明 800 线深层地震地质条件比较好。D0（800）线表层一般分 2 ~ 3 层，低速层速度为 350 ~ 1000m/s 左右，降速层速度为 1000 ~ 3750m/s 左右，低降速带厚度在 5 ~ 12m 左右；高速层一般在致密岩石区，岩性主要为花岗岩，速度为 2900 ~ 4900m/s 左右。该测线部分炮点位于河套地区，其浅层为沙含砾石，难以成井，本次生产采用组合井激发。

8.2.1　800 线野外采集及处理对比分析

图 8.2（a）、（b）是主测线 D0 段（800 线）中选取第 78 炮进行采集效果、波形及频谱分析对比。选取同一炮相同位置的数据进行对比分析，吉林大学无缆地震仪可以良好的接收直达波和面波。在相同显示参数下，吉大无缆地震仪采集地震波的能量与 428 仪器采集的能量振幅值相近，说明吉林大学无缆地震仪采集数据是可靠的，并未失真，保证了地震数据的可靠性。

对图 8.2（a）、（b）中的单炮记录选取相同位置和长度的地震数据，进行频谱分析得到图 8.2（c）、（d）。对比主频和频宽可以看出，428 仪器与吉大无缆地震仪主频相近，频宽相似。比较低频部分，吉大无缆地震仪采集低频信息较为丰富，这为深部勘探提供了较有利保证。

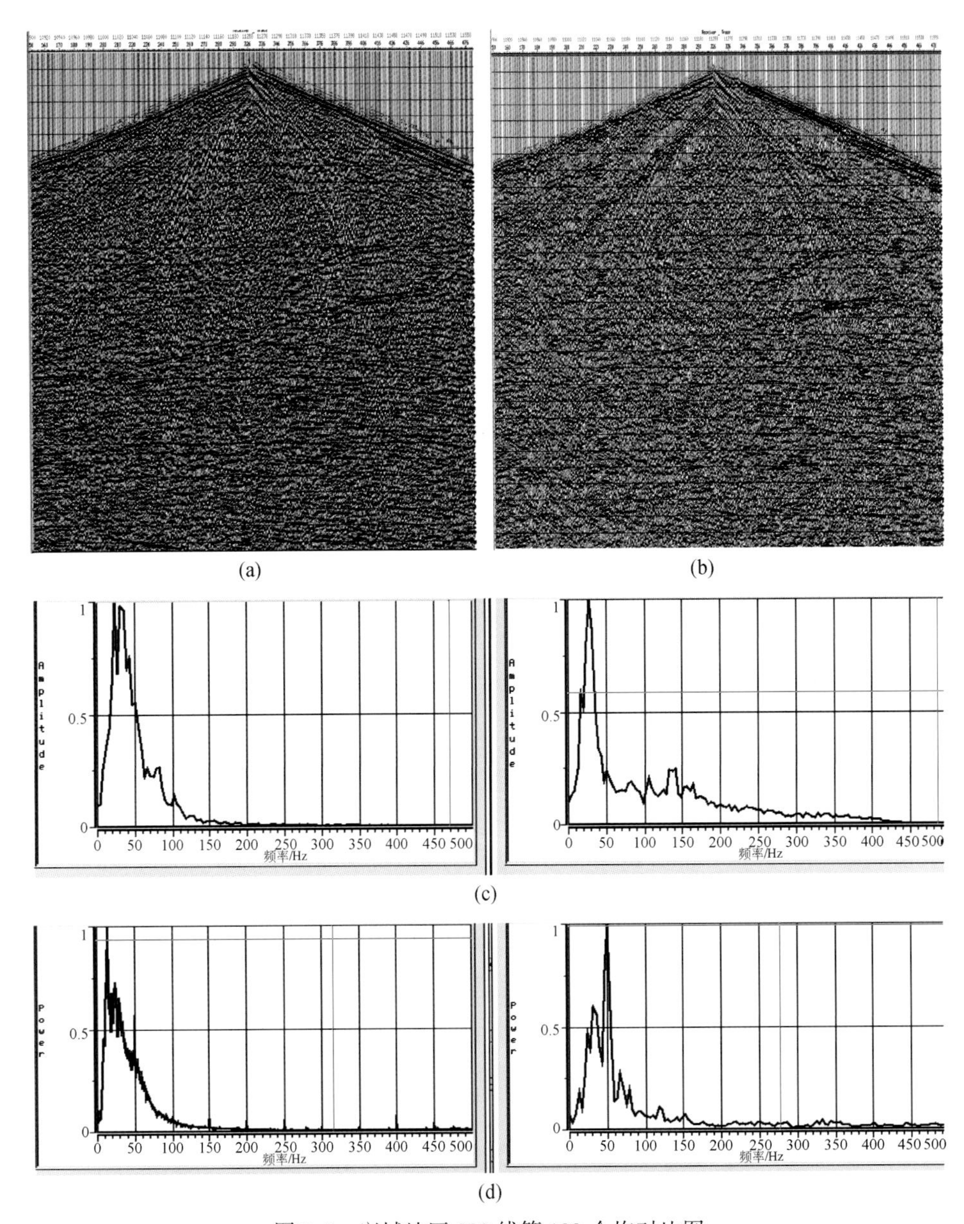

图 8.2　兴城地区 800 线第 103 个炮对比图

（a）428 仪器采集单炮记录；（c）吉林大学无缆地震仪采集单炮记录；

（b）对 428 采集单炮记录频谱分析；（d）对吉林大学无缆地震仪采集单炮记录频谱分析

抽取 800 线相同段的 428 地震仪和无缆地震仪的剖面如图 8.3 所示，剖面长度 13.22km。通过对比可以发现，两种仪器所采集的数据使用相同流程和参数生成的剖面效果相当，各主要反射层位（6.5s 和 10.5s）都能一一对应，且频谱一致性程度较高（图 8.4），主频和频宽都比较接近。在目的层内，选取相同窗口大小的地震数据经过频谱分析得到吉林大学无缆地震仪采集的低频信息也较为丰富，为深部探测和地震低频信息采集提供了便利。

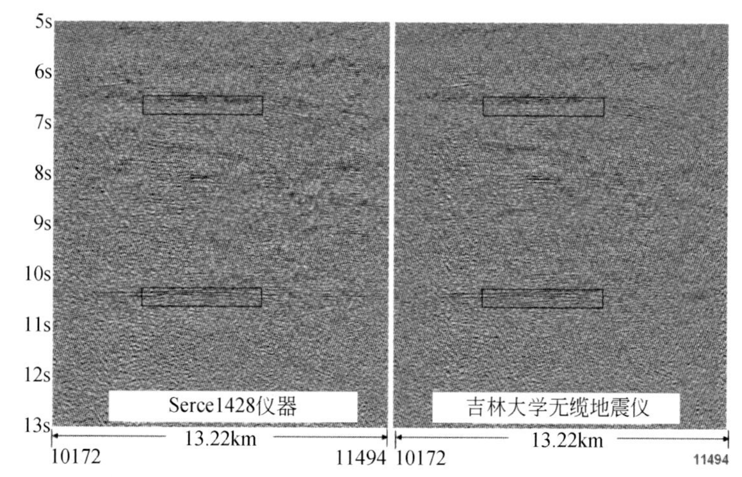

图 8.3　2012 年兴城地区 800 线现场处理叠加剖面对比（东北煤炭物探公司提供）

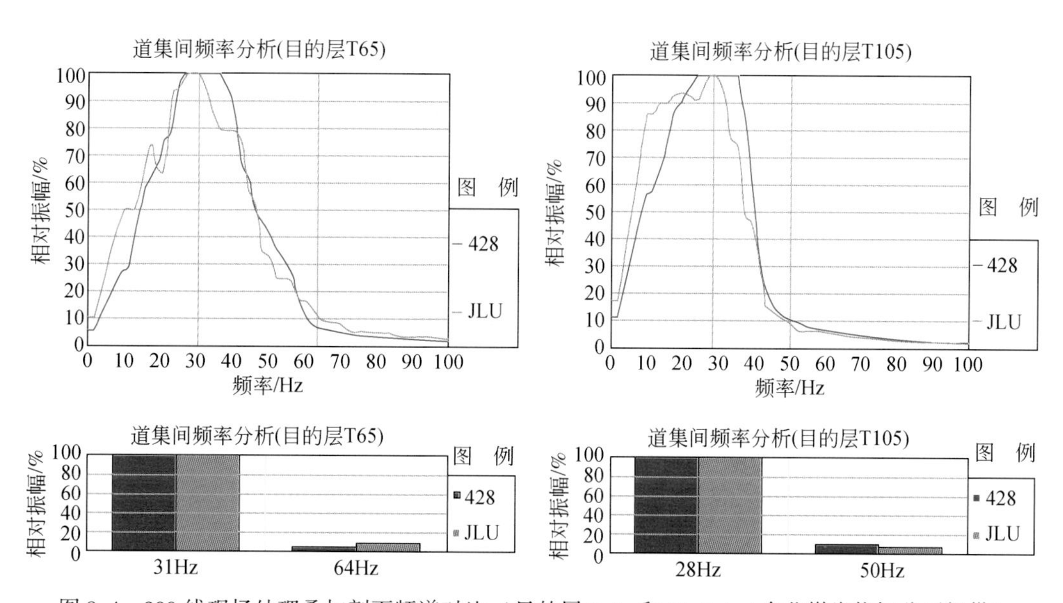

图 8.4　800 线现场处理叠加剖面频谱对比（目的层 6.5s 和 10.5s）（东北煤炭物探公司提供）

8.2.2　800 线处理后数据对比

正确的预处理是后续各项处理工作的根本保障、是保证可靠处理结果的前提和关键。为确保预处理的正确无误，我们采用了多种质量监控图件进行了严格地监控，如线性动较正，观测系统图以及更为直观的初叠加剖面等。

在做弯线处理时，确定中心线时走反射点密集带，尽可能使覆盖次数均匀，拐点要少而平缓，尽量使道集内炮检距分布均匀、合理，避免降低信噪比和分辨率。

从原始资料分析入手，针对影响资料处理质量的主要矛盾：静校正问题、低信噪比资料构造成像问题、频率问题、线性干扰及高能量面波干扰的压制、偏移速度场建立等问题进行对比与分析，在处理过程中按照以下试验方案进行试验，以确定最佳处理因素。本文中选取的处理流程如图 8.5 所示。

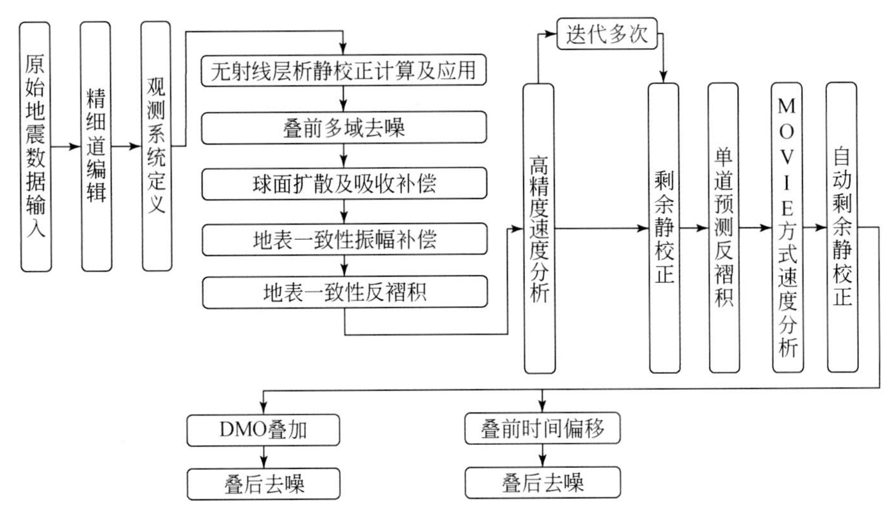

图 8.5　800 线地震数据处理流程

1）静校正方法

地震资料处理中将采取以下方法解决静校正问题：

（1）首先利用野外提供的静校正量或野外低测数据，对野外采集资料进行野外静校正。

（2）利用相对折射波（初至波）静校正，求取剩余折射波静校正量，消除资料中残存的中、短波长静校正量。试验内容：①初至拾取；②折射波静校正计算方法试验。

（3）采用常规折射波静校正技术，进行低降速带校正，主要试验低降速层的速度影响及其校正效果。

（4）除用以上方法进行试验外，应用无射线层析静校正方法，反演近地表模型消除近地表低降速带的影响，通过对比试验采用层析静校正静校正方法。

（5）通过地表一致性剩余静校正与速度分析的多次迭代，进一步消除资料中残存的更高频的静校正量。试验内容：地表一致性剩余静校正方法及参数试验，主要参数：相关计算时窗选取、最大时移量、求取模型道的道数等。

2）真振幅恢复

（1）球面扩散补偿指数增益系数。

（2）地表一致性振幅补偿参数：统计时窗选取、分解域。

3）资料中各种干扰波的压制

（1）针对原始资料中存在的面波、初至折射多次等线性干扰，试验自适应面波衰减、区域滤波、T-X 域、F-K 域滤波等技术及参数。

(2) 针对原始资料中存在的各种野值、脉冲等高能量随机噪音，试验利用多道识别，自动剔除技术加以消除；

(3) 针对叠后资料低信噪比地段，试验随机噪音衰减、F-K域信号加强等技术改善其信噪比。

4) 子波处理

做好反褶积试验工作。在反褶积试验中做好预测步长、子波统计时窗、算子长度等参数的试验工作。

5) 高精度速度分析与大偏移距动校正

(1) 在速度分析方面，除采用交互速度分析与速度扫描相结合建立初始偏移速度场以外，还采用DMO速度分析、叠前时间偏移迭代最终建立速度模型。

(2) 在动校正方面，针对深剖面排列长，动校正后道集上拉伸畸变的问题，实验求解DIX公式中的高阶项，并应用到实际处理剖面上。

6) 偏移方法与偏移参数试验

实验并应用起伏地形下的偏移方法及对偏移步长等参数进行试验、对比与分析，选择合理的成像方法及偏移参数。开展的实验项目与实验内容见表8.2。

表8.2 深地震资料处理实验项目主要试验参数

实验项目	实验内容	主要参数
振幅补偿	球面扩散补偿因子	增益因子：0.3、0.8、1.0、1.5
	地表一致性振幅补偿	统计域：炮、接收点、偏移距、CMP
叠前干扰压制	1. 在炮域、检波点域采用FK倾角滤波； 2. 自适应面波衰减； 3. 区域异常噪音压制； 4. 减去法压制50Hz干扰	滤波速度及频率大小频率（Hz）：4、6、8、10、12；速度（m/s）：350、550、750、950、1200
叠前反褶积	1. 地表一致性预测反褶积； 2. 地表一致性脉冲反褶积； 3. 多道预测反褶积； 4. 单道脉冲反褶积； 5. 组合反褶积等	预测步长：8ms、16ms、24ms、28ms、32ms、48ms；算子长度：120ms、180ms、240ms
速度分析与动校正	1. 高精度交互速度分析； 2. 大排列动校正； 3. 无位伸动校正； 4. 叠前时间偏移速度分析	高精度速度分析、高阶项动校正
静校正	1. 层析反演与折射波静校正； 2. 地表一致性剩余静校正	无射线层析静校正地表一致性剩余静校正迭代次数：5次
偏移	起伏地形下的偏移方法	PSG-MIG（起伏地表KIRCHOFF叠前时间偏移）

抽取800线相同段的Sercel-428XL地震仪和无缆地震仪的叠加剖面如图8.6所示，剖面长度13.22km。通过对比可以发现，两种仪器所采集的数据使用相同流程和参数生成的剖面效果相当，各主要反射层位（如红色、绿色、黄色）都能一一对应，吉林大学无缆地震仪处理后的效果较好，为深部探测提供了便利。

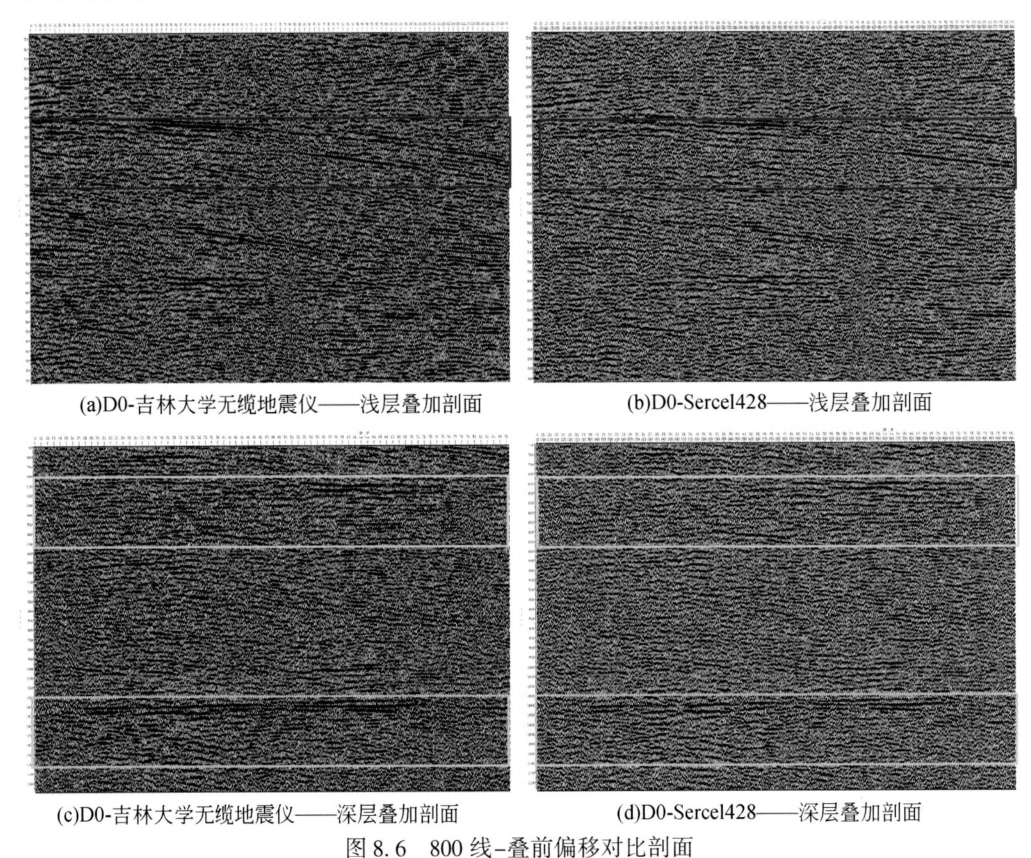

(a)D0-吉林大学无缆地震仪——浅层叠加剖面　(b)D0-Sercel428——浅层叠加剖面

(c)D0-吉林大学无缆地震仪——深层叠加剖面　(d)D0-Sercel428——深层叠加剖面

图8.6　800线-叠前偏移对比剖面

抽取800线相同段的Sercel-428XL地震仪和无缆地震仪的叠后偏移剖面如图8.6所示。通过对比可以发现，两种仪器所采集的数据使用相同流程和参数生成的剖面效果相当，各主要反射层位（如红色、绿色）都能一一对应，吉林大学无缆地震仪处理后的效果较好，为深部探测提供了便利。

抽取800线相同段的428地震仪和无缆地震仪的深度偏移剖面如图8.8所示。通过对比可以发现，两种仪器所采集的数据使用相同流程和参数生成的剖面效果相当，主要反射层位都比较明显，为深部探测提供了便利。

8.2.3　800线对比试验数据处理小结

通过分析比较主测线D0段两种仪器采集的地震数据，从处理应用效果来看，每种仪器都有自己特定的应用效果。实际应用处理中，要结合研究区的实际地质背景，选择合适的处理技术，或采用几种技术结合使用，以达到分析处理的精确和快速。

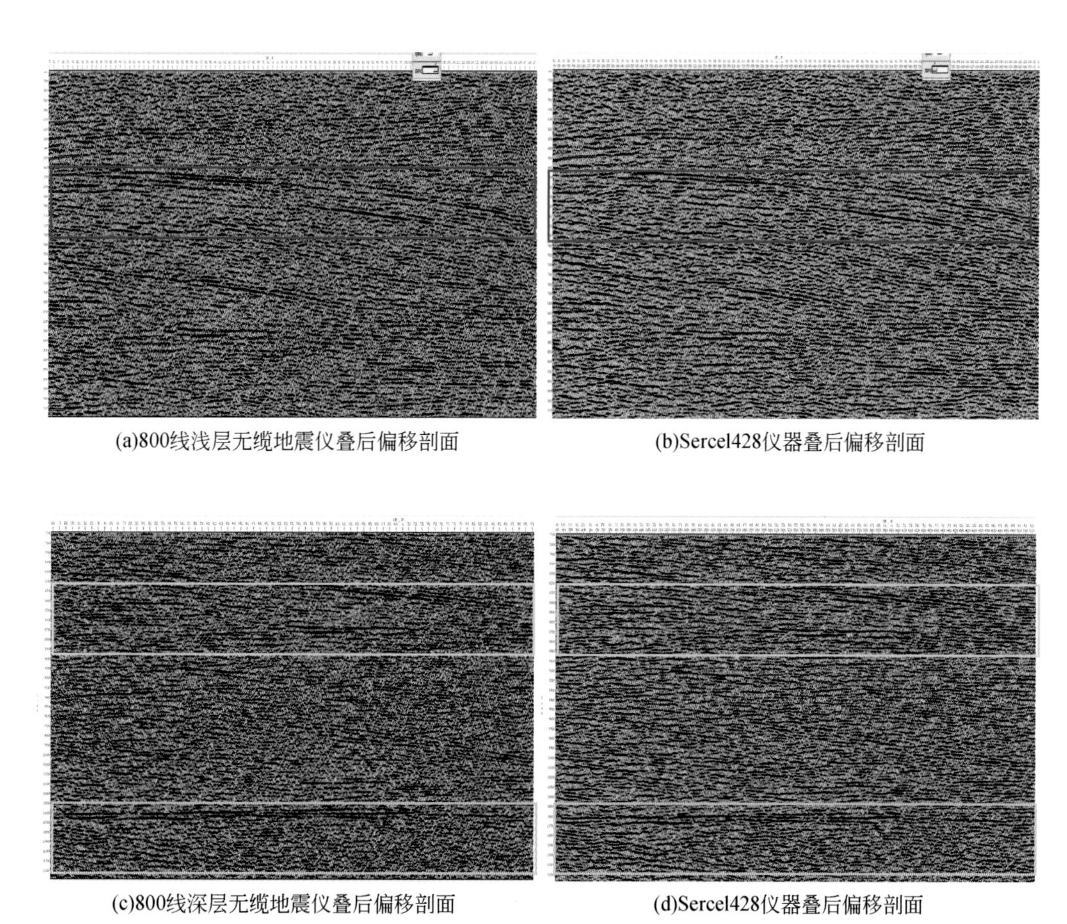

(a)800线浅层无缆地震仪叠后偏移剖面　　(b)Sercel428仪器叠后偏移剖面

(c)800线深层无缆地震仪叠后偏移剖面　　(d)Sercel428仪器叠后偏移剖面

图 8.7　800 线-叠后偏移剖面对比剖面

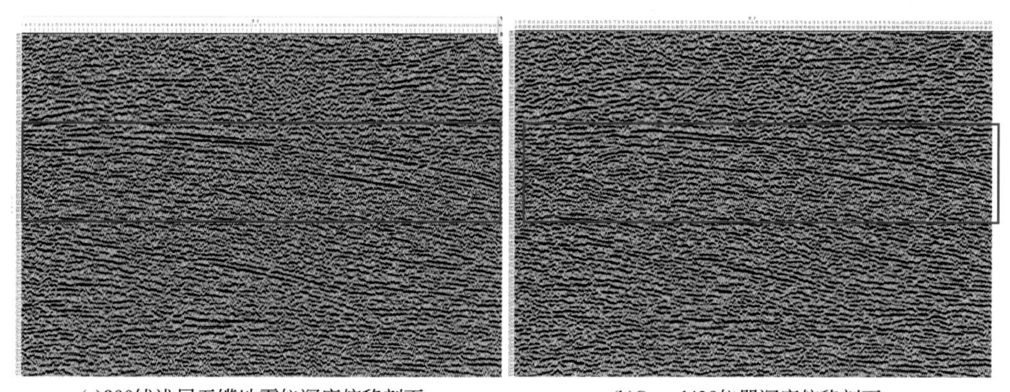

(a)800线浅层无缆地震仪深度偏移剖面　　(b)Sercel428仪器深度偏移剖面

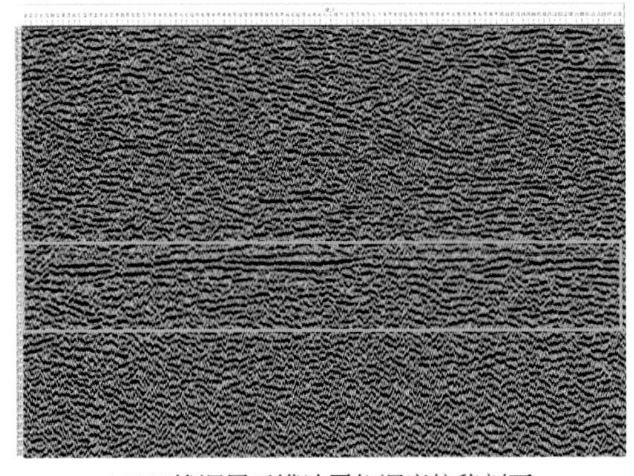

(c)800线深层无缆地震仪深度偏移剖面

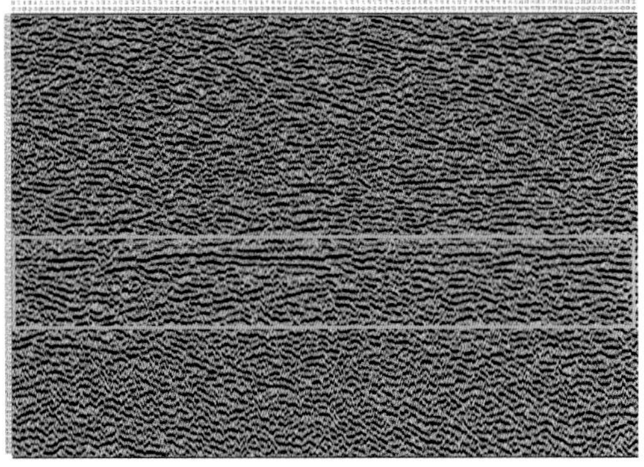

(d)Serce1428仪器深度偏移剖面

图 8.8　800 线-深度偏移对比剖面（续）

总体来看，地震处理数据技术的结果对比有如下几类：由野外的现场处理对比到室内专业处理对比；从单纯单炮对比到频谱分析对比；从叠后处理到叠前处理的对比；从时间域向深度域的对比。现将两种地震仪器处理结果进行全方位、多方面的总结如下

1）数据采集质量

吉林大学无缆地震仪采集的地震数据与相同地段的 Sercel 428 仪器所观测的地震记录进行对比，能量幅值相近，说明具有很好的保幅性。单炮初至、反射震相等信息与 Sercel 428 仪器测量比较相近，说明达到勘探要求。与 Sercel 428 仪器测量比较，吉林大学无缆地震仪单炮记录均具有较高的信噪比、低频信息较为丰富，无缆地震仪的采集频带范围大致为 5 ~ 55Hz，Sercel 428 仪器采集范围为 8 ~ 55Hz，说明无缆地震仪能较好的满足深部探测的目的。

吉林大学无缆地震仪能较好的压制噪声，在目的层内，选取相同窗口大小的地震数据经过频谱分析得到吉林大学无缆地震仪采集的低频信息也较为丰富，为深部探测和地震低频信息采集提供了便利。

2）处理后地震数据质量

（1）吉林大学无缆地震仪采集数据的经过处理之后，叠加地震剖面信噪比较高，频带较宽，低频信息较为丰富，地震反射剖面连续性较高，为后续深度剖面解释提供了便利。

（2）吉林大学无缆地震仪采集数据经过特殊处理之后，如多域去噪、偏移、反褶积、静校正之后，具有较高的信噪比和频带，反射地震层位连续、清晰。质量监控之后，吉林大学无缆地震仪数据信噪与 Sercel 428 仪器测量相近，为最终深部探测地震探测和解释奠定了基础。

（3）通过对比两种仪器的叠加剖面、叠后偏移剖面，可以得到吉大无缆地震仪与 Sercel 428 仪器反射地震层位连续和清晰，为深部地震勘探奠定了基础。通过对比，吉大无缆地震仪叠加剖面信噪比略好于 Sercel 428 仪器测量，为最终深部探测地震探测和解释奠定了基础。通过对比叠前偏移剖面，得到 Sercel 428 仪器与吉大无缆地震仪处理结果相当，moho 面反射均比较连续和清楚，也可以用于深部探测地震探测和解释。说明吉大无缆地震和 Sercel 428 仪均能用于复杂地表的深部地震探测。

第9章　无缆遥测地震仪应用

为验证自主研制仪器的野外实际工作性能，课题组在辽宁兴城开展了野外对比测试试验。试验参照中华人民共和国石油天然气行业标准《陆上石油地震勘探资料采集技术规范》（SY/T5314-2011）要求进行。

9.1　杨家杖子金属矿试验

本次对比试验区域穿过辽宁省葫芦岛市和朝阳市的六家子镇。葫芦岛市位于辽宁省西南部，地处华北和东北两大经济协作区的交汇地带，东邻锦州，北靠朝阳市，西连山海关，南濒渤海辽东湾，地理坐标为E120°50′，N40°42′。在行政区上，该区隶属于辽宁省，该区域地貌为海滨丘陵。海拔一般为20～500m，相对高差200～350m。山体的总体走向为北东向，地势总体上西北高而东南低。葫芦岛市交通发达，设施完备，公路、铁路、海运、空运形成了立体化的运输网络。京哈铁路、京哈公路和京哈高速公路横贯全境，交通十分便利。

朝阳市位于辽宁省西南部，辖境居东经118°50′～121°17′和北纬40°25′～42°22′之间，东西跨度165km，南北跨度216km，边界周长980km。北与内蒙古自治区赤峰及通辽接壤；南与本省葫芦岛及河北秦皇岛毗连；东与本省阜新、锦州为邻；西与河北承德、秦皇岛交界。在行政区上，该区隶属于辽宁省。六家子镇位于朝阳市的西南，紧邻葫芦岛市的谷杖子乡，其自然地理情况与葫芦岛市基本相同。对比试验处理数据来自兴城地质走廊带的两条测线，如图9.1所示。

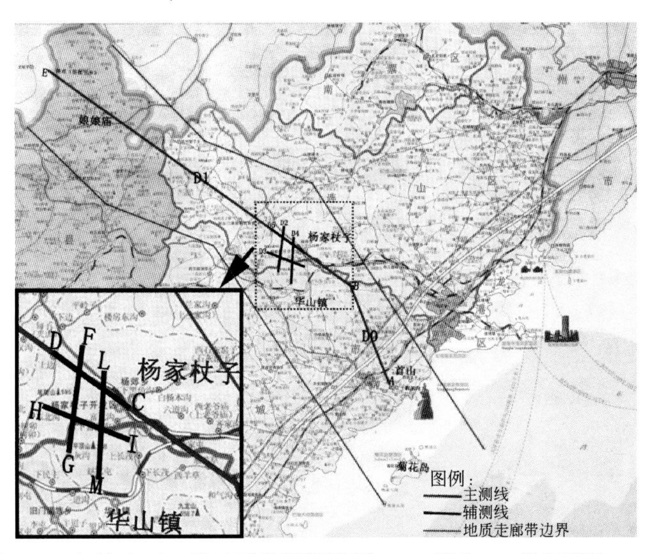

图9.1　兴城地区二维地震勘探部署图（D5线和D1线相距约40m）

无缆地震仪接 SG-10 检波器（1 站 4 道），从 105160-113150 铺满 800 道不动，排列长度 7.99km，接收 902 线 105160-113150 排列内所有炮点的放炮信息。无缆地震仪+SG-10 从排列 10516-11315（7.99km）排列铺满 800 道（1 站 4 道）不动，采集站置于小号端。

道距 10m，炮距 50m，采样间隔 0.5ms，记录长度 8s。

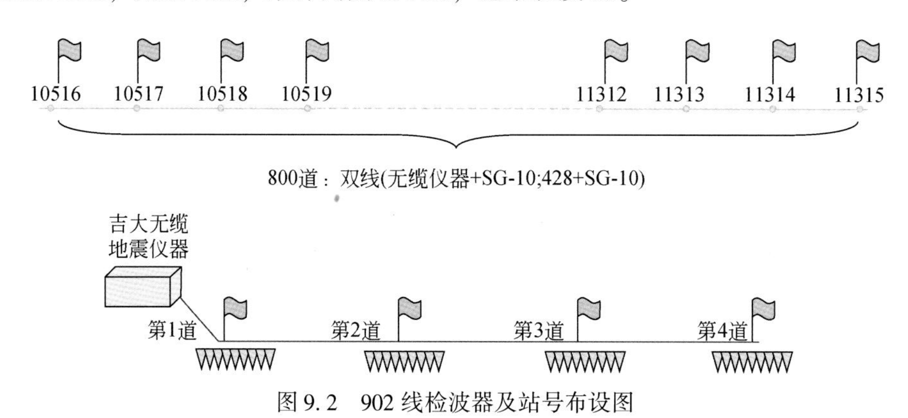

图 9.2　902 线检波器及站号布设图

观测系统：3010-20-10-20-3010。

注意：

10516-11315 为双线，800 道 200 根 428 大线，800 道 200 站无缆仪器；这 800 道，每道有两串检波器；

表 9.1　无缆地震仪野外对比施工方案

测线	测线号	观测系统	道距	炮距	接收设备	备注
902	XC2012-902	固定排列 800 道接收	10m	50m	无缆仪器接 SG-10	1 站 4 道

良好的野外采集记录决定了仪器性能对比的可靠性。辅测线 D2 线地表以山地为主，地形起伏较大且通行困难，施工条件有限。表层结构基本分两到三层，低降速带厚度为 4～10m，速度在 400～2750m/s 左右；高速层速度为 2000～4900m/s 左右，岩性主要为灰岩和砂岩。

试验区域浅层地震地质条件如下：

低速层速度 1289m/s，厚度 3.46m；降速层速度 2608m/s，厚度 4.31m；高速层速度 3917m/s，深度超过 7.8m 即可见高速层。含水层深度 14m。浅层地震地质条件比较好，图 9.3 详细显示了 902 线表层的速度情况。

试验区域深层地震地质条件如下：

该区域为盆地中心，发育地层以沉积岩为主。从上至下依次为三叠系、二叠系、石炭系、奥陶系、寒武系、元古界和太古界（图 9.4）。

9.1.1　杨家杖子金属矿试验现场处理剖面

沉积岩系基底（古生界底界）与变质岩系顶界面（元古界顶界）是比较明显的波

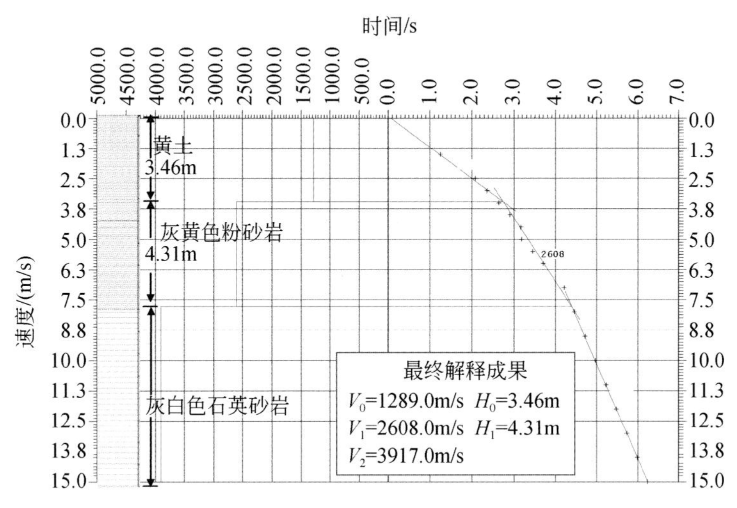

图 9.3　D2 线表层岩屑录井和速度测井结果示意图

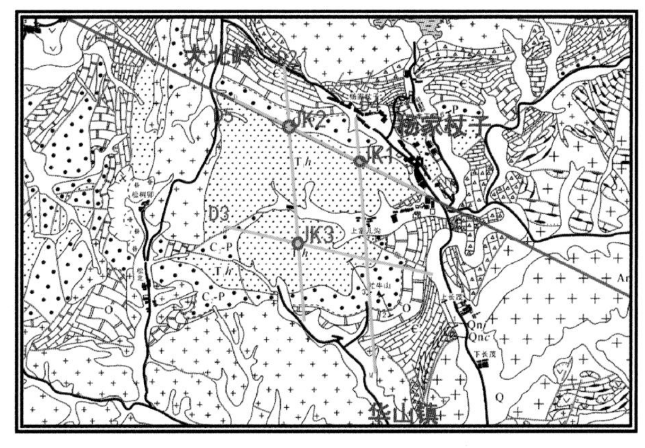

图 9.4　D2 线地质图

阻抗界面，形成比较强的反射波。深层地震地质条件比较好。通过上述资料显示，全区表层地震地质条件不好，主要原因是山地居多、交通不便、部分地段人居车辆干扰和高压电干扰。

全区浅层地震地质条件比较好的，主要表现在高速层埋藏深度比较浅，一般 8 ~ 18m。部分地段发育含水层，深度小于 15m。只要保证在高速层和含水层内或含水层以下激发就会获得比较好的激发效果。

深层地震地质条件非常好。D2 线所处盆地中心的煤系反射波和沉积岩系基底反射波比较清晰，如图 9.5 所示。

原始资料总体品质较好，初至波较清晰，反射波有一定的信噪比，野外施工质量很高。干扰波主要一些频率高的随机噪声和低频的面波干扰。地貌比较复杂地表高差最大达 200 多米，因此资料存在一定静校正问题。下图是此次勘探中资料品质很好的单炮。

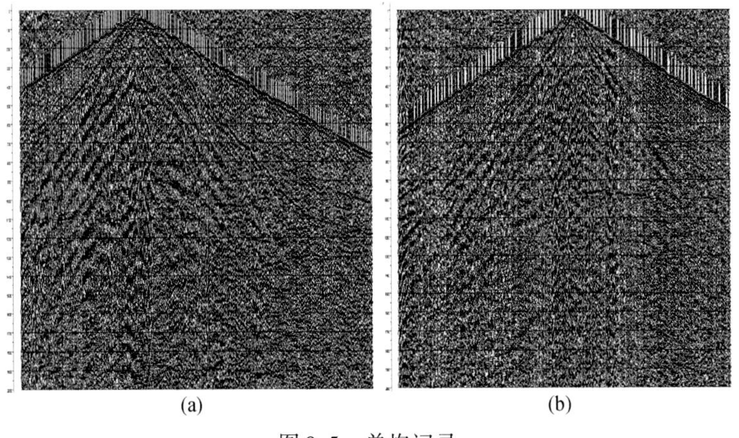
(a) (b)

图9.5 单炮记录

另外，通过对原始单炮进行的频谱分析，可知资料的采集的主频率为20～150Hz频带较宽，频谱图如图9.6所示。

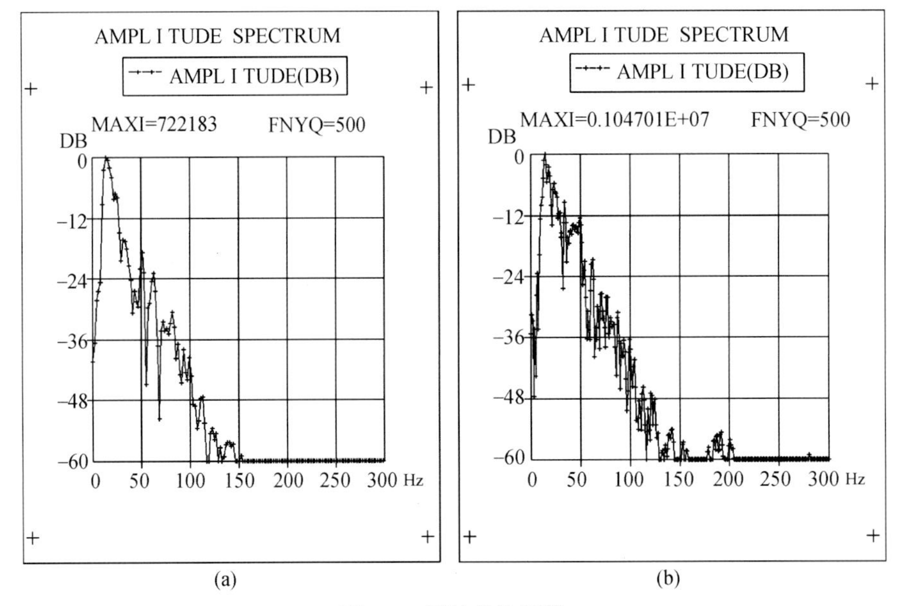

(a) (b)

图9.6 原始单炮频谱

抽取902线吉大无缆地震仪的单炮记录（相同道的原波20～40Hz、30～60Hz）如图9.5所示，可以发现单炮的初至、主要反射目的层乃至干扰等信息都体现出来。图9.6反映了单炮的频率成分及其能量状态分布，从图9.5中可以得到本次金属矿勘探低频能量较为丰富，也为深部勘探提供了良好的地震数据。

抽取903线相同炮的428仪器和吉大无缆地震仪的单炮记录（相同道的原波20～40Hz、30～60Hz）如图9.5所示，可以发现两种仪器的单炮记录面貌一致性程度较高，单炮的初至、主要反射目的层乃至干扰等信息都能大体相对应。选定相同区域的定量分析结果（能量、信噪比、频率及各频率相对振幅）也非常接近（如图 9.6）。

图 9.5 是杨家杖子金属矿测线中选取 196 炮进行采集效果、波形及频谱分析对比。吉林大学无缆地震仪能良好的接收直达波和面波。在相同显示参数下，吉大无缆地震仪采集地震波的能量振幅值较好，保证了地震数据的可靠性。对比主频和频宽可以得到，吉大无缆地震仪采集低频信息较为丰富，这为深部勘探提供了有利保证。

9.1.2　杨家杖子金属矿精细处理

抽取 902 测线无缆仪器的叠加剖面，如图 9.7 所示。通过分析，无缆地震仪能得到较好的质量监控，各主要反射层位都能较好的对应。吉林大学无缆地震仪采集的地震数据，为金属矿地震探测提供了可靠的保证。

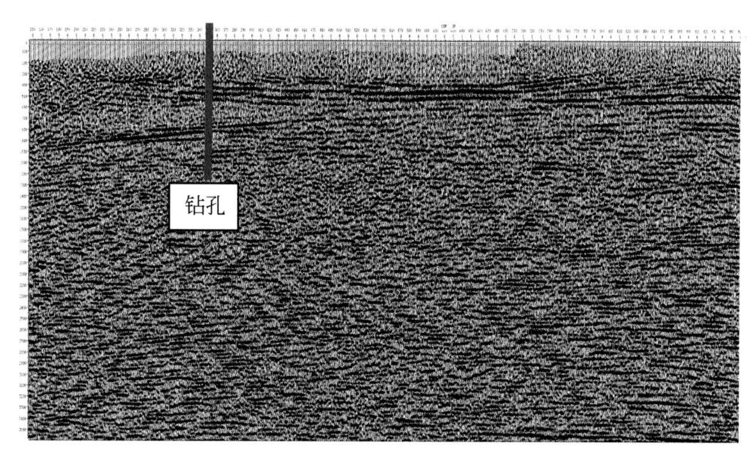

图 9.7　2012 年兴城地区 902 线叠加剖面

通过对 902 线测线上的地震数据进行测井分析，则可以得到地震数据处理是完全合理性；另外地震数据是经过金属矿区（图 9.7 中粉红色区域为钼矿区），从而证明了无缆地震仪在金属矿勘探的可行性和适用性。

9.1.3　杨家杖子金属矿试验数据处理小结

通过辅助线 903 地震数据的采集与处理，吉林大学无缆地震仪采集的地震数据，为金属矿探测提供了可靠的保证，得到以下几点结论：

（1）吉林大学无缆地震仪能获得较好的质量监控数据，说明无缆自定位具有集良好的采集地震记录，因而为后期的处理奠定好的基础。通过频谱分析单炮记录，可以得到吉大无缆地震仪也能良好的采集低频信息，为金属矿地震勘探带来了新的希望。在本金属矿勘探中，吉林大学无缆地震仪总共采集 125 炮，仪器规格均达到野外工作要求，采集的地震数据合理、可靠。

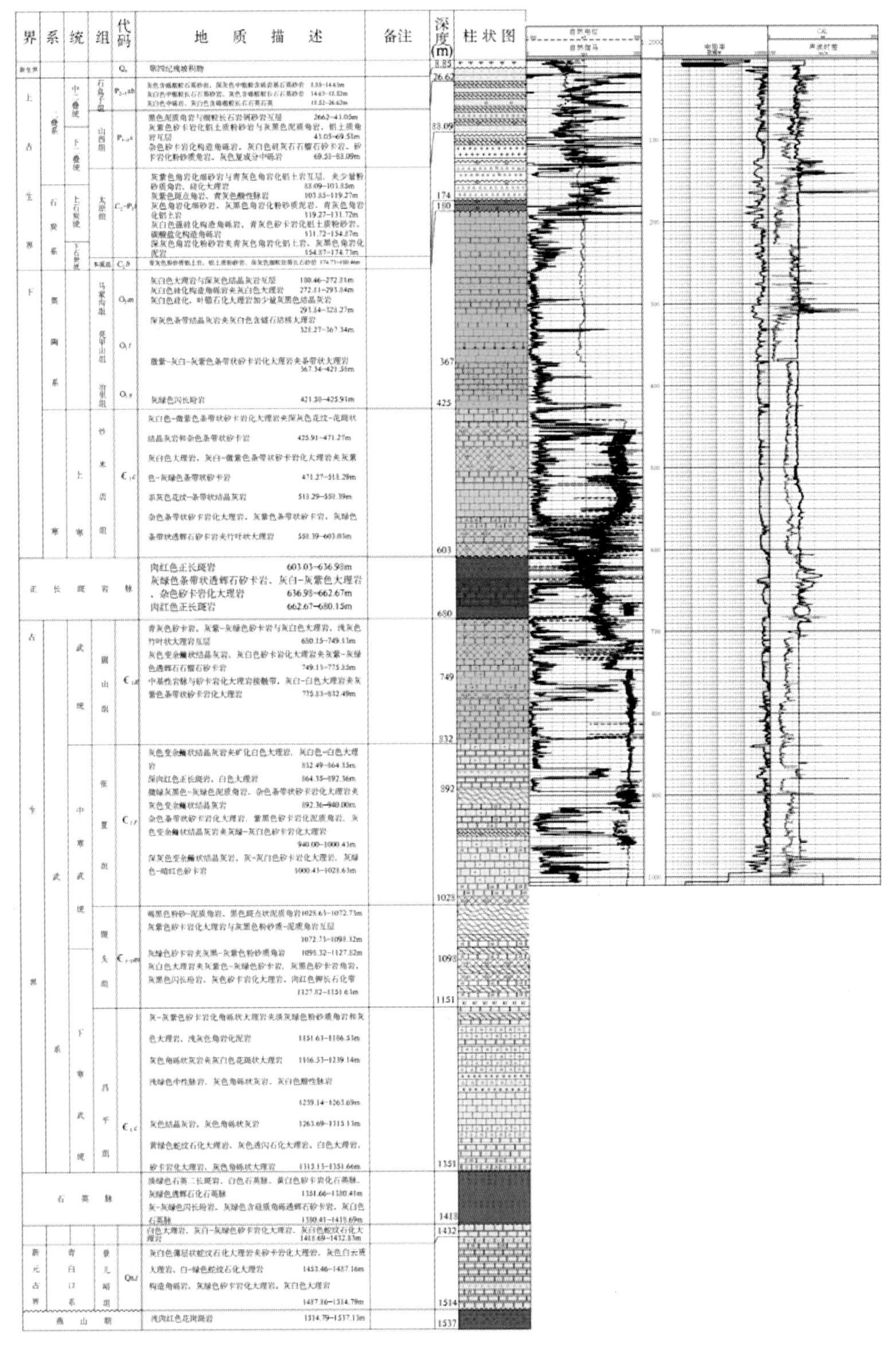

图9.8　钻孔 JK-2 岩性柱状图（JK-2 过 902 测线）

（2）在原始地震数据中，仅在部分时间段可以观测到明显的爆破波形，但通过叠加、滤波、重新编排和可视化处理后，在地震记录剖面中处显示出清晰的moho面反射信号，可分辨出许多有用的深部地震信息；吉林大学无缆地震仪也能得到moho面反射地震信号，说明数据采集与处理工作效果理想，为下一步地壳结构模拟及地质地球物理解释打下了良好的基础。

（3）吉林大学无缆地震仪采集的数据经过特殊处理之后，如多域去噪、偏移、反褶积、静校正之后，具有较高的信噪比和频带，反射地震层位连续和清晰。质量监控之后，吉林大学无缆地震仪与Sercel 428仪器采集的数据信噪比相接近，为最终深部探测地震探测和解释奠定了基础。

通过对比两种仪器的叠加剖面、叠后偏移剖面，吉大无缆地震仪与Sercel 428仪器反射地震层位均很连续和清晰，为深部地震勘探奠定了基础。通过对比，吉大无缆地震仪叠加剖面信噪比略好于Sercel 428仪器，为最终深部探测地震探测和解释奠定了基础。通过对比叠前偏移剖面，得到Sercel 428仪器与吉大无缆地震仪处理结果相当，moho面反射均比较连续和清楚，也可以用于深部探测地震探测和解释。

9.2　大道距折射地震数据处理及解释

兴城市位于辽宁省西南部，葫芦岛市南部，在辽东湾岸，居辽西走廊中段，东南频临渤海，西南依六股河与绥中县相邻，西北与建昌县接壤，北与北东毗邻葫芦岛市，行政区划隶属于辽宁省葫芦岛市，北距葫芦岛市20km。葫芦岛市辖区地处华北与东北经济协调区的交汇地带，东邻锦州，北靠朝阳，西连秦皇岛山海关，南频临辽东湾。兴城市地理坐标为E120°42′，N40°37′。在区域地貌上，兴城—葫芦岛地区属于辽西山地黑山丘陵的东部边缘的海滨丘陵。海拔高度一般为20～500m，相对高差200～350m。最高点位于兴城市西北的九龙山，海拔558.7m（图9.9）。山体的总体走向为北东向，

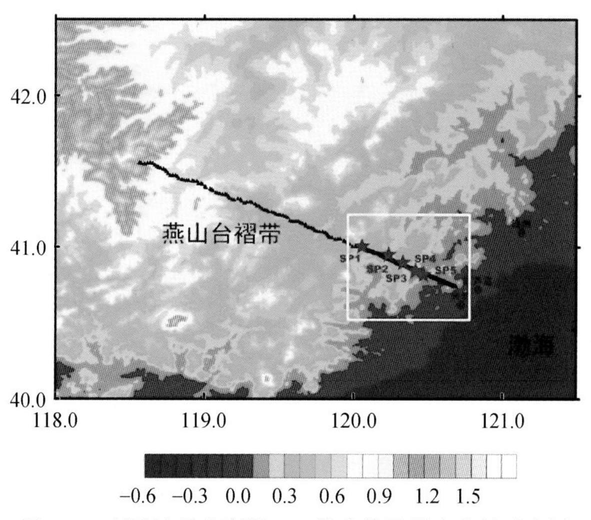

图9.9　兴城地质走廊带801线大炮及测点位置示意图

地势总体上西北高而东北低，为松岭山脉延续分布丘陵地带。渤海沿海沿岸为狭长的海滨平原，是沟通关内外的重要通道。发源于兴城市西北青山-笔架山-大虹螺山一带的六股河、烟台河、兴城河和西北河，自西北向东南流动，最终汇入辽东湾。

兴城地区前侏罗纪区域大地构造位于华北板块（华北第台）北部燕山台褶带东段，东南为华北断拗（新生代渤海湾盆地），北邻内蒙地轴（任纪舜等，1980）。燕山台褶带基底由太古宇建平群和片麻状绥中花岗岩组成。中、新元古代发育大陆裂谷作用，形成强烈沉降地区，即燕山裂陷拗，沉积了厚度巨大的燕山中、新元古界；古生界为典型华北型沉积；中生代受到环太平洋构造带活动叠加改造，印支运动、燕山运动强烈，北东、北北东向断裂发育，形成一系列北东、北北东向隆起与中小型断陷盆地相间排列的构造格局，断陷盆地内发育陆相火山-沉积岩系。新生代燕山地区以隆升剥蚀为主，其南部则发育大陆裂谷盆地（渤海湾盆地），如图 9. 10 所示。

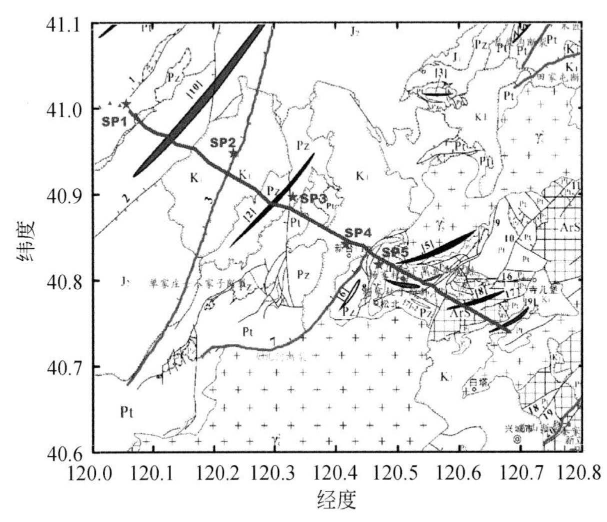

图 9. 10 辽宁兴城地震高分辨测线 801-3 邻域地质构造纲要示意图

褶皱：1. 瓦房子-梅勒营子褶皱束；2. 药王庙-白马石褶皱束；3. 歪桃山背斜；4. 南票单斜；5. 大背岭背斜；6. 喜鹊沟向斜；7. 杨家杖子向斜；7-1. 笔架山-下黑鱼沟向斜，7-2. 笔架山-下长茂向斜；8. 下长茂-寺儿堡背斜；9. 寺儿堡向斜；10. 金岭寺-羊山向斜（盆地）。

断裂：1. 梅勒营子断裂；2. 三家子-包杖子断裂；3. 单家庄-八家子断裂；4. 乱柴沟断裂；5. 木匠沟-下浑九沟断裂带；6. 黄土坎子-田家屯断裂；7. 女儿河断裂；8. 松树卯断裂；9. 上富儿沟-王家店断裂；10. 齐家沟-上喂牛场断裂；11. 大地藏寺-龙泉寺断裂；12. 沈家屯-万家屯断裂；13. 老官堡断裂；14. 上马道-赵家沟断裂；15. 樊屯-高桥断裂；16. 寺儿堡断裂；17. 下长茂-寺儿堡断裂；18. 齐屯-山崴子断裂；19. 东八里堡断裂；20. 首山断裂；21. 马仗房断裂；22. 望海寺断裂；23. 秦家屯断裂；24. 上沟断裂；25. 台山断裂

9. 2. 1 大道距折射线数据质量监控

图 9. 11 显示了野外施工过程中 5 大炮激发和观测的施工方案，表 9. 2 列举了各大炮点的主要激发参数。

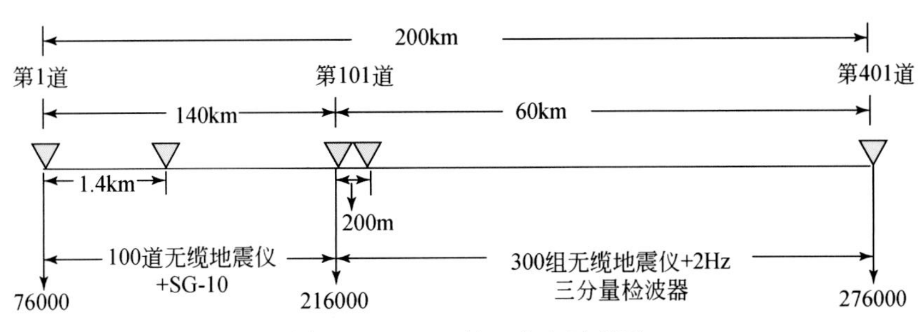

图9.11 801-3施工方案示意图

激发因素：在辽宁省葫芦岛境内，桩号217000～264000长47km的区域内选取5个炮点，其中3炮采用500kg炸药量，另2炮采用1000kg炸药量，炮距12km左右。

接收因素：无缆地震仪和2Hz三分量检波器+SG-10三串三并检波器组合，铺设400台无缆地震仪开展折射地震勘探研究，每台接SG-10检波器和2Hz三分量检波器各1个，每道有两种检波器，测线内仪器间距200m，D1延长线上仪器间距约1400m左右，采样间隔0.5ms，记录长度90s。

表9.2 801-3线大炮激发的主要参数

触发编号	炮点桩号	激发深度/m	总药量/kg	备注	触发时间	经度	纬度	高程/m
4	21880	30	1000	双井	20130330100239.68600	120.041395	40.596168	323.7
8	23492	19.2	500	五井	20130330122210.71500	120.129646	40.556387	251.6
15	24480	21	500	五井	20130330143212.83650	120.197161	40.529773	255.0
22	25012	20.8	500	五井	20130330154338.96000	120.261212	40.504734	164.1
29	25936	30	1000	双井	20130330172147.61650	120.261443	40.504759	154.6

9.2.2 大道距折射线数据处理及解释

9.2.2.1 大炮地震资料

图9.12和图9.13分别显示了野外采集获得的大炮z分量及y分量地震记录，频带范围0～16Hz。采集获取人工源地震资料以后，通过一定的处理解释流程，最终形成二维速度剖面。资料处理过程主要包括数据预处理和震相识别等环节，其目的在于提高地震资料信噪比，在此基础上拾取来自壳内反射界面的反射及折射走时数据，从而为后续利用这些走时数据反演地壳上地幔速度结构提供可靠的数据基础。

数据预处理包括数据集成，剔除坏道、死道，选择合适的频率滤波，并进行信噪比提高处理，最终形成单炮的折合剖面，折合速度通常选择6km/s或8km/s（P波记录截面），或3.5km/s（S波记录截面）。图9.12（a）～（e）分别显示了该测线5个大炮记录的 P 波 z 分量地震记录，折合速度为 6km/s。可以看出，5 炮均显示了来自初至震相 Pg 及反射波 Pm。通常认初至波 Pg 是来自沉积盖层的回折波或结晶基底顶部界面的折射波，而 Pm 为来自莫霍界面的显著反射波组。大药量激发的第 1 和第 5 炮（药量均为 1000kg）P 波记录截面图，［图 9.12（a）、（e）］上 Pg 和 Pm 震相非常明显，说明研制的无缆自定位地震仪适合壳幔深部结构探测的要求。

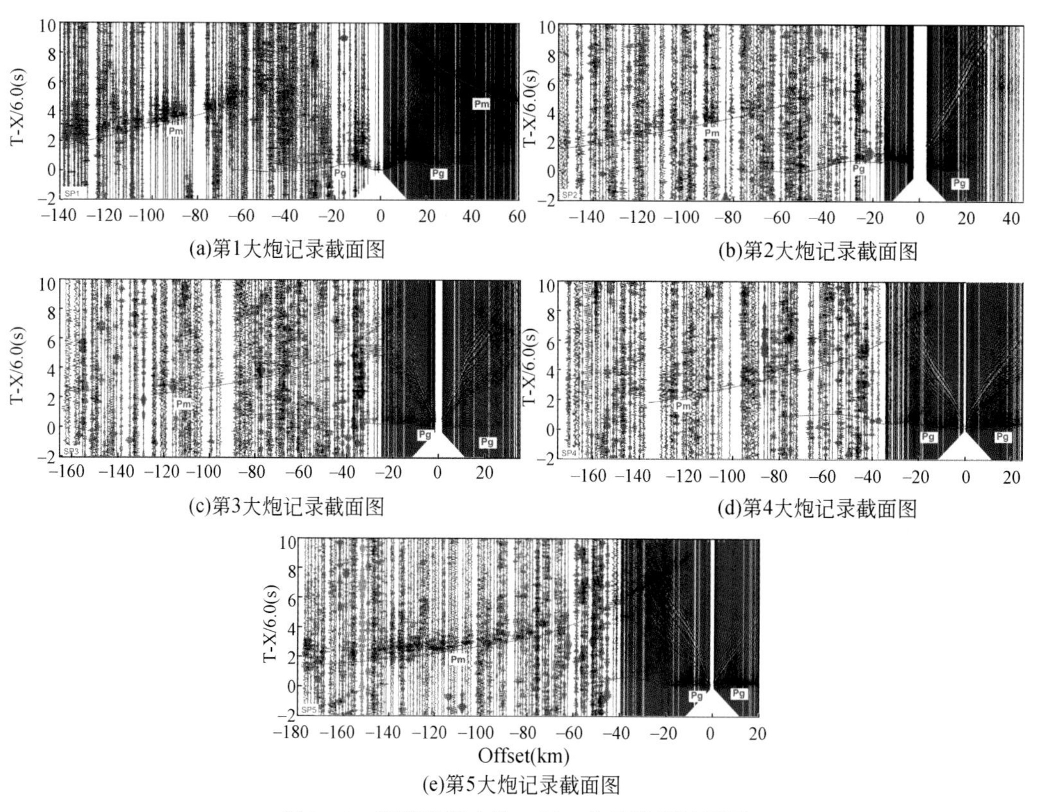

(a)第1大炮记录截面图

(b)第2大炮记录截面图

(c)第3大炮记录截面图

(d)第4大炮记录截面图

(e)第5大炮记录截面图

图 9.12　野外采集大炮 P 波 z 分量地震记录图

图 9.13（a）～（e）分别显示了该测线 5 个大炮记录的 S 波 y 分量地震记录，折合速度为 3.5km/s，尽管 S 波信号的信噪比有所降低，但通过比较仍然可以识别出来自莫霍界面的 S 波反射震相 Sm，这再一次验证研制的无缆自定位地震仪可以充分应用于壳幔深部结构探测领域。

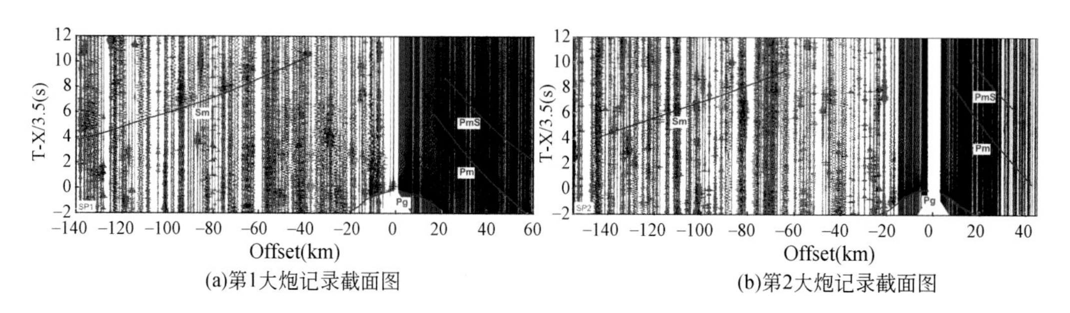

(a)第1大炮记录截面图

(b)第2大炮记录截面图

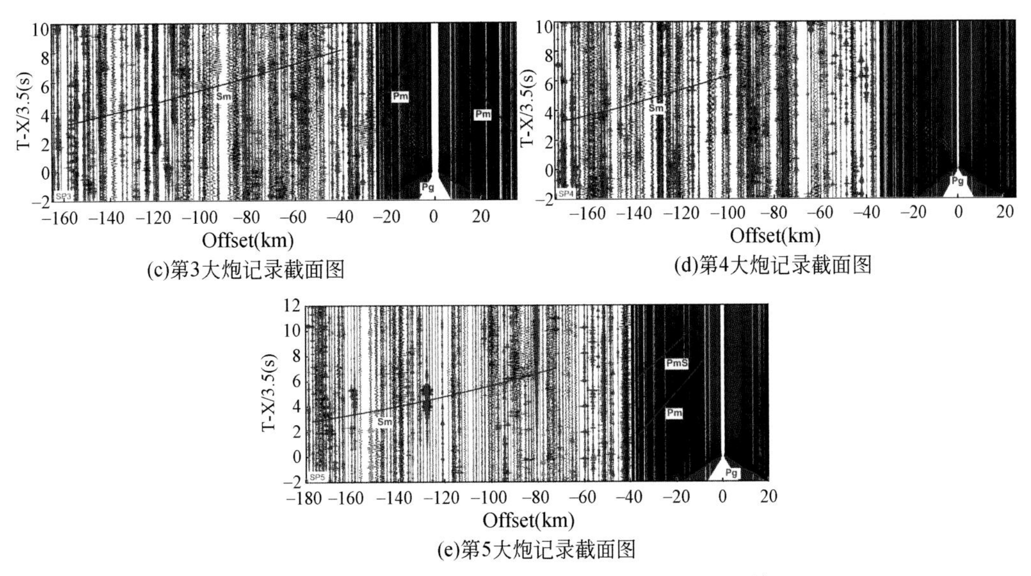

(c)第3大炮记录截面图

(d)第4大炮记录截面图

(e)第5大炮记录截面图

图 9.13　野外采集大炮 S 波 y 分量地震记录图（续）

9.2.2.2　震相识别

人工源地震探测中，当前主要利用是地震波在地壳不同波阻抗界面反射的走时信息，即震相走时分析，是资料解释中首要和最重要的问题。主要强振幅、相位连续走时震相主要来自于浅层地壳结晶基底的反射和折射震相 Pg，Moho 面的反射强震相 Pm 及地幔顶部弱速度梯度层的折射波 Pn 震相。壳内二级速度界面的反射波，能量较弱，不同区域分为不同的几组。某些局部区域还发现异于上述常规震相的奇异震相，主要表现为视速度、振幅和观测区域异常，奇异震相反映了所在区域地壳结构、构造上的特殊性。

走时震相是地震波携带地壳介质信息的体现，对震相的准确识别，是人工源地震探测工作的重点和难点。震相识别过程中，必须遵守走时互换原理的基本原理：即一对炮点和接收器，互换炮点、检波器位置时的走时应该相等。

60km 长的 801-3 线不仅具有 5 大炮激发的双边覆盖观测系统，而且由 300 台自定位数字地震仪密集观测（台站间距 200m）获得高分辨地震资料。因此选择该地段地震资料进行地壳速度结构重建，以了解测线下方地壳结构特征。

图 9.14 显示了在该高分辨观测地段获得的各炮点垂直分量地震记录。色标表示各记录道单道归一后的绝对振幅。可以看出，各炮记录显示出了清晰的 Pg 震相及 Pm 震相。基于以上走时互换原理及各炮点震相的趋势性变化，共识别出震相数据 2604 个，其中 Pg 数据 1282 个，Pm 数据 1322 个。

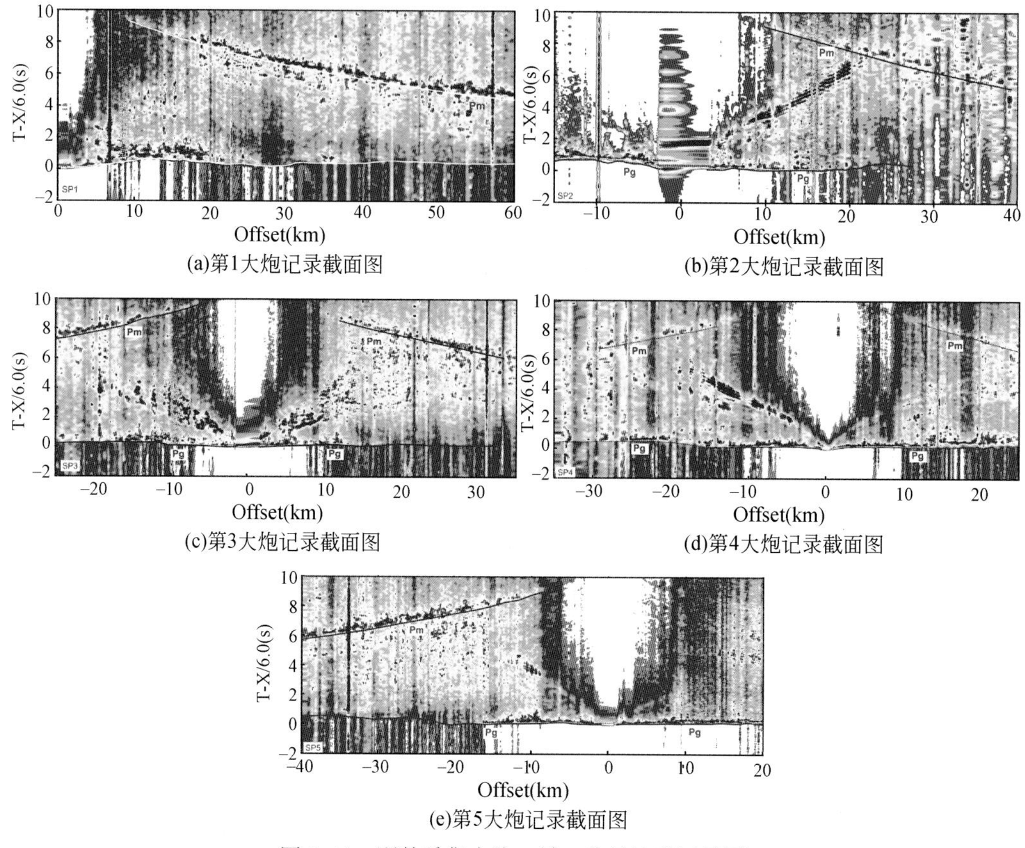

(a)第1大炮记录截面图

(b)第2大炮记录截面图

(c)第3大炮记录截面图

(d)第4大炮记录截面图

(e)第5大炮记录截面图

图 9.14　野外采集大炮 P 波 z 分量地震记录图

9.2.2.3　大炮资地震料资料解释及地壳速度结构重建

对人工源宽角地震资料进行正演模拟解释的常规软件包括常用的 Seis8X 系列（Seis81，Seis83，Seis88,）、MacRay 程、Anray95 等程序。这些算法和程序使得人们可以通过不断的正演试错修改模型，从而模拟实际观测地震记录。Zelt 和 Smith （1992）提出了一种称为 Rayinvr 技术（射线反演）的同时反演二维速度和界面结构的方法，克服了常规正演模拟算法不可避免的计算量大、无法对模型进行非唯一性评价等缺陷。与常规的正演试错法相比，该方法的优点在于，它提供了对模型参数分辨率、不确定性和非唯一性的估计，确保按照一定范数拟合数据，同时大大减少了拟合观测数据的时间。因此本项目研究了基于拾取的 Pg 和 Pm 走时数据，尝试采用该反演技术按照“剥皮法”从上到下逐层反演，从而重建测线下方地壳速度结构。

鉴于除 Pg、Pm 外，测线上其他壳内反射及折射震相均不明显，在反演过程中采用了简单的三层状均匀速度模型作为反演的初始模型，首先通过反演计算得到地壳浅部 10km 以上的速度模型，进而以此为基础反演中下地壳速度结构。在反演计算中下地壳速度结构过程中采用了“三步法”：首先反演得到地壳平均厚度 32.46km 及地壳底部平均速度 6.65km/s，然后固定 Moho 界面深度，基于 Pm 走时数据反演地壳底部速度分布，最后固定速度结构反演 Moho 界面形态特征。得到的最终地壳速度模型见图 9.15。需要注意的是，由于整条测线上基本未观测到明显连续、强能量的壳内其它反射震相，因此很难具体判定壳内其它反射界面形态，图中虚线所示中上地壳及中下地壳分界面只是依据华北板块内邻其它邻近 DSS 测线（如安兴-宽城剖面）下方地壳结构所推测，不具有确定性。2 条地表断裂的深部形态也仅仅是依据地壳速度分布特征所推测，尚需要进一步验证。

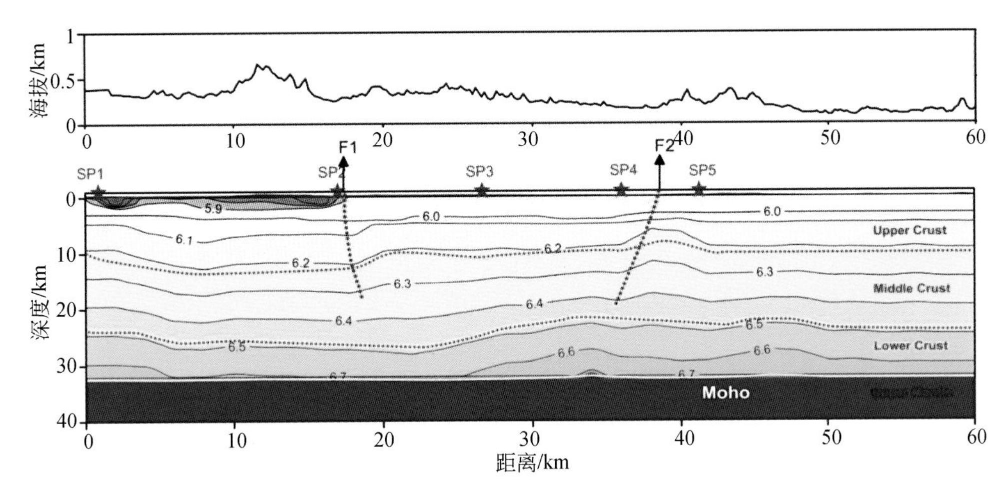

图 9.15　大道距折射线下方地壳速度结构

F1 及 F2 分别为单家庄-八家子断裂及女儿河断裂，推测延伸至中地壳；
虚线所示二界面为推测的中上地壳及中下地壳的分界面，上图为地表高程

图 9.16 显示了与最终速度模型对应的走时数据拟合效果及相应的射线覆盖。可以看出，在第 1 ~5 炮下方绝大部分地壳结构有密集的射线覆盖，因此这些部位显示的速度变化特征是基本可靠的。走时拟合效果良好，共 2604 个走时数据反演后最终走时残差均方根为 0.106s，其中 1282 个 Pg 走时数据的走时残差均方根为 0.128s，而 1322 个 Pm 走时数据的最终走时残差均方根为 0.079s。各炮点走时数据拟合效果见表 9.3。

表 9.3　各炮点走时数据拟合效果

炮点序号	数据方向	数据个数	走时残差均方根/s
1	正	764	0.097
2	负	76	0.169
2	正	345	0.132
3	负	205	0.095
3	正	350	0.088
4	负	208	0.089
4	正	236	0.076
5	负	328	0.121
5	正	92	0.130

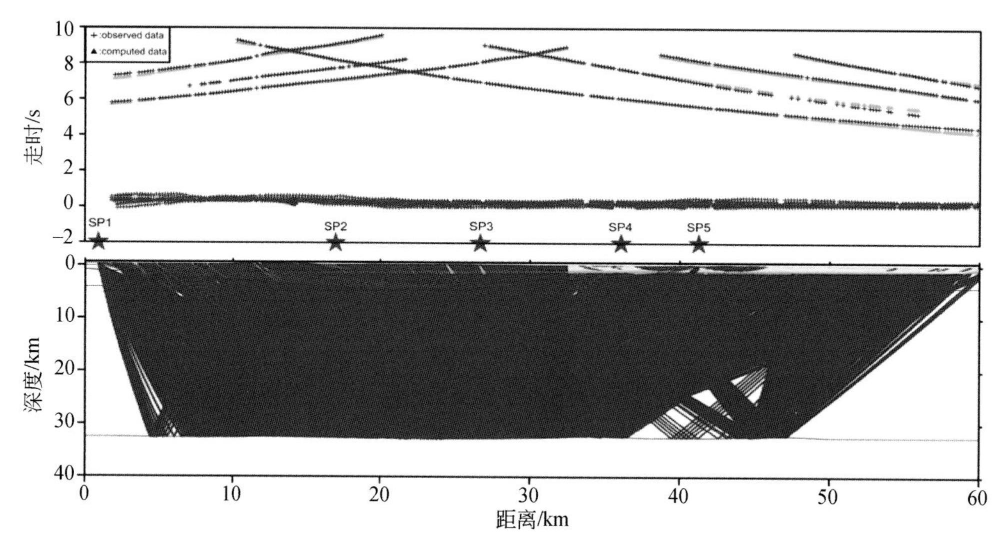

图 9.16 大道距折射线走时数据拟合（上图）及地壳结构射线覆盖

9.2.2.4 大道距折射测线下方地壳速度结构基本特征

图 9.15 显示该测线下方莫霍界面基本水平，地壳厚度 32.1 ~ 32.7km，同属华北地台燕山台褶带的邻近 DSS 剖面（如安兴-宽城剖面）下方地壳厚度基本一致。

地表浅部速度普遍偏高（约 5.9km/s），与测区大部分地段基岩出露符合；下地壳速度偏低，地壳底部速度约 6.57 ~ 6.70km/s，最大纵波速度仅约 6.7km/s，推测地壳结构偏酸性，这可能与中生代大规模岩浆活动及该地区新生代差异性升降有关。

壳内强反射事件缺乏，缺失明显的壳内反射界面，可能意味着该地区原有地壳结构在中生代规模岩浆活动过程中被强烈破坏和改造，以至于后期无法形成连续的反射界面。区域内普遍地壳浅部即见基岩，缺乏巨厚沉积盖层，说明该 60km 长剖面下方地壳结构整体性强，统属燕山台褶带东缘未经历新生代强烈改造的稳定块体。测区地震事件缺乏也说明这点。此外，结合测线下方缺乏低速滑脱层的特点分析，沿单家庄-八家子断裂及女儿河断裂孕育发生强烈地震的可能性不大。

杨家杖子矿区附近地壳 P 波速度等值线隆起的态势较明显，可能反映了中生代岩浆活动引起的地壳岩性改变，这反映了杨家杖子矿区矿藏发育的深部动力学机制。

9.2.3 大道距折射线数据处理小结

（1）大道距折射线 5 大炮的 P 波垂直分量地震记录及 S 波 y 分量地震记录截面图显示出清晰的 Pg、Pm 及 Sm 震相，表明吉林大学自主研发的无缆自定位地震仪适合壳幔深部结构探测的要求，在深部探测领域有广阔的应用前景。

（2）大道距折射线下方莫霍界面基本水平，地壳厚度 32.1 ~ 32.7km。地表浅部速度普遍偏高（约 5.9km/s），下地壳速度偏低，地壳底部速度约 6.57 ~ 6.70km/s，推测地壳结构偏酸性，可能与中生代大规模岩浆活动及该地区新生代差异性升降有关。

（3）杨家杖子矿区附近地壳 P 波速度等值线隆起态势可能反映了中生代岩浆活动引起的地壳岩性改变。

9.3　压裂监测应用实例

无缆自定位由于其灵活多样性，因而针对于国内众多单位压裂实验中得到了广泛的应用，下面以某油田实际监测为例进行详细说明。

9.3.1　无缆自定位地震仪在压裂监测地面检波器阵列布设

9.3.1.1　地面阵列布置原理

根据第 6 章无缆自定位地震仪布设方式之外进一步说明其应用效果。本次监测布阵以压裂目标区域正上方为阵列中心，从中心向外发射 6 条测线，每条测线间夹角为 60°。为了在对每一道地震数据进行叠加的时候发生振幅叠加的现象，从而取得更好的相干相加的效果。应当使最低频信号从最深震源到最近的数据采集站和最远的数据采集站的形成差至少达到一个波长的距离。

阵列尺度为最深震源到最近的数据采集站和最远的数据的距离。图 9.17 为阵列尺度要求示意图。

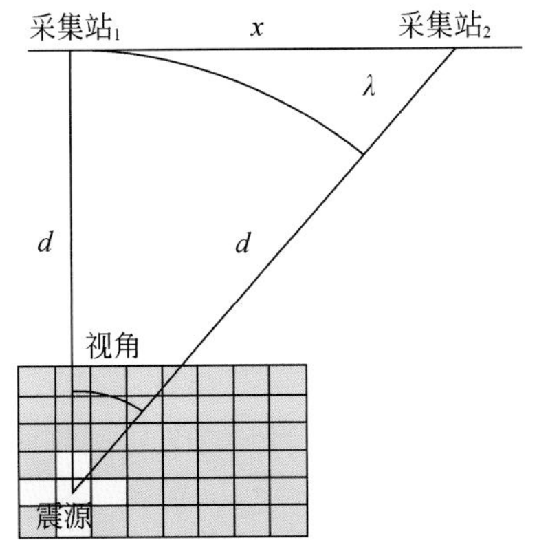

图 9.17　检波器布阵研究说明

地面接收微地震信号频率下限一般为 $f \approx 20$Hz；压裂井 P 波平均速度为 $V \approx 2834$m/s，则地震信号波长为 $\lambda = V/f \approx 141.7$m，因此，最小阵列尺度 $x = \sqrt{(d+\lambda)^2 d^2}$ 。表 6.4 为不同震源深度对应的阵列尺度计算。

表 9.4 不同深度震源对应阵列尺度

震源深度/m	阵列尺度/m
200	277
1000	551
2000	766
3000	933
4000	1074

9.3.1.2 地面阵列实际布置方式

压裂井压裂水平段测深为：2094～3511m，垂深为 1919.71～1925m。因此当阵列半径达到 766m 可以满足监测的要求。本监测方法要求地面阵列尽量覆盖监视目标区域，同时地面阵列在监测区域上方尽量对称分布。由于本次压裂共计 13 段，压裂点分布如图 9.18 所示。从第 1～13 段距离较远，因此进行一次布阵地面监测时，9～13 段的地面采集信号质量难以保证，因此我们设计二次布阵，保证各压裂段采集信号的质量，图 9.19 为第一次布阵实际位置。

图 9.18 压裂点位置

图中黄色标记为各段压裂射孔点实际坐标，红色线条为压裂井井轨迹示意图，红色标记为压裂井井口位置。

图 9.19 阵列一实际布阵情况

图中黄色标记为检波器布置实际位置，蓝色三角为无线AP基站位置，红色标记为压裂井与监测井，蓝色车辆标记为工程车与测井车，其中工程车上集中了无线AP主站，以及数据处理服务器，测井车主要负责井中检波器与井中数据回收地面系统。工程车主要负责实时回收监测数据兵进行现场实时处理，然后通过移动网络将处理结果实时传输到压裂井口。为了保证阵列能够完全覆盖所有压裂层段，因此设计了第二阵列，以保证对全部压裂目标区域达到完整覆盖。图9.20为阵列2的实际布阵情况。

图9.20　阵列2实际布阵

9.3.1.3　本次监测井中检波器布置

本次采取井中-地面联合监测，这样既可以增加增加垂向分辨率，又能提高定位水平分辨率。井中检波器深度应与压裂层位深度存在一定的视角，这是因为，当视角较小时，地震波P波分量能量过小，因此在拾取微地震事件时会造成较大误差，并且由于井中检波器测线总长度为50m，因此当井中检波器与压裂层位视角较小时，由于检波器位置较近，检波器基本是在同一时刻收到微地震事件，没有明显的倒时差这样对定位算法会造成影响。但是随着视角的变大，井中检波器与压裂点位置的距离又会迅速变大，综合以上考虑，井中检波器到压裂段位置倾角在15°~50°。

本次井中监测选取附近某井作为监测井，在该井1875m（FⅠ72）处下桥塞，该井FⅡ3层顶面深度为1950.6m，桥塞到FⅡ3层垂直距离为75.6m；压裂井目标层为FⅡ3，垂深在1920m左右（图9.21）。从目前的穿层压裂效果看，穿层在纵向上最多穿20~30m，即压裂井压裂裂缝垂向上是不可能穿到FⅠ72层，因此监测井桥塞所在位置足以保证压裂液不会上窜到桥塞位置之上。

根据监测井的位置以及倾角，计算出井中监测仪器下放深度为1560m，检波器位置自下而上的深度依次为1600m、1590m、1580m、1570m、1560m（图9.22、图9.23），本次部署井中检波器到各压裂段位置倾角在16.2°~46.9°（表6.5）。

表 9.5　井中检波器与各压裂段之间倾角统计表

压裂段	检波器底端到压裂层位垂直距离/m	检波器底端到压裂段水平距离/m	倾角/(°)
第一段	323	1110	16.2
第二段	323	950	18.8
第三段	324	865	20.5
第四段	324	750	23.4
第五段	323	660	26.1
第六段	323	560	30.0
第七段	324	490	33.5
第八段	322	430	36.8
第九段	320	350	42.5
第十段	320	300	46.9
第十一段	320	305	46.4
第十二段	321	330	44.2
第十三段	321	403	38.6

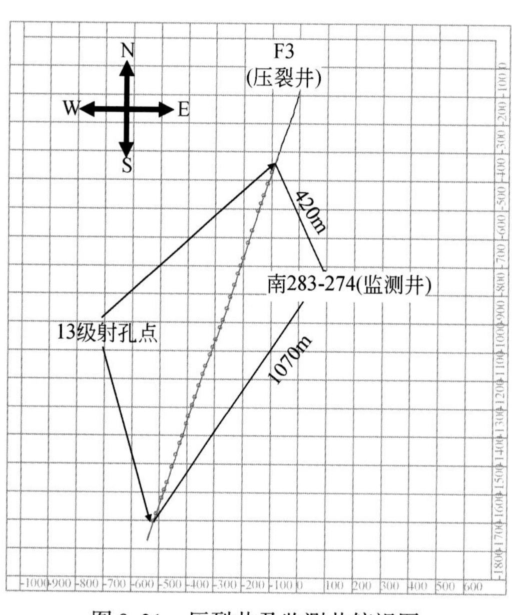

图 9.21　压裂井及监测井俯视图

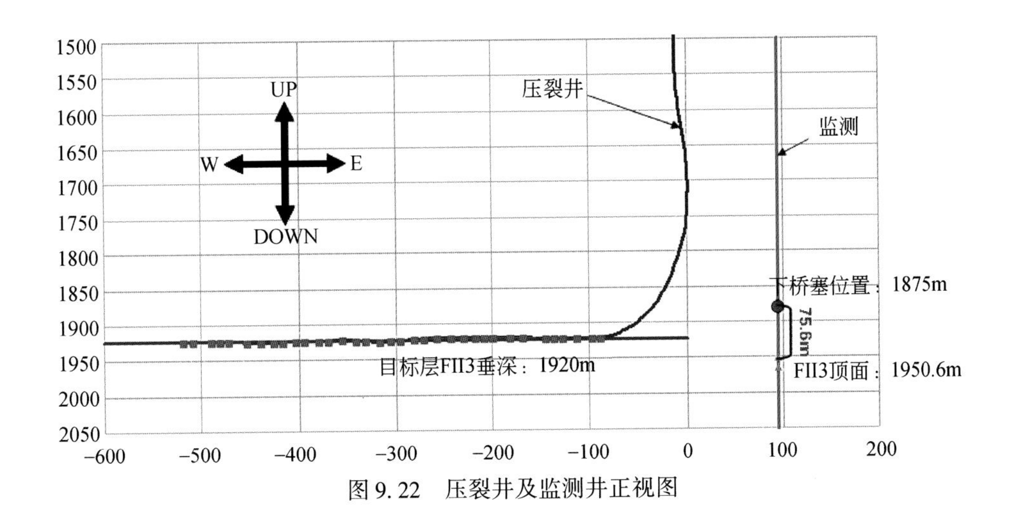

图9.22　压裂井及监测井正视图

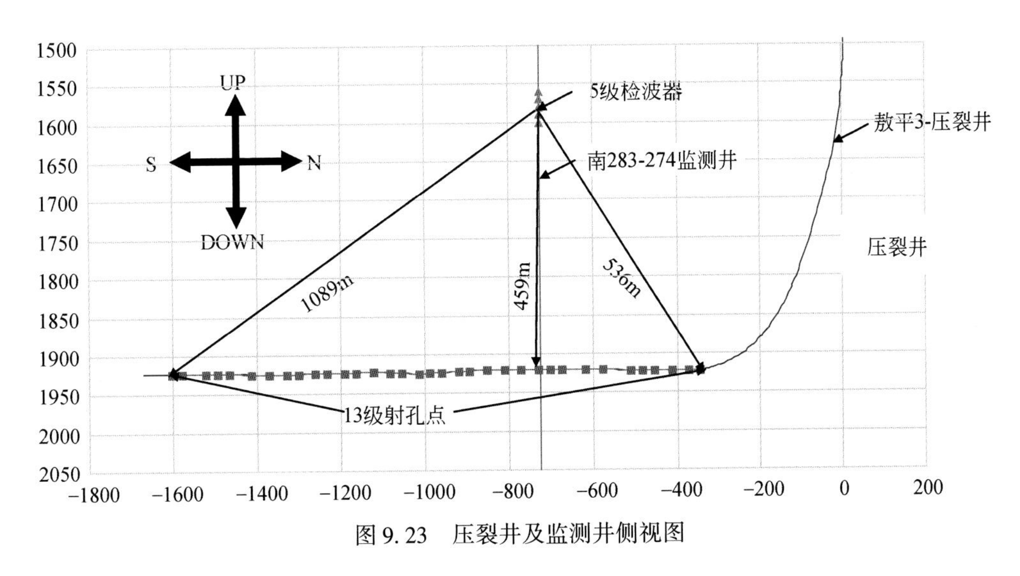

图9.23　压裂井及监测井侧视图

9.3.2　高精度微地震事件采集及其定位

本监测系统提出的微地震震源定位方法借用常规地震勘探的逆时偏移原理通过对采集到的地震数据波形进行振幅叠加进行定位。其基本原理是：当两道数据的信号具有相同的到时（相位）时，如果把它们叠加，则信号得到加强；在相位不同时进行叠加，则信号减弱，多道信号的叠加也是如此。图9.24为振幅叠加示意图。

在微地震观测实验中，数据采集台网能够将微地震信号记录在一段时间窗内，微地震事件震源位置与发震时间是未知的。将有可能发生微地震事件的目标区域按精度要求划分成小的体元。在这里认为每一个体元都是一个潜在可能的微震震源位置。根据逆时偏移原理，将微地震发生的位置看做一个绕射点，那么所有数据道所采集到的数据信号通过在时间方向上的逆向传播，必然会在震源位置处发生聚焦。

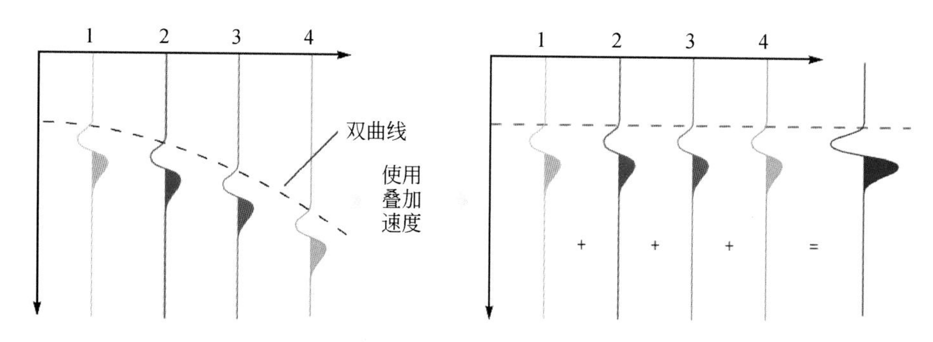

图9.24　振幅叠加示意图

因此可以通过遍历目标区域内的每个体元，通过振幅叠加法判断该体元是否是一个真正微震事件发生的位置。微震信号到达各个拾震器的时间由传播距离的不同而不同。借用逆时偏移法原理，如果将这个时间差异减去，那么就可以看做各个检波器在同一时刻接收到的该次微震信号。然后当把所有的检波器采集到的数据线叠加起来时，这一时刻的总振幅就会得到大大加强。而在非震源点，所做的时间修正只能增强一个不存在的微震，然而由于当前体元位置没有发生微地震事件，那么检波器采集到的数据信号在偏移之后获得信号相位不完全一致，因此叠加后振幅不会获得很大增强，甚至还会减弱或正负抵消。这样就不必像传统微震震源定位那样需要在每一个检波器的信号里分别寻找微震信号到时，而只需监视目标区域的能量聚焦情况，找到高能量点，就可以找到震源。这种方法的特点是，可以并且必须利用较多的检波器，并合理布置检波器位置，以得到足够的视角和到时差，这样才能在震源点得到较强的振幅叠加结果，而在非震源点的能量聚焦就会变得较弱甚至因相位差别而抵消，因此在处理非常微弱，信噪比较低的微地震事件时，也能获得比较理想的结果。

本次压裂震源点定位结果包含现场实时处理结果与事后精细处理。

实时处理：

①以十分钟的数据为基础，进行微地震事件拾取与定位；

②监视区域网格划分尺寸为30m；

③完全以原始数据为基础，没有对数据进行预处理。

精细处理：

①以全道数据为基础，进行微地震事件拾取与定位；

②监视区域体网格划分尺寸为10m；

③首先人工对原始数据进行观察分析，对数据质量进行评估，确定能量较强的微地震事件；

④进行数据预处理，包括频谱分析、能量分析、降噪、滤波；

⑤以井中数据为基础，进行微地震事件拾取；

⑥以井中数据为基础，与地面数据进行相关处理，提高地面数据信噪比。

9.3.3　压裂监测反演成像

本次监测中，压裂井为水平井压裂，其中以第一段为例进行说明。

第一段压裂结果：

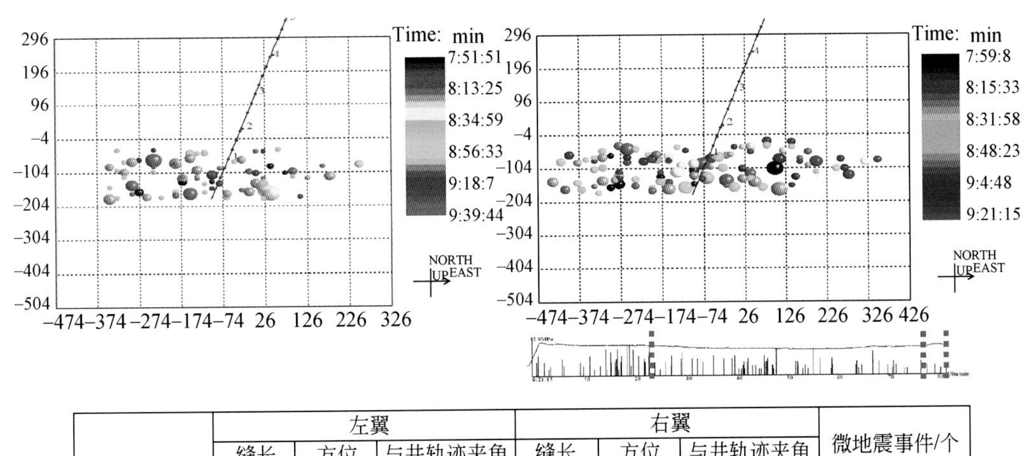

	左翼			右翼			微地震事件/个
	缝长/m	方位/(°)	与井轨迹夹角/(°)	缝长/m	方位/(°)	与井轨迹夹角/(°)	
实时处理	275	NW103	58	255	NE89	70	58
精细处理	280	NW97	64	305	NE85	66	108

图 9.25　第一段成果图

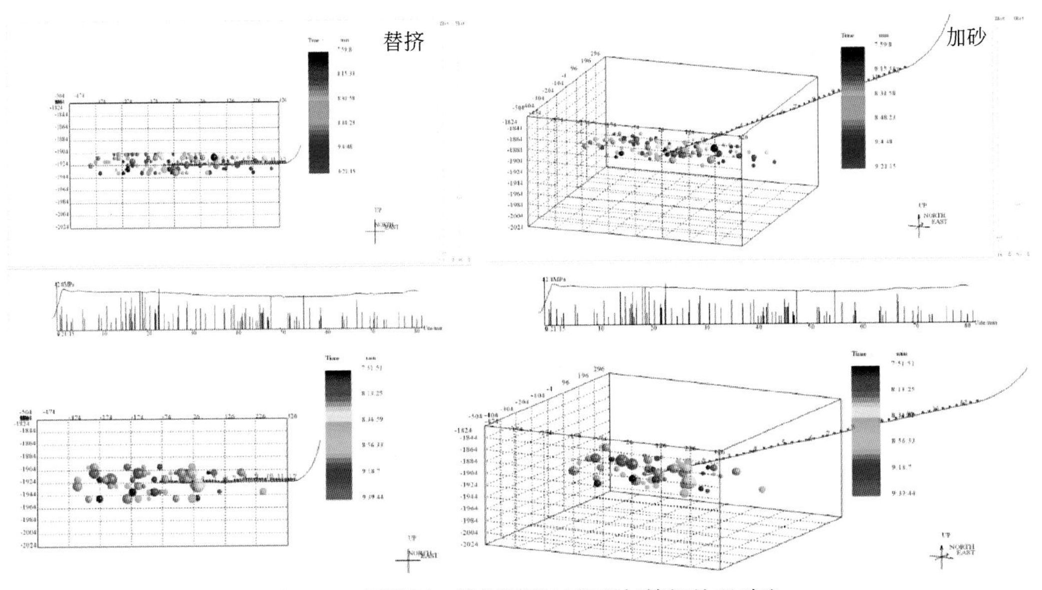

图 9.26　侧视图三维视图实时处理与精细处理对比

从图 9.25 中可以看出精细处理后获得的有效微地震事件比实时处理要多，两次处理的结果基本一致。并且监测到的微地震事件都集中在 8：00～9：20，从后期的精细处理来看前置液阶段发生的微地震事件能量较大并且比较密集，加沙阶段微地震事件能量较小，时间间隔比较稀疏。从图9.26中可以看出，在缝高方面实时处理相对缝高较高打到60m，而精细处理后缝高在40m左右。水平井压裂监测整体结果如图9.27、图9.28所示。

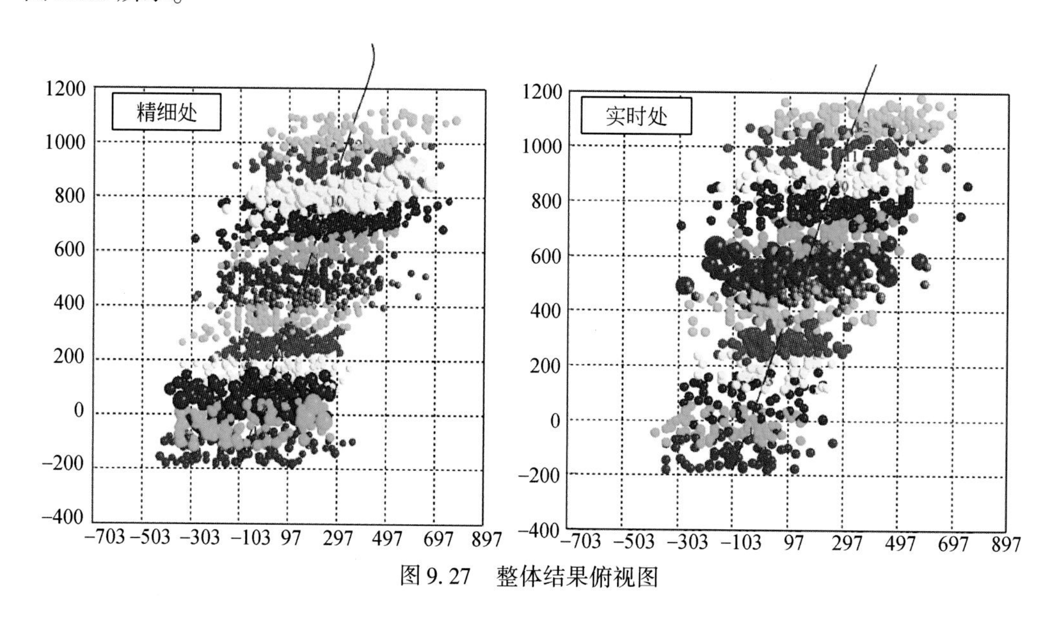

图9.27　整体结果俯视图

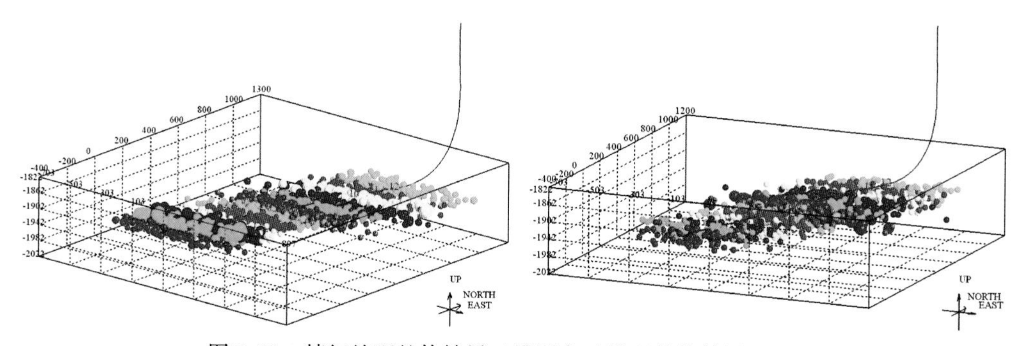

图9.28　精细处理整体结果三维图实时处理整体结果三维图

表9.6　精细处理

压裂层段	射开井段	压裂液/m³	酸/m³	砂/m³	射孔	实时处理			精细处理		
						全缝长/m	方位/(°)	与井轨迹夹角/(°)	全缝长/m	方位/(°)	与井轨迹夹角/(°)
1	3437.0～3407.0	985	12	95	2簇	530	89	70	585	85	66
2	3354.0～3293.0	1364	12	147.5	3簇	550	76	57	580	80	61
3	3243.0～3200.0	1099	10	95	2簇	520	77	58	575	77	58
4	3156.0～3086.0	1310	10	145	3簇	525	82	64	555	86	68

续表

压裂层段	射开井段	压裂液/m^3	酸/m^3	砂/m^3	射孔	实时处理			精细处理		
						全缝长/m	方位/(°)	与井轨迹夹角/(°)	全缝长/m	方位/(°)	与井轨迹夹角/(°)
5	3051.0～2979.0	1398	10	145	3 簇	470	90	71	525	81	62
6	2931.0～2861.0	1324	10	147	3 簇	545	93	74	595	80	61
7	2822.0～2790.0	1146	10	105	2 簇	470	74	54	575	78	58
8	2759.0～2687.0	1479	10	176	3 簇	605	92	73	625	79	60
9	2647.0～2562.0	1736	10	180	3 簇	555	90	72	595	82	64
10	2520.0～2452.0	1834	10	180	3 簇	620	90	72	695	80	62
11	2402.0～2353.0	1053	5	120	2 簇	640	88	70	625	77	59
12	2294.0～2220.0	1637	6	180	3 簇	630	90	71	660	78	59
13	2182.0～2105.0	1687	5	180	3 簇	600	89	70	675	85	66

通过前面分析可以看出，实时处理与精细处理结果基本一致。精细处理后检测到的微地震事件明显增多，裂缝缝长稍微变长，裂缝走势与井轨迹夹角稍微变小，两次处理缝高变基本一致（图 9.29）。通过前面的分析可以总结出一下结论：

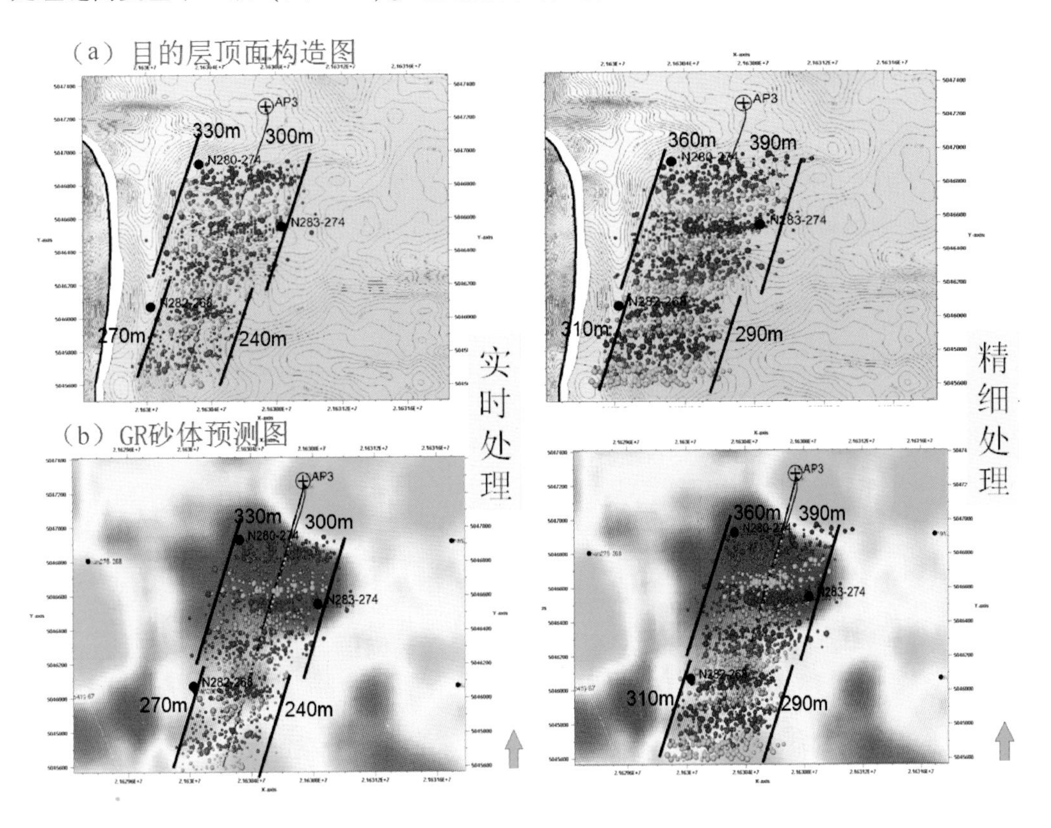

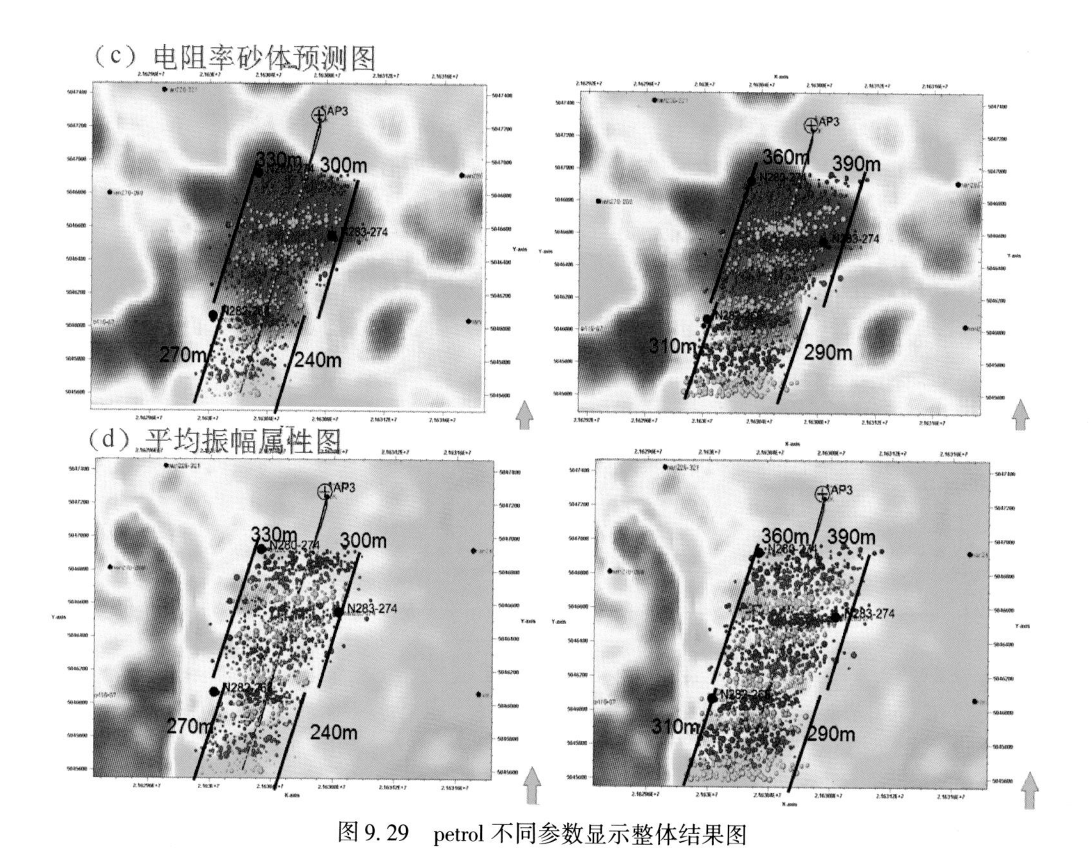

图 9.29 petrol 不同参数显示整体结果图

(1) 本次监测到的微地震事件信号较弱，在没有经过数据预处理前，地面监测很难通过人工的方法识别出有效微地震事件。

(2) 监测结果显示，1～5 段相比后面几段压裂裂缝长度较短，这应该是由于地层下砂体属性不同所导致的结果。

(3) 本次压裂监测裂缝基本对称，左翼右翼缝长基本一致。

(4) 精细处理时检测到的微地震事件明显增多，裂缝走势更为清晰。

9.3.4 压裂地震采集小结

目前本系统已经在国内多家油气田生产单位开展了压裂监测工作，取得了良好的效果，得到了用户的肯定，已经初步了井中-地面联合监测的现场实时监测，但是随着油气田开采深度的不断加深，以及水平井开采数量的增加，目前采用的是 5 节井下采集加地面采集的工作方式需要在仪器及观测手段上进行改进，其中井下仪器数量只有 5 节，需要在后续的工作中增加至 8～10 节，另外为了随着地面采集单元数量的增加，现场无线传输能力也将随之改进。

通过自主研发专用的井中-地面联合观测系统，即采用井中“单井观测”、地面阵列配套的监控方案。其中，微震信号井中采集，铠装电缆数字化传输，避免模拟信号长线传输的衰减；努力提升电缆数据通讯能力，缓解数采短节数量增加与数据实时传输之间的矛盾；开展井中采集单元姿态测量研究，确保“单井观测”模式用于微震事件定位处理的有效性，降低“多井观测”模式的施工难度，并提升震源点垂向定位分辨率。配套地面三分量地震数据采集单元，实施微震信号地面阵列观测，有效改进震源点水平（东西–南北）方向定位分辨率。构建采集单元之间高速通讯单元，优化井中–地面联合观测体系，开展压裂过程实时监测技术探索。上述研究工作的开展，形成具有自主知识产权的微震监测装备技术，对推动我国油井压裂裂缝精细评价技术的进步具有重要意义。

第10章 展　望

随着电子技术、信息技术的快速发展，地震数据采集系统已经经历了几代的变革。而今，随着科研工作的深入、人类对化石资源的依赖，地震数据采集工作的精度变得越来越高、规模变得越来越大，也造就了其“两宽一高”的发展趋势。与此同时，无线通信技术也日趋成熟。在此背景下，地震数据采集系统向着无缆化的方向发展。根据法国Sercel公司的统计结果，使用无线通信技术作为主要通信方式的地震勘探系统所占据的市场份额正在快速增加，在2011年时北美市场部分已超过40%使用的都是无线地震勘探系统，在2014年时全球市场中已超过20%使用的都是无线地震勘探系统。与此同时，无缆遥测地震数据采集系统引起了人们的广泛关注，并且在实际工作中得到了越来越广泛的应用，尤其是在金属矿探测、压裂微地震监测和天然地震监测等方面。

然而，无缆遥测地震数据采集系统并非完美。在实际应用中逐渐发现了无缆遥测地震数据采集系统的不足之处，主要可以归纳为两点：采集站重量大、现场数据回收速度慢。其实，作为应用无线技术的进行地震数据采集的代表性产品——法国Sercel公司的Unite系统、中美合资的INOVA公司的HAWK系统以及美国wireless seismic公司的RT2系统，也都存在着这两点不足。因此，不仅仅是无缆遥测地震数据采集系统，所有的无线地震数据采集系统都将向着采集站轻便化、数据回收实时化的方向发展。

针对无缆采集站的重量和区域内的通信吞吐量等方面的缺点，在某些苛刻环境下，导致无线连接不稳定、通信质量差，难以单一的依靠无缆系统实现复杂环境下的海量地震数据实时回收。因此，可将无缆系统与有线系统联合应用，以实现互相取长补短的目的。在此方面，法国Sercel公司走在了前面。该公司于2013年在勘探地球物理学家协会的第83届年会上发布了508XT百万道级的混合地震勘探系统并迅速的引起了业界内的广泛关注。

针对地球深部探测与天然地震观测需求，研制适用于背景噪声成像和野外天然地震观测的宽频带地震仪是一个很好的发展方向。

10.1 采集站轻便化

无缆遥测地震数据采集系统与有线遥测地震数据采集系统相比，省去了线缆部分，在系统整体上得重量减轻了很大一部分。但是，由于无缆遥测地震数据采集系统没有线缆连接，所以每个采集站需要各自单独实现供电、定位等功能，加入了更多的功能模块，这就导致其比有线遥测地震数据采集系统的采集站的重量要大很多。其实这个问题普遍的存在于所有的无线地震数据采集系统。例如，目前无线地震数据采集系统中最具代表性的三款产品——Unite、HAWK、RT2，其采集站部分（不含外部电池）

的重量分别为1.95kg、1.72kg和1.83kg，而电池部分的重量通常在2kg至4kg左右，使得采集站整体的重量增加了一倍至两倍多左右。因此，为了能够更高效、更轻便地完成地震数据采集工作，需要减轻无缆遥测地震数据采集系统的重量。

减轻无缆系统中采集站的重量就需要减少其所包含的模块或者减轻模块的重量。由于每个无缆采集站无法与其他采集站相连，因此必须具有独立的电池。然而，电池占据了采集站主要的重量。所以，只能通过减少电池的重量以减少无缆采集站整体的重量。那么，无缆采集站的低功耗化便是一个不错的解决方案。通过针对地震数据采集单元的特点，结合当前最先进的电子技术，设计出低功耗的无缆采集站才能减少每个无缆采集站所配电池的重量，从而实现无缆采集站的轻便化目标。因此，无缆采集站的低功耗研究将是之后无缆遥测地震数据采集系统的主要研究工作之一。

此外，还可以去掉定位模块以实现无缆采集站的轻便化。由于地震数据采集工作中每个采集站必须具备通信功能，而且一个采集站肯定会接收到至少两个采集站的通信信号（一个是自身上一跳采集站，另一个是相邻测线上一条采集站）。因此，可以通过通信技术的测距功能实现定位功能（相对位置）。这样，一条测线中只要有一个采集站具有专门的点位模块确定出绝对位置，其他采集站通过通信模块进行相对位置的确定，那么整个系统也可以确定出每个采集站绝对位置。所以，如何实现基于无线通信技术的精确相对定位功能亦是将来无缆遥测地震数据采集系统的主要研究方向工作之一。

10.2 数据回收实时化

目前，无线地震数据采集系统无法在大规模、高密度的情况下实现数据回收实时化是制约着其完全占领市场的主要原因。而现有的无线地震数据采集系统中，只有RT2系统、Unite系统以及吉林大学自主研制的无缆遥测地震数据采集系统能够实现中等规模（1～2km范围内）的实时地震数据回收。针对这三款系统的技术特点分析，得出如下结论：如果要在大规模、高密度的情况下实现地震数据回收实时化，就需要在针对地震数据采集系统的通信网络架构进行分层化设计、通信协议进行智能化设计。

10.2.1 通信系统的现状

RT2系统使用了多跳自组网架构实现了最多8000道的地震勘探工作（伊拉克库尔德斯坦地区）。该系统的通讯部分由无线遥测器、回程器组成。无线遥测器相当于前面提到的采集站，负责数据采集、传输。回程器则无线遥测器与中央单元通讯的中继设备，相当于有线系统的交叉站。该系统的通讯网络由两部分组成。第一部分，由无线遥测器以多跳的形式通过2.4GHz频段的跳频扩频传输技术与回程器进行通讯；第二部分，回程器以5.8GHz或900MHx频段的传输技术与中央单元进行，从而避免了其与系统第一部分通讯的互相干扰。RT2系统传输的信息按照内容的不同分为两种：命令包和数据包。命令包将嵌入到包结构的时序信息、命令包及子包的目的地址的映射以及下一次循环的频率分配等进行编码，由中央单元发出，经过回程器，以一个接着一个多跳的方式发送到各个无线遥测器。数据包中含有无线遥测器接收到的和采集到的地震数据，由各无线遥测器以一个间隔一个多跳的方式将数据发送到回程器，再由回程器处理后发送到中央单元，如图 10.1 所示。系统收集数据时，每个无线遥测器有两种状态，接收状态和发送状态，两种状态持续时间是相同的，当一种状态结束了就切换到另一种状态。连接同一个回程器的无线遥测器按奇偶被交替的分为两组，每个无线遥测器在接收状态时从同组的上一个无线遥测器接收传输的数据并在发送状态时把接收到的数据和自己新采集到的数据一起发送到同组的下一个无线遥测器。从回程器来看，两组无线遥测器平分时间交替向回程器发送数据包。每个无线遥测器与相邻的无线遥测器采用不同的发送频率，从而避免了无线网络的冲突。各个无线遥测器到回程器的路由不是固定不变的，如果某个无线遥测器出现问题，无法连接到下一个无线遥测器或者回程器，处于其上游的无线遥测器并不会永久的与回程器断开，会选择当前信号最强的无线遥测器进行中继并重新选择发送频率，越过出现问题的无线遥测器最终连接到中央单元。简而言之，RT2 系统应用了多跳频分复用的无线传输技术，实现高速率的通讯。以多跳的形式实现同一测线中的各无线遥测器与回程器的通讯，增加了测线长度和勘探范围。此外，通讯中使用频分复用的技术，避免了网络中的冲突现象，从而提高了通讯带宽的利用率与通讯网络的稳定性，保障了系统的实时性。但是，该系统的这种多跳模式也导致每条测线上出现数据累积的现象，在数据回收时出现带宽瓶颈，带道能力受限，因而无法应用于大规模、高密度的实时数据回收。

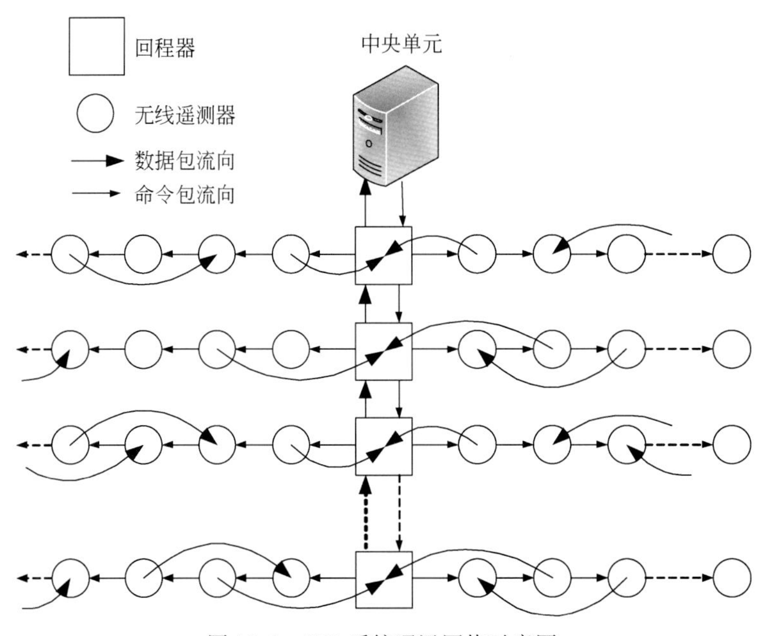

图 10.1　RT2 系统通讯网络示意图

在 Unite 系统中各遥测单元（采集站）与主控中心以 AP（access point）模式直接进行通信。遥测单元通过自带的 WiFi 模块接入到 CAN（cellular access node）中，而

CAN与主机通过网线相连。在Unite系统中，遥测单元与CAN之间可实现相隔1000m的视距通信。因此，受限于通信距离，Unite系统无法进行大规模的地震数据实时回收。在实际应用中，Unite系统基本上是作为428XL系统和508XT系统的补充而进行使用的，工作在有线系统的盲区，从而通过联合应用的方式实现大规模、高密度的实时数据回收。

无缆遥测地震数据采集系统则是采用了多种通信技术混合的通信方案，以长距离大功率WiFi技术、移动通信技术和卫星通信技术为基础网络框架，在局部无法覆盖或通信质量不高的区域使用多跳自组网模式的采集站进行补充，从而实现全地形无缝覆盖，但目前受限于通信速率，无法实现大规模的实时数据回收。

10.2.2 通信架构分层化

由于地震数据采集系统的覆盖面积大，地形多变，而且通常节点数量众多、通信环境复杂多样、传输数据量大，因此很难用单一通信模式（多跳、AP）来解决系统所面对的所有问题。从整体上来看，地震数据采集系统的通信网络要有较大覆盖范围和较大的通信带宽，以满足大规模、高密度的勘探需求，这与人们日常使用的移动通信网络有几分相似；从局部来看，地震数据采集系统的通信网络要有较强的容错率（断线重连、丢包重传）和灵活的组网结构（去中心化、对等网络），以达到地震数据采集系统的网络高可靠性（为了应对复杂通信环境）和全地形、无盲区覆盖的特点，这部分就与目前常用的无线传感网络比较相似。因此，目前无缆遥测地震数据采集系统的这种分层的总体架构（上层是移动通信网络或卫星通信网络，底层为多跳自组网络）应该是将来整个无线地震数据采集系统的发展趋势。

无缆遥测地震数据采集系统的通信网络将朝着更加明确的分层架构方向发展。将来无缆遥测地震数据采集系统的通信网络将分为核心网络层和末端网络层。核心网络层为覆盖工作区总体的无线网络，可以不具备较强的绕射能力，容许在工作区内存在盲点，但需要具有通信距离长，传输带宽大的特点。目前，移动通信网络就具有这样的特点。因此，核心网络层可以采用自行建立移动通信网络的方式，使用车载基站进行组网，各局域的网关节点采集站直接接入到车载基站中。该方案也在业内也有一定程度上的认可，如在2015年，中石油公司就与华为公司开始联合研究基于LTE（4G）技术的基站，并尝试在地震勘探中应用。末端网络层作为核心网络与其盲区的连接，无需长距离通信、高传输速率的能力，但需要能够在无人干预的情况下实现灵活的自组网，并且具有较高的网络冗余度，同时还要与核心网络层使用不同频段的通信技术，以在同一空间内实现分频复用，提高通信效率。因此，末端网络层应该选择基于WiFi技术的多跳自组网络，由各网关节点采集站作为多跳自组网络的根节点，连接该末端网络（多跳自组网结构）内的各终端采集站。基于该种通信网络架构的地震数据采集系统的示意图见图10.2。

所以，基于这种核心网与末端网架构的通信系统是无缆遥测地震数据采集系统的主要研究方向之一。

图 10.2　地震数据采集系统示意图

10.2.3　通信协议智能化

由于无缆遥测地震数据采集系统使用的是无线通信技术，所以存在多个处于同一个子区域内的无缆采集站共用一个传输介质（某个空间的空气），而并非像有线采集站一样单独占有一个传输介质（某段线缆）。所以，无线采集站存在着并发冲突的现象，这就加剧了通信延时，从而造成了无线系统数据回收速度低于有线系统的问题（无线系统与有线系统使用相同带宽的通信协议）。如果在高密度的地震勘探工作中，这种现象会更加严重，导致实际有效通信速率大大降低，影响地震数据回收的实时性。因此，应该从地震数据采集系统的通信协议入手，减少地震数据回收时出现的并发冲突。要减少并发冲突，就需要引入无竞争协议，然而传统的无竞争协议又无法面对多变的同层网络结构和复杂的通信环境，可能会出现空闲等待的情况，同样会降低通信效率。所以，智能化的通信协议将是所有无线地震数据采集网络的发展方向。

智能化的通信协议要实现处于网络拓扑结构中相对上层的节点要为其包含的下层节点分配通信资源（时间片、频带），如车载基站要给所有以它为接入点的网关节点采集站分配通信资源，而网关节点采集站（即多跳网络中的根节点）要为与其同一个末端网络的终端采集站（即多跳网络中的子节点）分配通信资源。而分配资源时要根据地震数据回收时数据流的特点，基于相应的概率模型（针对实际已发生的各种情况推测当前最有可能出现的情况），并依据模型的推测结果选择具体的通信策略，最优化的分配各节点的时间片与频带，使处于同层网络中的各单元进行高效的通信（避免并发冲突和等待），充分利用带宽资源，从而通过提高通信效率加快整个系统的传输速率。

因此，如何通过设计出更加合理的智能网络管理协议，从而实现地震数据回收时的最优化的通信策略将成为无缆遥测地震数据采集系统的主要研究方向之一。

10.3　与有线系统混合应用

地震勘探系统毫无疑问的向着更大规模的趋势发展，也在2013年诞生了第一款百万道级的地震勘探系统——508XT系统。该系统利用无线系统（Unite系统）的优势，对复杂地形进行覆盖；系统有线系统的优势，在地震数据量累积多的位置使用光纤进行传输，实现百万道级的地震数据实时回收。508XT系统最大的亮点是使用了新的组网方式，即由Sercel公司提出的X-TECH架构。整个X-TECH架构是由多个X-TECH节点组成，X-TECH节点的结构如图10.2所示。一个X-TECH节点中包含至少一个交叉站，1～100或者更多的基节点（采集站）以及大线。由交叉站向采集站提供电源，接受采集站发送的地震数据。交叉站还可以连接上单元接入节点从而实时接受UNITE节点（无线采集站）的采集数据。一个X-TECH节点可以作为一个无线节点通过2.4GHz无线传输技术连接到其他交叉站上，也可以通过光缆连接到中央单元。一般一个X-TECH节点可以在两端连接交叉站，这样可以构成双重X-TECH节点以增强系统的稳定性。每个X-TECH节点以网络的形式互联组成采集系统。由于X-TECH架构在508XT系统中的应用，该地震数据采集系统具有百万级带道能力、线缆冗余性、数据自动绕传、电池重量轻等特点。

图10.3　X-TECH节点

根据当前无线通信技术能够达到的水平，只使用无缆遥测地震数据采集系统很难实现百万道级超大规模的地震数据实时回收。因此，针对这种超大规模的地震勘探工作，就需要将无缆系统与有线系统联合应用，以同时实现全地形覆盖与实时数据回收。

如何设计无缆系统与有线系统混合后的整体通信架构是一个需要重点研究的课题。508XT系统提出这种X-TECH架构确实是一个不错的方案，能够省掉无缆系统中很大一部分电池的重量（由交叉站集中供电），同时X-TECH节点可作为独立的无线节点（无需线缆连接就能够接入到CAN或有线部分），具备无线系统的优点（可应用于复杂地形）。然而，X-TECH架构增加了交叉站（CX-508）的无线传输负载，需要其具备较强的数据压缩能力和通信能力。因此，无缆系统与有线系统混合应用的关键在于混合交叉站的设计，如何提升交叉站的通信能力、数据压缩能力。

此外，无缆系统与有线系统要有一致的通信接口，以实现两者间命令的发送与数据的回收；主机端的管理软件也要有相应的管理策略，以便捷的实现有缆系统和无缆系统混合应用时的测线管理等功能。

10.4　宽频带地震仪

在地震探测方法上，主要有天然地震观测和人工震源探测两类，人工震源具有更好的分辨率和精度，但探测深度较浅，而天然地震可以在非常宽的频率范围内产生极强的能量和很强的地震波场。通过对震源机理及地震波谱分析，可以获取地球内应力的资料，震源深度最深可达700km。因此天然地震探测不仅是人工地震勘探的补充，而且还具有不可替代的特点，能极大的节省勘探成本，是探测和研究地球深部的最好方法之一。

地震背景噪声成像是一种具有很大潜力的地球物理勘探方法，目前还多是面波成分的应用，分辨率不高，有研究人员已经在理论上解决了体波的提取难题，体波成像将成为地震背景噪声成像应用的发展趋势，分辨率会得到大幅度的提升，探测的深度也会相应提高。背景噪声成像的应用会大大降低勘探成本，节省人力，保护自然环境。

参考文献

鲍五堂，吴铁军，石磊军等．2013. 现代网络传输技术与地震勘探仪器的发展．地球物理学进展，28（5）：2781～2786.

Bovet D P，Marco C. 2001. 陈莉君等译．深入理解 Linux 内核．北京：中国电力出版社．

蔡坤．2014. 基于 ADS1274 的多通道模拟差分信号数据采集器的设计．科技创新导报，1：62～63.

曹建鹏，陈松涛，李志萍．2012. 云计算在石油勘探领域的应用．信息系统工程，（6）：89.

曹双兰，林君，杨泓渊，陈祖斌，张林行．2012. 用于深部探测的地震检波器低频拓展技术．地球物理学进展，05：1904～1911.

曹务祥．2007. 模拟和数字检波器的资料响应特征对比分析．勘探地球物理进展，2：75，96～99.

曹务祥．2008. 检波器组合问题的分析．石油物探，5：505～510.

查理 A 弗格斯．1982. 电噪声手册．张伦译．北京：计量出版社．

柴黄琪，苏成．2010. 基于 HDFS 的安全机制设计．计算机安全，（12）：22～25.

陈金鹰，龚江涛，庞进，席华．2007. 地震检波器技术与发展研究．物探化探计算技术，5：367，382～385.

陈联青，贾艳芳，顾欣莉．2006. GPS 授时（网络）地震仪．物探装备，S1：1～7.

陈明．2013. 基于 STM32 的嵌入式 web 服务器的设计．武汉理工大学硕士研究生学位论文．

陈瑛，宋俊磊．2013. 地震仪的发展历史及现状综述．地球物理学进展，3：1311～1319.

陈志德，关昕，李玲，张晶．2012. 数字检波器地震资料高保真宽频带处理技术．石油地球物理勘探，1：46～55.

陈祖斌．2002. 电磁式可控震源相位自适应控制与可控震源系统研制．吉林大学博士学位论文．

程建远，王盼，吴海等．2013. 地震勘探仪的发展历程与趋势．煤炭科学技术，41（1）：30～35.

戴逸松．1984. 电子系统噪声及低噪声设计方法．长春：吉林人民出版社．

戴逸松．1994. 微弱信号检测方法及仪器．北京：国防工业出版社．

单刚义，韩立国，张丽华，董世学．2009. 压电式检波器在高分辨率地震勘探中的试验研究．石油物探，1：91～95.

邓国荣．2013. 基于 STM32 SPI 接口的 M25P80 FLASH 的驱动设计与实现．机电信息，6：144，145.

丁天怀，李成，王鹏等．2009. 用于地震勘探仪器的 RS-485 高速数据/能量传输方法．清华大学学报：自然科学版，49（5）：688～691.

丁伟．2006. 镇巴复杂山地地震采集质量影响因素分析．石油物探，45（4）：418～423.

丁翔宇．2003. 实时动态 GPS 测量技术在石油物探三维地震勘探测量中的应用．测绘技术装备，5（4）：20～23.

丁育萍，邱玲玲．2014. 基于 FreeRTOS 和 STM32 的手持激光测距仪系统设计．现代计算机（专业版），27：56～60.

董磊．2014. 利用电子学方法改进地震检波器性能研究．中国科学技术大学硕士研究生学位论文．

董世学，张春雨．2000. 地震检波器的性能与精确地震勘探．石油物探，2：124～130.

杜长富，甘志强，孟秀丽，付叶旺．2014. GPS 授时技术在陆地采集中的应用现状及展望．石油仪器，6：1～3，8，7.

杜闯．2010. PHP 在动态网站开发中的优势．电脑知识与技术，6（13）：3342～3344.

段寿建，邓有林．2013. Web 技术发展综述与展望．计算机时代，（3）：8～10.

方兵．2009. 动圈式地震检波器性能优化研究．吉林大学硕士研究生学位论文．

付清锋．2005. 地震检波器新技术发展方向．石油仪器，6：1～4，89.

高立兵，靳春光 . 2014. 陆地无缆地震仪的现状与展望 . 物探装备，24（3）：141 ~ 146.
高宁 . 2016. 基于私有云计算技术的无缆自定位地震仪勘探管理平台设计与开发 . 长春：吉林大学硕士学位论文 .
高旭旭，陈富强 . 2015. 基于 ADS1278 的高精度信号采集系统 . 电子技术，8：47，48.
郭建，刘光鼎 . 2009. 无缆存储式数字地震仪的现状及展望 . 地球物理学进展，24（5）：1540 ~ 1549.
郭建，刘光鼎 . 2012. 有线、无线和无缆三合一数字地震仪：CN，CN102628958A.
郭建，刘光鼎，徐善辉等 . 2013. 数字地震仪的研制和开发 . 中国地球物理 2013 大会报告 .
韩晓泉，穆群英，易碧金 . 2008. 地震勘探仪器的现状及发展趋势 . 物探装备，18（1）：1 ~ 6.
汉泽西，李彪，邵媛，郭正虹 . 2006. 地震检波器发展初探 . 石油仪器，6：1 ~ 4.
郝树魁 . 2012. Hadoop HDFS 和 MapReduce 架构浅析 . 邮电设计技术，（7）：37 ~ 42.
何海清，李建忠 . 2014. 中国石油“十一五”以来油气勘探成果、地质新认识与技术进展 . 中国石油勘探，19（6）：1 ~ 13.
何文涛，陈德勇，王军波，张正宇 . 2015. MEMS 宽带电化学地震检波器 . 光学精密工程，2：444 ~ 451.
贺冬生 . 1996. 复杂地形地区金属矿地震勘探资料处理的探讨 . 物探与化探，16（5）：391 ~ 393.
贺敏 . 2012. 分布式 LED 数字光源控制器的研究与应用 . 华南理工大学硕士研究生学位论文 .
黄大年，于平，底青云等 . 2012. 地球深部探测关键技术装备研发现状及趋势 . 吉林大学学报：地球科学版，42（5）：1485 ~ 1496.
黄建宇 . 2014. 高精度低功耗分布式地震采集站的研制 . 中国地质大学硕士研究生学位论文 .
黄韬，刘江，霍如等 . 2014. 未来网络体系架构研究综述 . 通信学报，35（8）：184 ~ 197.
霍旭光 . 2013. 基于云计算的大规模地形数据处理方法的研究 . 中国地质大学（北京）硕士研究生学位论文 .
姬小兵，尚应军，张帆 . 2004. 山地地震勘探数据采集技术研究 . 油气地质与采收率，11（6）：31 ~ 34.
亢丽芸，王效岳，白如江 . 2012. MapReduce 原理及其主要实现平台分析 . 现代图书情报技术，（2）：60 ~ 67.
雷迎春，李素荣 . 1999. GPS 实时动态测量（RTK）技术在山区石油地震勘探中的应用 . 测绘工程，8（2）：65 ~ 70.
雷振山，常贵宁 . 2007. 大规模测试网络的同步采样技术研究与应用 . 仪器仪表学报，28（4）：748 ~ 751.
李成华，张新访，金海等 . 2011. MapReduce：新型的分布式并行计算编程模型 . 计算机工程与科学，33（3）：129 ~ 135.
李怀良 . 2013. 复杂山地多波宽频带地震数据采集关键技术研究 . 成都理工大学硕士研究生学位论文 .
李建文，祖兵 . 2004. 高准确度宽温石英晶振热敏网络温度补偿 . 传感器技术，23（5）：68 ~ 71.
李俊 . 2003. 嵌入式 Linux 设备驱动开发详解 . 北京：人民邮电出版社 .
李凌霞 . 2012. 云计算的体系结构域关键技术 . 微计算机信息，（10）：483 ~ 485.
李平 . 2009. 基于 JSP 的动态网页开发技术 . 微计算机信息，25（21）：108 ~ 110.
李乔，郑啸 . 2011. 云计算研究现状综述 . 计算机科学，38（4）：32 ~ 37.
李庆忠，魏继东 . 2008. 论检波器横向拉开组合的重要性 . 石油地球物理勘探，4：363，375 ~ 382.
李世奇，董浩斌，李荣生 . 2011. 基于 FatFs 文件系统的 SD 卡存储器设计 . 测控技术，12：79 ~ 81.
李淑清，陶知非 . 2003. 未来地震检波器理论分析 . 物探装备，3：152 ~ 156，171 ~ 214.
李松 . 2008. 毫米波检波器研制 . 电子科技大学硕士研究生学位论文 .

李天文 . 2003. GPS 原理及应用 . 北京：科学出版社 .
李学成，刘肃，张文涛，张发祥，李芳，刘育梁 . 2010. 双膜片结构光纤光栅地震检波器低频特性的研究 . 光电子激光，4：529 ~ 532.
李燕燕，赵殿栋，于世焕等 . 2013. 中国石化陆上地震采集技术现状与发展趋势 . 石油物探，52（4）：363 ~ 371.
李征航，黄劲松 . 2005. GPS 测量与数据处理 . 武汉：武汉大学出版社 .
梁运基，李桂林 . 2005. 陆上高分辨率地震勘探检波器性能及参数选择分析 . 石油物探，6：120 ~ 124.
林君 . 2004. 电磁驱动可控震源地震勘探系统原理及应用 . 北京：科学出版社 .
林清滢 . 2010. 基于 Hadoop 的云计算模型 . 现代计算机：专业版，（7）：114 ~ 116.
林笑君 . 2013. 基于 Cortex-M3 的嵌入式 WEB 服务器监控系统的设计与实现 . 太原理工大学硕士研究生学位论文 .
刘光鼎 . 2013. 发展地球立体探测技术，提高地学仪器装备水平 . 地球物理学报，56（11）：3607 ~ 3609.
刘光鼎 . 2015. 深部探测：诠释成矿过程、拓展深部资源 . 地球物理学报，58（12）：4317，4318.
刘光鼎，宋祁真，罗维炳等 . 2011. 基于计算机网络的新型数字地震仪 . CN：CN102213768A.
刘光鼎，许璟华，郭建 . 2012. 系留气球搭载型无线遥测地震仪系统 . CN：CN102628959A.
刘光林，刘泰生，高中录，李刚，姚光凯 . 2003. 地震检波器的发展方向 . 勘探地球物理进展，3：178 ~ 185.
刘淼 . 2006. 嵌入式系统接口设计与 Linux 驱动程序开发 . 北京：北京航空航天大学出版社 .
刘帅 . 2014. 基于 STM32 的人体生理信号采集和存储系统设计 . 济南：山东师范大学硕士研究生学位论文 .
刘洋，魏修成，赵伟，江南森 . 2008. 斜井 VSP 三分量检波器定向方法 . 石油地球物理勘探，1：34 ~ 40.
刘喻明 . 2014. 基于嵌入式的远程工件检测系统设计 . 山东大学硕士研究生学位论文 .
刘振武，撒利明，董世泰等 . 2009. 中国石油高密度地震技术的实践与未来 . 石油勘探与开发，36（2）：129 ~ 135.
刘振武，撒利明，董世泰等 . 2013. 地震数据采集核心装备现状及发展方向 . 石油地球物理勘探，（4）：663 ~ 675.
柳崧轶 . 2013. 云计算研究综述 . 知识经济，（18）：100.
柳义筠，钟萍 . 2009. ASP、ASP. NET 及 JSP 三种 Web 开发技术比较研究 . 电脑编程技巧与维护，（22）：79 ~ 80.
卢川，王肃静，张妍，游庆瑜，戴靠山 . 2015. 用于微动探测的低成本自存储式数字地震检波器 . 地球物理学报，6：2148 ~ 2159.
卢涛，靳春光，张希浩 . 2010. 一种新型自主、节点式地震数据采集系统——GSR. 物探装备，3：207 ~ 210.
陆旭 . 2013. 基 μC/OS-Ⅱ和 LwIP 的嵌入式设备监控平台研究 . 重庆：重庆大学硕士研究生学位论文 .
吕公河 . 2009. 地震勘探检波器原理和特性及有关问题分析 . 石油物探，6：531 ~ 543.
罗彩君 . 2013. 基于 Linux 系统的 FTP 服务器的实现 . 电子设计工程，11：40 ~ 42.
罗福龙，易碧金，罗兰兵 . 2005. 地震检波器技术及应用 . 物探装备，1：6 ~ 14.
罗兰兵 . 2005. 陆地地震检波器应用研究 . 吉林大学硕士研究生学位论文 .
马超，乔学光，贾振安，禹大宽，张晶，王瑜 . 2008. 光纤布拉格光栅地震检波器的研究与应用 . 地球物理学进展，2：622 ~ 626.

马云飞．2007. GPS 快速静态及 RTK 技术在物探中的应用研究．吉林大学硕士研究生学位论文．
毛德操，胡希明．2001. Linux 内核源代码情景分析．杭州：浙江大学出版社．
Moshe B. 2003. Linux 文件系统．北京：清华大学出版社．
聂桂根．2002. 高精度 GPS 测时与时间传递的误差分析与应用研究．武汉大学博士研究生学位论文．
聂桂根．2005. GPS 测时与共视时间传递应用及进展．战术导弹控制技术，49（2）：28～34.
彭朝勇，杨建思，薛兵，陈阳，朱小毅，张妍，李江．2014. 一体化低功耗宽频带数字地震仪研制．地震学报，1：146～155，159.
彭英，万剑华，刘善伟．2013. 一种用于石油勘探的云计算与虚拟存储平台设计．测绘与空间地理信息，36（11）：19～23.
齐爱朋．2009. C/S、B/S 体系架构研究．硅谷，（22）．
秦玉蒙．2015. 井-地电位梯度无线数据采集系统的设计与实现．吉林大学硕士研究生学位论文．
邱建东，李虎成，张帅．2015. 基于 STM32 和嵌入式 Web 服务的智能温度监测系统．宁夏大学学报（自然科学版），1：40～43，50.
邵敏，乔学光，冯德全，罗小东，赵建林．2012. 基于光纤 Bragg 光栅的地震检波器的理论与实验研究．光电子激光，3：418～424.
宋宝华．2008. Linux 设备驱动开发详解．北京：人民邮电出版社．
宋华鲁，闫银发，张世福，王海，李法德．2013. 基于 STM32 和 FreeRTOS 的嵌入式太阳能干燥实时监测和控制系统设计．现代电子技术，23：103～106，109.
宋伟．2007. 毫米波检波器的研究与设计．电子科技大学硕士研究生学位论文．
孙传友．1992. 遥测地震仪原理．东营：石油工业出版社．
孙传友，潘正良．1996. 地震勘探仪器原理．东营：石油大学出版社．
孙浩．2015. 基于铷原子钟的电磁法仪器同步装置的设计．吉林大学硕士研究生学位论文．
孙龙德，方朝亮，撒利明等．2015. 地球物理技术在深层油气勘探中的创新与展望．石油勘探与开发，42（4）：414～424.
孙天泽，袁文菊，张海峰．2007. 嵌入式设计及 Linux 驱动开发指南——基于 ARM9 处理器．北京：电子工业出版社．
孙新，刘益成．1996. 无线遥测地震仪的传输方式．石油仪器，10（4）：3～7.
唐东磊，李振山，杨海申．2000. 复杂山地地震采集技术．勘探家，5（2）：25～30.
唐东林，梁政，陈浩．2008. 用于地震勘探的新型高精度地震检波器研究．振动与冲击，2：162～165，184.
唐倩，张伟．2013. 轻量级 J2EE 中 SSH 框架的研究及其应用．物联网技术，（12）：52～55.
滕吉文，杨辉．2013. 第二深度空间（5000～10000m）油、气形成与聚集的深层物理与动力学响应．地球物理学报，56（12）：4164～4188.
王春田．2011. MEMS 数字检波器采集系统技术研究．中国地质大学（北京）硕士研究生学位论文．
王春田，闫志武，赵忠．2010. 新型无缆采集系统功能特点及发展前景．石油仪器，5：1～3.
王宏宇．2011. Hadoop 平台在云计算中的应用．软件，32（4）：36～38.
王惠南．2003. GPS 导航原理与应用．北京：科学出版社．
王军，戴逸松．1998. 集成运算放大器同相和反相形式 En-In 噪声分析和比较．电子科学学刊，20（2）：199～205.
王梅生．2007. 数字检波器的应用及效果．物探装备，4：235～240.
王盼．2013. 矿井无缆存储式地震仪时间同步系统研究．西安科技大学硕士研究生学位论文．
王肃静，卢川，游庆瑜，张妍．2015. 一种低成本无缆地震仪采集站的研制．地球物理学报，4：

1425 ~ 1433.
王文良 . 2004. 地震勘探仪器的发展、时代划分及其技术特征 . 石油仪器，18（1）：1 ~ 9.
王霄飞 . 2012. 基于 OpenStack 构建私有云计算平台 . 华南理工大学硕士研究生学位论文 .
王小波 . 2009. 基于 MEMS 加速度传感器和无线传感网络的三分量数字地震检波器技术研究 . 煤炭科学研究总院硕士研究生学位论文 .
王增明 . 2003. 地震采集中检波器自然频率的试验分析 . 石油地球物理勘探，3：308 ~ 316，319 ~ 340.
王喆垚，朱惠忠，董永贵等 . 2001. 实现 AT 切石英晶体振荡器微处理器温度补偿的新方法 . 电子学报，29（2）：215 ~ 217.
王志强，韩立国，巩向博，凌云 . 2014. 起伏地表检波器组合响应 . 吉林大学学报（地球科学版），2：694 ~ 703.
魏继东 . 2013. 地震检波器性能指标与地球物理效果分析 . 石油物探，3：265 ~ 274，306.
魏继东，丁伟 . 2010. 检波器野外组合因素对地震资料品质的影响分析 . 石油物探，3：312 ~ 318.
魏佳楠 . 2014. 大型地震数据采集系统中的时钟同步设计 . 清华大学 .
魏文豪，李连生 . 2013. 地震勘探一体化折射仪同步技术研究 . 煤炭技术，11：200，201.
文领章，刘财，魏旭光 . 2010. 网络存储技术在石油地震数据处理中的应用 . 吉林大学学报：地球科学版，(S1)：63 ~ 66.
吴海超 . 2013. 具有 WiFi 无线监控功能的宽频带地震记录器样机研制 . 长春：吉林大学硕士学位论文 .
吴海超，林君，李哲等 . 2012a. 无缆存储式地震仪无线网络监控技术 . 吉林大学学报：工学版，42（5）：1296 ~ 1301.
吴海超，林君，张林行 . 2012b. 地震仪器中应用的网络通讯技术的研究 . 地球物理学进展，27（4）：1822 ~ 1831.
吴学义，黄永平，郭娜等 . 2007. 基于 AJAX 的 B/S 架构及应用 . 吉林大学学报：信息科学版，25（3）：314 ~ 318.
吴永忠，韩江洪，谢华，孙秀柱 . 2001. 低噪声放大器设计中的屏蔽和接地技术研究 . 电测与仪表，38（427）：8 ~ 11.
吴中汉，孙志锋 . 2005. 嵌入式 Linux 下 CF 卡驱动程序的设计 . 计算机工程与应用，18：115 ~ 116.
谢明璞，武杰，孔阳等 . 2011. 基于以太网物理层传输芯片的级联型传感器网络的非对称数据传输通道实现 . 吉林大学学报：工学版，41（1）：209 ~ 213.
谢鹏程 . 2012. 基于 STM32 和 FreeRTOS 的独立式运动控制器设计与研究 . 广州：华南理工大学硕士研究生学位论文 .
熊翥 . 2012. 地层、岩性油气藏地震勘探方法与技术 . 石油地球物理勘探，47（1）：1 ~ 18.
阎世信 . 2000. 山地地球物理勘探技术 . 北京：石油工业出版社 .
阳富民，罗飞，涂刚等 . 2004. 嵌入式 Linux 中 CF 卡的驱动和管理技术研究 . 计算机工程与设计，25（9）：1495 ~ 1497.
杨泓渊 . 2009. 复杂山地自定位无缆地震仪的研究与实现 . 吉林大学硕士研究生学位论文 .
杨泓渊，赵玉江，林君等 . 2015. 基于北斗的无缆存储式地震仪远程质量监控系统 . 吉林大学学报：工学版，(5)：1682 ~ 1657.
杨再立 . 2013. 地震勘探在查找深部煤矿中的应用研究 . 东华理工大学硕士研究生学位论文 .
叶勇 . 2009. 新一代陆上地震采集装备技术展望 . 勘探地球物理进展，6：391 ~ 398.
易碧金 . 2008. 地震仪器中应用的数据传输技术 . 物探装备，18（6）：354 ~ 360.

易碧金．2013. 地震数据采集系统的实时性探讨．物探装备，23（4）：211～214.
易雄书．2005. 基于 GPS 的 OMB-TH 单频网时间同步系统研究．西安交通大学硕士研究生学位论文．
尤桃如，罗鉴文，刘学勤．2001. Unite 无线采集系统的特点和技术优势．物探装备，3：206～210.
余晓光．2013. 基于实时操作系统 FreeRTOS 的 Lwip 协议的移植研究．昆明理工大学硕士研究生学位论文．
袁子龙，李婷婷．2004. Σ-ΔA/D 转换技术及在地震勘探中的应用．地球物理学进展，19（2）：300～303.
曾然，林君，赵玉江．2014. 地震检波器的发展现状及其在地震台阵观测中的应用．地球物理学进展，5：2106～2112.
张春红，王永法．2014. FreeRTOS 在 STM32F103VCT6 上的移植与应用．工业控制计算机，12：22～24.
张发祥，张晓磊，王路杰，王昌．2014. 高灵敏度大带宽光纤光栅微地震检波器研究．光电子激光，6：1086～1091.
张海，马建红．2014. 基于 HDFS 的小文件存储与读取优化策略．计算机系统应用，(5)：167～171.
张军，代伟民，李文清．2005. 地震勘探仪器的现状及趋势分析．小型油气藏，10（2）：64～68.
张军华，臧胜涛，单联瑜等．2010. 高性能计算的发展现状及趋势．石油地球物理勘探，(6)：918～925.
张林行．2007. 基于接力式以太网的可控震源地震勘探数据传输技术研究．吉林大学博士研究生学位论文．
张龙彪，张果，王剑平，王刚．嵌入式操作系统 FreeRTOS 的原理与移植实现．信息技术，2012，11：31～34..
张墨晖，马杰，黄晓军．2013. 云计算技术在油气田企业中的应用研究．信息系统工程，(5)：46，47.
张勤，李家政等．2005. GPS 测量原理与应用．北京：科学出版社．
张少应，程传旭．2014. 基于 Hibernate 持久化层的设计与实现．计算机技术与发展，(12)：101～104.
张晓普．2016. 陆上地震采集装备混合通讯系统的研究与设计．长春：吉林大学硕士研究生学位论文．
张秀红，乔大军，田新琦．2003. 深层三维地震勘探数据采集技术．石油地球物理勘探，38（4）：358～362.
张炎华．2012. 私有云系统的实现及性能分析．北京邮电大学硕士研究生学位论文．
张占松，蔡宣三．1998. 开关电源的原理与设计．北京：电子工业出版社．
赵殿栋．2009. 高精度地震勘探技术发展回顾与展望．石油物探，48（5）：425～435.
赵海阔，赵宇杰，石蕊．2010. 3G 技术综述．甘肃高师学报，15（5）：49～52.
赵金龙．2016. 基于 STM32 的单通道无缆存储式地震仪设计与实现．吉林大学硕士研究生学位论文．
赵金龙，张林行，杜赫然，林君．2016. 基于 ADS1281 的单通道无缆存储式地震仪的设计．地球物理学进展，31（1）：496～500.
赵金龙，张林行，朱倩钰．2015. 基于 STM32 的 FTP 服务器的实现．自动化与仪表，9：18～21.
赵克佳，沈志宇，赵慧．2001. UNIX 程序设计教程．北京：清华大学出版社．
赵玉江．2015. 基于北斗和 GPRS 的无缆地震仪远程监控系统的设计与实现．吉林大学硕士研究生学位论文．
周承丞．2009. 石油地震勘探数据采集系统交叉站单元的研制．清华大学硕士研究生学位论文．
周国家．2012. 基于 FPGA 的地震数据采集节点系统设计．成都理工大学硕士研究生学位论文．
周扬眉．2003. GPS 精密定位的数学模型、数值方法及可靠性理论．武汉大学博士研究生学位论文．
祝庆峰．2014. 基于 STM32 的嵌入式网络控制器设计．哈尔滨理工大学硕士研究生学位论文．

庄科君，贺宝勋．2013. 基于云计算的高校计算机实验教学系统设计研究．电脑知识与技术，（2）：306～309.

邹奋勤，刘斌，童思友，张一波．2008. 数字检波器在地震勘探中的应用效果．海洋地质与第四纪地质，03：133～138.

Addair T G，Dodge D A，Walter W R，*et al.* 2014. Large- scale seismic signal analysis with Hadoop. Computers & Geosciences，66（2）：145～154.

Baird R T，Feiz T S. 1996. A low oversampling ratio 14 b 500 kHz ΔΠADC with a self- calibrated multibit DAC. IEEE J Solid State Circuits，31（3）：312～319.

Beffa M，Crice D，Kligfield R. 2007. Very high speed ordered mesh network of seismic sensors for oil and gas exploration. IEEE International Conference on Mobile Adhoc and Sensor Systems，1～5.

Cirrus Logic Corporation. 2009. Low- power Multi- channel Decimation Filter—CS5376 Datasheet [DB/OL] [2009-04-12]. http：//www. cirrus. com.

Clayton R P. 2006. Introduction to Electromagnetic Compatibility. 2nd ed. New Jersey：Wiley-Interscience.

Connor F R. 1982. Noise，2nd ed. London：Edward Arnolrd.

Crice D. 2014. A cable- free land seismic system that acquires data in real time. First Break，32（1）：97～100.

Crice D，Beffa M. 2010. Wireless exploration seismic system. US：US 7773457 B2.

Daniel P B，Marco C. 2003. Understanding the Linux Kernel，2nd ed. Sebastopol CA：O'Reilly Media Inc.

Doug A. 2002. Linux for Embedded and Real-Time Application. Boston：Newnes.

Duboue A，Voisin N，Mellier G. 2014. Seismic cable for seismic prospection tolerant to failure on power supplying and/or data transmission lines. US20140104981 A1.

Elliott D K，Christopher J H. 2006. Understanding GPS：Principles and Applications. Norwood：Artech House.

Ellis R. 2014. Current cable and cable-free seismic acquisition systems. First Break，32（1）：91～96.

Falfushinsky V V. 2011. Parallel processing of multicomponent seismic data. Cybernetics & Systems Analysis，47（2）：330～334.

Freed D. 2008. Cable- free nodes：The next generation land seismic system. The Leading Edge，27（7）：878～881.

Ghaffari A. 2015. Congestion control mechanisms in wireless sensor networks：A survey. Journal of Network & Computer Applications，52（C）：101～115.

Greg K H. 2006. Linux Kernel in a Nutshell. Sebastopol，CA：O'Reilly Media Inc.

Heath B. 2003. Hybrid cellular seismic telemetry system. The Leading Edge，22（2）：962～968.

Heath B. 2010. Weighing the role of cableless and cable- based systems in the future of land seismic acquisition. First Break，28（6）：69～77.

Heath B. 2012. Seismic of tomorrow：configurable land systems. First Break，30（6）：93～102.

Heath R. 2012. Trends in land seismic instrumentation. The Leading Edge，27（7）：872～877.

Henry O. 1988. Noise Reduction Techniques in Electronic Systems，2nd ed. New Jersey：Wiley-Interscience.

Hofmann W B，Lichtenegger H，Collins J. 2001. GPS：Theory and Practice，5th ed. Ottawa：Springer Netherlands.

Huang S，Zhang Y. 1997. Estimation of accuracy indicators for GPS relative positioning. Wuhan Cehui Keji Daxue Xuebao/Journal of Wuhan Technical University of Surveying and Mapping，22（1）：47～50.

Janes H W. 1991. Error budget for GPS relative positioning. Surveying and Land Information Systems，51（3）：

133 ~ 137.

Jonathan C, Alessandro R, Greg K H. 2005. Linux Device Drivers, 3rd ed. Sebastopol: O'Reilly Media Inc.

Karim Y. 2003. Building Embedded Linux Systems. Sebastopol: O' Reilly Media Inc, 2003.

Karki J. 2003. Calculating noise figure in op amp. Analog Applications Journal, 4: 31 ~ 38. http://www.ti.com/sc/analogapps.

Keho T H, Kelamis P G. 2012. Focus on land seismic technology: the near-surface challenge. Leading Edge, 31 (1): 62 ~ 68.

Labrosse J J. 2002. 嵌入式系统构件. 北京: 机械工业出版社.

Lansley M. 2013. Shifting paradigms in land data acquisition. First Break, 31 (1): 73 ~ 77.

Lau L, Mok E. 1999. Improvement of GPS relative positioning accuracy by using SNR. Journal of Surveying Engineering, 125 (4): 185 ~ 202.

Lewandowski W, Azoubib J, Klepczynski W J. 1999. GPS: Primary tool for time transfer. Proceedings of the IEEE, 87 (1): 163 ~ 172.

Li H L, Liu M Z, Liu M Z. 2013. Key techniques of wireless telemetry digital seismograph. Chinese Journal of Geophysics-Chinese Edition, 56: 3673 ~ 3682.

Mahmood M A, Seah W K G, Welch I. 2015. Reliability in wireless sensor networks: a survey and challenges ahead. Computer Networks, 79: 166 ~ 187.

Maurice B. 1987. The Design of Unix Operating System. Upper Saddle River, NJ: Prentice Hall.

Motchenbacher C D, Conneelly J A. 1993. Low-noise Electronic Design. New York: Wiley- Interscience.

Neil M, Richard S, Alan C. 2004. Beginning Linux programming, 3rd ed. Eric Holmgren: Wrox Press.

Nielsen R O. 1997. Relationship between dilution of precision for point positioning and for relative positioning with GPS. IEEE Transactions on Aerospace & Electronic Systems, 33 (1): 333 ~ 338.

Norm C. 2004. A word of reality- designing land 3D programs for signal noise and prestack migraion, The Leading Edge, 23: 1007 ~ 1014.

Parkinson B W, Spilker J J. 1995. Global Positioning System: Theory and Applications (Volumes I & II). Washington D C: American Institute of Aeronautics and Astronautics.

Pat R. 2007. Seismic without cables. New Technology Magazine, 3-5: 1 ~ 6.

Peebler B. 2011. Looking ahead to 2020 in the world of geophysics. First break, 29 (11): 93 ~ 102.

Peter J G, Teunissen A K. 1998. GPS for Geodesy. Berlin: Springer Verlag.

Raghavan P, Amol L, Sriram N. 2005. Embedded Linux System Design and Development. Boca Raton: Auerbach.

Ramón P A, John G W. 1999. Analog Signal Processing. New York: Wiley.

Richard S. 1990. Unix Network Programming. Upper Saddle River, NJ: Prentice Hall.

Rizvandi N B, Boloori A J, Kamyabpour N, *et al.* 2011. MapReduce Implementation of Prestack Kirchhoff Time Migration (PKTM) on Seismic Data. International Conference on Parallel & Distributed Computing, Applications & Technologies. IEEE Computer Society, 86 ~ 91.

Robert L. 2004. Linux Kernel Development. Indianapolis: Sams Publishing.

Savazzi S, Spagnolini U, Goratti L, *et al.* 2013. Ultra- wide band sensor networks in oil and gas explorations. Communications Magazine IEEE, 51 (4): 150 ~ 160.

Sercel Inc. 2008. 428XL Technology Manual. Carquefor Cedes France: Sercel Inc.

Stevens R. 1992. Advanced Programming in the UNIX Environment. Boston: Addison-Wesley.

Taylor R C. 2010. An overview of the Hadoop/MapReduce/HBase framework and its current applications in bioinformatics. Bmc Bioinformatics, 11 (6): 3395 ~ 3407.

Vasanth V, Michael F. 2005. Power reduction techniques for microprocessor systems. ACM Computing Surveys, 37 (3): 195 ~ 237.

Wu J, Lin S, Yiu F. 1997. Ambiguity and position search algorithms of GPS carrier phase processing. Journal of the Chinese Institute of Engineers, 20 (6): 643 ~ 650.

Xie K, Wu P, Yang S. 2010. GPU and CPU cooperation parallel visualisation for large seismic data. Electronics Letters, 46 (17): 1196 ~ 1197.

Yang Y, Chen Z B, Zhang Y, Du Y. 2013. Review and prospect for the land seismic data acquisition system. Advances in Applied Materials and Electronics Engineering II, (684): 394 ~ 397.

Yin G M, Willy S S. 1994. A high-frequency and high-resolution fourth-order ΣΔ A/D converter in BiCMOS technology. IEEE J Solid State Circuits, 29 (8): 857 ~ 863.